자연의 전망, 우주

우리는 어디로 가는가?

황재찬 지음

자연의 전망, 우주

우리는
어디로 가는가?

A View of Nature, Universe

책 소개

과학의 우주론에서는 지난 100년 사이에 그 이전의 우주관을 완전히 바꾸는 변화가 있었습니다. 현대 우주론은 지난 십여 년에 걸쳐 상당히 정밀하고 구체적인 수치가 등장하는 과학의 주요 분야로 탈바꿈했습니다. 예컨대 우주의 나이가 137.97±0.23억 년이라며 지구의 나이(45.4±0.5억 년)보다 상대적으로 여섯 배나 높은 정밀도를 자랑하지요. 그럼에도 우주의 시작과 끝이라는 시간적 공간적 유-무 한성에 대한 근원적인 질문은, 과학으로는 원리상으로조차 답할 수 없게 되며 도리어 이해에서 더 멀어졌습니다. 하지만 무지를 깨달은 것은 앎의 중대한 국면으로 볼 수 있습니다. 물론 과학이 이런 질문에 답할 수 있는 적합한 방법인지는 확실치 않지만, 어쨌든 과학이 알려주는 우리의 무지는 우주의 신비를 지키는 역할을 하기에 딱히 아쉬워할 일만은 아닙니다. 변화하는 우주라는 과학이 드러낸 놀라운 전망은 아직 100년이 안 된 사상입니다.

외계 생명에 관한 관심은, 지구 생명의 바쁜 일상 너머로 광대하게 펼쳐진 밤하늘과 별을 바라보며, 인간이 항상 궁금증을 가져왔던 질문입니다. 그럼에도 과학으로는 이제 막 태동하려는 분야로 볼 수 있습니다. 따라서 앞으로 어떻게 전개될지 아직 불확실하지만, 우리보다 시기적으로 월등히 앞설 수도 있는 외계 생명의 처지와 운명에 대한 호기심은 인간 기술의 미래 향방에 관한 관심으로 이어지게 됩니다. 지금 우리 앞에 가공할 변화를 보여주는 기술 문명의 미래가 밝다면, 먼 별에 사는 그들이 우리를 앞설 만한 충분한 근거가 있기 때문이지요. 태양계가 우리 은하의 별 중 후발 주자에 해당하는 점을 고려하면, 미래에 인간이 우주로 진출했을 때 그들은 인간보다 앞서 진출했을 겁니다. 문제는 우리의 밤하늘이 이제 막 우주로 향하려 하는 인간의 기대에 부응하지 않는다는 점인데, 이 사실은 우주에서 허용된 기술의 미래에 대한 심각한 회의적인 논의로 이어집니다. 우리의 기대와는 달리 기술이 성간 공간을 넘어 전파되는 데 한계가 있으며, 생명은 각각의 행성에 갇혀있을 가능성을 암시하는 겁니다. 기술 문명뿐만 아니라 현생인류의 미래 또한 여기에 종속될 수 있습니다.

『자연의 전망』은 자연을 대하는 과학의 전망을 다룹니다. 여기서 말하는 과학은 독자께서 생각하시는 과학, 즉 관찰과 실험으로 주장에 대한 검증이 가능한 탐구를 말합니다. 물론 우리가 관찰만으로 자연의 실태를 알 수는 없습니다. 인간의 상상력이 동원되어야만 가능한데, 여기에는 자연에 대한 우리의 가정이 중요한 역할을 합니다. 모종의 가정 없이는 진행조차 가능하지 않은데 이런 가정에는 시대상이 반영될 여지가 큽니다. 시대가 공유하는 시대상(세계관)이란 그 시대 안에 살면서는 너무나 당연하다고 간주되기에 주의를 기울여 판별하지 않으면 인지하기조차 쉽지 않습니다. 저는 과학이 알아낸 자연의 전망을 소개할 뿐 아니라, 이런 전망이 어떤 식으로 과학이 채택한 특수한 방법론적 그리고 형이상학적 틀에 의해 제한되고 왜곡될 가능성이 있는지를 함께 탐구하려 합니다. 그리고 그 틀이 어떻게 근대라는 지금 우리가 속한 시대의 세계관과 일치하는지 드러내려 합니다. 『자연의 전망』은 우주, 생명, 물질, 과학이라는 네 주제를 탐구하며 이 책은 그중 첫 번째로 우주에 대한 과학의 전망을 알아봅니다. 현대 우주론과 우주생물학에 대한 내용입니다.

인간의 지식에 시대가 미치는 영향이 없더라도, 인간의 자연 이해가 실재와 같을 수는 없습니다. 과학은 자연을 이해하고 설명하려 하지만 과학의 모든 주장은 모형에 대한 것입니다. 모형이 실재의 특정 측면을 잘 모사하리라 기대하는 거지요. 모형은 실재와 같을 수 없고, 같다면 모형으로서 쓸모가 없을 겁니다.

인간의 이해에 잡힌 자연은 실재의 무진함과 비교할 때, 한계이든 초월이든, 인간의 이해 방식에 종속될 수밖에 없음은 당연합니다. 인간은 결국 인간의 생리적인 이해 방식에 부합하는 것만을 발견할 뿐이지요. 발견했다기보다는 인간의 이해 방식에 맞추어 자연을 새롭게 구축했다는 표현이 더 적절할 것 같습니다. 근대 과학은 모형을 통해 자연을 이해하려는 방식을 취하며 이 과정에는 인간이 가진 초월적 능력과 생리적 한계뿐 아니라 근대라는 시대를 관통하는 세계관이 깊이 관여하고 있다는 점을 살펴보려 합니다.

저는 우주론을 연구하는 천문학자입니다. 근대 과학의 한 분과로서의 천문학은 주로 우주의 물리적인 측면만을 탐구 대상으로 삼습니다. 이런 현실은 천문학을 동경하던 어린 시절 제가 밤하늘을 바라보며 기대하던 로맨틱한 상황과는 분명 거리가 있습니다. 이유를 생각해 보면 우주가 정말 단지 물리학의 대상이기 때문이 아니라, 단순화시킨 물리적 측면에서만 구체적인 연구 결과물이 나와서 사회의 지원을 받고 있는 천문학자의 삶을 가능하게 만들기 때문인지 모릅니다. 저는 우주에 대한 탐구에서 생명 그리고 탐구 주체인 인간이 빠질 수 없다고 생각하곤 합니다. 역으로 생명과 인간에 대한 탐구도 우주의 맥락에서 벗어날 수 없겠지요. 하지만 현실에서 이 분야들은 물리학, 생물학, 인문학 등의 분과로 분리되어 있으니 아쉽게도 아직 학술 연구가 권장되는 실정은 아닙니다.

도대체 왜 우리 일상 삶의 영역 너머에 이 가늠할 수 없이 큰 우주가 존재하는 걸까요? 그곳에 얼마나 다양하고 많은 생명이 살고 있을까요? 별 사이의 거리가 지금 인간이 보기에 이해할 수 없이 멀면서도 지구에 생명이 산다는 사실 그리고 우주가 생명과 함께하는 목적과 의미는 무엇일까요? 이 우주에서 우리 인간은 어떤 의미의 맥락에 놓여있으며, 그 역할은 무엇일까요? 이 책은 과학이 탐색한 우주와 생명에 대한 전망과 한계 그리고 이에 따른 인간의 미래 가능성을 조망합니다.

"천문학은 정신이 위로 향하도록 만들고 우리를 이 세상에서 다른 곳으로 인도한다." 플라톤Plato이 전하는 말입니다.

저의 글은 모두 독서를 통해 알게 된 내용입니다. 군이 제 말로 바꾸기보다는 원문을 직접 인용하는 방식을 자주 택했습니다. 독자께서 참고하시도록 인용된 모든 영어 원문을 웹주소[http://viewofnature.xyz/universe.pdf]에 공개해 두었습니다. 출처와 인명 색인도 담았습니다. 책은 관심이 가는 제목 위주로 읽으셔도 좋습니다.

원고를 읽고 조언해준 노혜림 박사께 감사드립니다.

contents

책 소개   4

PART 01.

현대 우주론: 가정과 한계

1. 과학과 우주론   13
2. 가정으로 시작된 현대 우주론   23
3. 가정으로서 중력이론   32
4. 현대 우주론의 역사   40
5. 관측과 해석   52
6. 우주론 관측 사실   64
7. 우주의 기하와 토폴로지   93
8. 우주의 역사   100
9. 가정의 발견   113
10. 다중우주 형이상학   126
11. 현대 우주론의 오해   135
12. 형이상학적 질문   141
13. 우주의 의미, 목적, 무심함   151
14. 시간과 공간의 유-무한성   160

PART 02.

우주생물학: 미래와의 조우

1. 우리는 어디로 가는가?   175

2. 우주와 생명   190

3. 생명이란 무엇인가?   200

4. 지구 생명의 존재 조건   210

5. 지구 생명의 기원과 진화   221

6. 태양계 탐색   233

7. 거대한 침묵   252

8. 인간의 우주 진출   262

9. 성간 탐색   271

10. 외계와의 조우   278

11. 미래 기술의 향방   290

12. 미래와의 조우   302

13. 거대한 미몽   310

14. 최후의 인간   322

15. 영원한 침묵   333

추천 도서   340

01

현대 우주론: 가정과 한계

1

과학과 우주론

상상이 구축한 우주

"우주는 실재하지만 볼 수 없다. 상상할 수 있을 뿐이다."

칼더Alexander Calder의 말입니다. 예술가인 그가 말한 우주는 세상의 모든 것으로 보입니다. 저는 칼더의 이 통찰이 과학적 우주론에서도 사실이라고 생각합니다. 과학이 제시하는 현대 우주론은 물리 우주론입니다. 물리 우주론은 물리과학의 세계관으로 구축한 상상의 산물입니다. 모형model이라고 하지요. 실재truth, reality와는 분명 다른 겁니다. 그 세계관은 과학이 채택한 독특한 가정 위에 놓여 있습니다. 따라서 가정에 따른 한계도 반드시 함께 따라옵니다.

현대 우주론은 큰 규모에서 우주의 구조, 기원, 진화, 미래를 과학 방법론에 기반을 두고 정량적으로 이해하려 합니다. 과학 방법론이란 관측과 실험으로 모형을 검증하는 겁니다. 그런데 현대 우주론은 비록 모형에 한정된 것이더라도 관측과 실험이라는 순수한 경험에만 의존할 수 없습니다. 소로Henry David Thoreau는 『월든』에서 "우주는 우리가 보는 것보다 거대하다."라며 시테를 간파하였고, 수학자이며 철학자인 화이트헤드Alfred North Whitehead는 "우주는 우리의 유한한 이해 능력 너머로 펼쳐져 있다."라고 지적합니다.

이 장에서는 어떻게 우주론적 가정이 현재의 우주관을 형성했으며 그에 따른 한계를 설정하는지 살펴보려 합니다. 과학이나 지식의 다른 분야에서와 마찬가지로 과학적 우주론 역시 시대에 유행하는 신념 체계를 반영한 인간 상상의 결과물입니다. 이 문제는 더 깊은 철학적 논의가 필요한데, 화이트헤드는 "철학의 기능 중 하나는 우주론 비평이다."라고 말합니다.

과학의 조건

과학자에게 우주는 우주적 규모의 물리적 대상입니다. 저의 이 말을 두고, 물리 철학자인 로베르토 토레티Roberto Torretti는 즉각 우주를 '물리적 대상'이라고 말하는 데 반대합니다. 그는 앞서 인용한 칼더를 따라서, "칼더의 금언에 해당하는 인식론적 대응은 '우주는 실재하지만 대상object으로 붙잡을 수 없다. 단지 칸트식의 개념idea으로 생각해야 한다.'라고 할 수 있다."라며 지적합니다. 동의합니다. 철학자 앞에서는 용어를 조심해서 써야겠다는 생각을 했습니다.

어쨌든, 우주에서 보거나 실험할 수 있는 영역은 명백히 제한됩니다. 이렇게 제한된 영역에는 우주의 호라이즌horizon(우주의 나이 동안 빛이 진행한 거리) 너머만이 아니라 이미 지나가 버린 과거와 아직 오지 않은 먼 미래도 포함됩니다. 이 영역들은 현실적으로 알기 어려운 정도가 아니라 관측과 실험으로는 원리상으로조차 도달할 수 없는 과학 지식의 절대 한계에 속합니다. 모형의 검증이 원리상 불가능한 거지요.

책 소개에 나온 플라톤이 전한 말은 그의 손위 형제인 글라우콘Glaucon의 말입니다. 소크라테스Socrates는 조심스러운 태도지만 즉각 단호하게 반박합니다. "내 생각에는, 존재하지만 보이지 않는 지식만이 정신을 위로 향하게 할 수 있다네." 많은 상징을 포함하는 이 말의 의미는 『국가』7장에서 볼 수 있습니다. 플라톤은 자연의 현상보다 지성으로 파악하는 관념(이론)과 수학에 더 높은 가치를 둡니다. 생성becoming보다 존재being를 진리에서 우위에 두는 점도 그러합니다. 2000년이 지난 후 17세기 출현한 근대 과학은 플라톤으로 회귀하는데, 여기에는 추가로 근대의 가치관이 깊이 관여합니다. 이 점은 『과학』에서 더 살펴보겠습니다.

과학은 이론입니다. 사상가 에머슨Ralph Waldo Emerson은 "모든 과학의 목표는 하나, 즉 자연의 이론을 찾는 것이다."라며 정확히 지적합니다.

과학은 자연을 단순화된 이론(모형)을 통해 이해하려고 하지요. 이론은 일반화이기도 합니다. 사실 과학만이 아니라 모든 학문 그리고 인간의 이해에는 그런 측면이 있습니다. 하지만 과학적 주장이기 위해서는 실험과 관찰을 통해 이론을 검증하고 증거를 댈 수 있어야 합니다. 이 과정에서 적용한계가 드러납니다.

저는 과학을 조금 완고한 관점에서 바라보지만, 이 엄격한 기준은 제가 요구한 것이 아닙니다. 17세기에 등장한 근대 과학이 신학이나 철학 외 여타 인문 예술 학문과 차별되는 기준으로 스스로 내세운 겁니다.

Nullius in Verba

당시 막 출현한 과학의 진흥을 위해 1660년 설립된 영국의 왕립학회The Royal Society는 '말만으로 받아들이지 말라Nullius in Verba'를 모토로 내세웁니다. 이 문구는 왕립학회의 문장에 새겨져 있다는데, 의미로 옮기자면 "권위 때문에 받아들이지 말라, 사실을 실험으로 확립하라, 주장의 증거를 요구하라."라는 겁니다. 과학에 대한 우리의 믿음과 일치하지요.

이것은 증거와 비판적 관점을 강조하는 과학에서 늘 요청하며 꾸준히 실천하는 당연한 태도라고 생각하실지 모릅니다. 왕립학회의 모토일 정도라니 그렇게 생각할 만하지요. 하지만 과학의 실제 모습은 다릅니다. 증거를 요구하는 것은 심각한 압박으로 이를 만족시키기는 여간 어렵지 않습니다. 모형의 관점에서 보자면 어떠한 증거조차 본질적인 한계를 가질 수밖에 없습니다. 모형은 실재가 아니기 때문인데요. 과학이 증거를 제시한다는 주장은 수사일 따름이지 과학의 실상이 이 모토에서 얼마나 벗어나는지 앞으로 다양하게 보시게 됩니다. 과학에서 말하는 증거란 모형에 대한 증거입니다. 많은 경우 작더라도 일단 모형에 대한 증거가 나오면 모형을 믿고 적용할 뿐 모형의 적용 여부를 계속 증거와 비교하지는 않습니다.

과학은 순진하게 실험과 관찰에만 기반을 두지 않습니다. 과학이 진정 관찰과 실험에만 의존했다면 지금 과학은 성립하지 못했을 겁니다. 도리어 반대로, "현실의 과학은 미리 정해진 이론(모형)에 맞추어 관찰을 선택하고 무시하며 실험을 조작하는 기예와 더 관련이 있습니다. 자세한 관찰은 과학적 사유를 방해합니다. 현상을 무시하고 소위 정수를 파악하라는 거지요. 따라서 과학에서는 관찰이 아니라 이론(모형)이 먼저입니다. 비법은 대상을 고립화, 단순화, 이상화, 추상화(더하여 가급적 수학화)된 모형으로 만들고, 이를 바탕으로 분석과 통계 기법을 동원해 모형을 검증, 구현하는 겁니다." 현상의 본질을 보기 위해서 사소한 사항은 무시하고 현상을 이상화하자는 거지요. 눈에 보이는 현상을 무시하고 플라톤적 이데아를 추구하는 겁니다. 이 과정을 통해 대상의 개성은 무시됩니다. 현대 우주론은 이런 실상을 잘 보여줍니다. 결국 과학적 우주론은 우주를 이런 식의 '과학'의 방법으로 구축한 구성물, 즉 모형입니다.

인간 정신의 창조물

현대 우주론의 이런 실상은 과학에서 유일한 경우가 아닙니다. 물리학자 아인슈타인Albert Einstein은 "물리 개념은 인간 정신의 자유로운 창조물로, 그것이 어떻게 보이든, 외부 세계에 의해 유일하게 결정되지 않는다."라고 말합니다. 물리학의 존재론적, 인식론적 위상에 대한 거장의 솔직하고 엄중한, 기억해둘 만한 발언입니다.

예를 들어 물리학에서 말하는 시간, 공간, 힘, 질량, 중력, 원자 따위의 모든(!) 개념은 인간이 자유롭게 창안한 겁니다. 자연에 있는 것이 아니라는 거지요. 과학의 어떠한 개념도 마찬가지로 인간 정신의 창조물입니다. 원자와 같이 지칭하는 대상이 자연에 있더라도 그것은 과학이 말하는 그에 해당하는 원자라는 개념과는 다릅니다.

아인슈타인은 이 둘(개념과 실재) 사이의 제법 성공적인 조화에 대해 "세상의 영원한 신비는 그것의 이해 가능성이다. 그것이 이해 가능하다는 사실은 기적이다." 혹은 "세상에 대해 가장 이해할 수 없는 일은 그것이 이해 가능하다는 것이다."라며 신비스러워합니다.

저는 과학으로 이해했다고 간주하는 부분을 이해하지 못한 전체와 비교하면 감히 자연을 이해했다고 함부로 말하기 어렵다고 생각합니다만, 근대 인간의 자연 전망에서 차지하는 물리학의 위상과 그 적절성에 대한 더 자세한 논의는 다음에 『물질』에서 말씀드리겠습니다.

물리학자 닐스 보어Niels Bohr도 물리 개념과 이론의 인식론적 지위에 대해 "물리학의 과제가 자연이 어떠한지를 알아내는 것이라는 생각은 잘못되었다. 물리학은 우리가 자연을 어떻게 생각하는가에 대한 것이다."라고 솔직하게 말합니다. '어떻게 생각하는가'에 모형이 개입합니다. 그 이해에는 인간이 지닌 생리적 한계와 초월적 능력 그리고 사회적 맥락이 적극적으로 개입합니다. 과학이 다루는 것은 모두 모형이며 모형은 실재와 다르기에 당연히 한계가 있지요.

모형의 쓸모와 한계

모형은 무한히 다양한 측면을 가진 복잡한 대상을 인간이 다룰 수 있는 한정된 형태로 축소한 대체물입니다. 의도에 따른 혹은 무의식적인 추출과 배제, 왜곡은 아니더라도 억제와 강조, 선택된 특징을 보여주기를 기대하는 개념과 상징의 구축이 따를 수밖에 없는 거지요. 모형자체가 대상에 대한 은유입니다. 따라서 모형은, 그리고 모형에 의존한 과학은 자연에서 진실(참)을 찾는 과정은 아닙니다. 이 점은 강조할만합니다. 자연과의 비교로 모형이 참이라고 주장하더라도 그것은 무진한 실재에서 모형에 잡힌 실재의 작은 측면에 대한 은유일 뿐입니다. 그럼에도 이러한 자연과의 비교가 과학의 기반을 튼튼하게 합니다.

모형이 가진 한계 때문에 모형에 의존한 과학의 자연에 대한 이해가 쓸모없다거나 잘못되었다고 한다면 경솔한 판단입니다. 하지만 한계를 무시한 지식은 의도와는 달리 위험한 지식으로 변할 수 있습니다. 모르니 만도 못할 수 있지요. 한계의 인지와 강조는 과학의 자연에 대한 이해를 더 완전하게 해줍니다. 어떤 지식이든 한계가 있습니다. 한계를 알아야만 우리는 그 지식을 믿고 안전하게 쓸 수 있습니다. 한계가 있음에도 그 한계를 말해주지 않은 지식은 그것이 지도든 안내표시든 매뉴얼이든 사용자를 곤란에 처하게 합니다. 근대사회가 과학에 보내는 깊은 신뢰를 고려하면 과학지식의 적용한계에 주의를 기울여야 할 책임은 막중합니다.

자연을 모형으로 대체한 과학

과학은 단지 모형만을 다룬다고 했습니다. 그래서 과학은 자연의 진실을 찾는 방법은 아니라고 했지요. 수학자 폰 노이만John von Neumann은 "과학은 설명하려 하지 않으며, 해석하려고도 하지 않는다. 과학은 주로 모형을 만든다. 모형은 수학적 구성물을 의미하며 특정한 언어적 해석을 추가해 관찰된 현상을 기술한다. 이렇게 수학적으로 구성된 모형의 유일한 정당화는 오직 그것이 예상한 대로 작동하는가에 있다."라고 밝힙니다.

우주론 학자 스테판 호킹Stephen Hawking도 같은 지적을 합니다.

"이론은 단지 우주나 혹은 그 일부분에 대한 모형, 모형의 양들을 우리가 관측한 것과 연결 짓는 몇 가지 규칙들이다. 이것은 오로지 우리의 마음속에만 있는 것으로 다른 어떠한 실재(그것이 무엇을 의미하든)와도 무관하다.”

“과학 이론은 단지 우리가 관측한 것을 기술하기 위해 우리가 만든 수학적 모형이다. 이것은 오로지 우리의 마음속에만 존재한다. 따라서 ‘실수’ 시간과 ‘허수’ 시간 중 어느 것이 실재인지 묻는 것은 의미가 없다. 중요한 것은 어떤 설명이 더 편리한가 하는 점에 불과하다.”

“어떤 물리적 이론도 항상 가설일 뿐이라는 점에서 잠정적이다. 증명할 수는 없다. 실험 결과가 아무리 많이 이론과 일치하더라도, 다음번 결과가 이론과 모순되지 않으리라고 확신할 수 없다. 반면에 이론의 예측에 동의하지 않는 단 하나의 관측만으로 이론을 반증할 수 있다. 과학철학자 칼 포퍼Karl Popper가 강조한 바와 같이, 좋은 이론은 원칙적으로 관찰에 의해 반증되거나 틀렸음을 보일 수 있는 많은 예측을 한다는 사실로 특징 지워진다.”

모두 일관된 과학에 대한 유연한 사고방식이지요. 문제는 이런 과학의 진솔한 측면에 대한 당연한 통찰을 과학자들이 자주 잊는다는 점입니다.

잘못 놓인 구체성의 오류

비록 과학은 모형을 통해 현상을 근사하고 검증하려는 노력이지만, 모형과 실재reality를 혼동하면 곤란합니다. 그만큼 혼동이 만연하는데 과학자들이 더 심합니다. 이해관계가 있어서 그런지도 모르지만, 천문학자 콘래드 러드니키Konrad Rudnicki는 “[모형이란] 실재에 대한 과학적 근사다. 연구자가 방법론적이 아닌 존재론적 유물론자가 된다면, 그가 다른 맥락에서는 유용했을 그의 모형을 우주적 실재로 간주하게 된다면, 그는 결국에는 단지 과학적 퇴락으로 이어질 수밖에 없는 길로 접어든 것이다.”라고 분명히 합니다.

"추상적 관념을 구체적 실재로 혼동하는 것"을 화이트헤드는 "잘 못 놓인 구체성의 오류Fallacy of Misplaced Concreteness."라고 말하며 각별한 주의를 촉구합니다. 이 오류는 과학 전반에 만연한, 따라서 앞으로 제 글에서 반복되는 주제입니다.

통계학자 조지 복스George E. P. Box는 모형의 실상을 분명히 지적합 니다. "모든 모형은 틀렸기 때문에 과학자는 과도한 정교화로 '올바 른' 모형을 얻을 수 없다. 그와 반대로 오컴의 윌리엄William of Occam을 따라 자연 현상에 대한 경제적 설명을 찾아야 한다. 단순하지만 고 무적인 모형을 창안하는 능력이 위대한 과학자의 징표이기 때문에 과도한 정교화와 너무 많은 매개변수를 도입하는 건 종종 [과학자 가] 썩 뛰어나지 않다는 표식이다." 이 점에서 현대 우주론은 엄청난 단순화의 두드러진 성공 사례이지만, 여기에서 제가 주목하는 부분 은 모형은 실재가 아니며 자연에 존재하는 것도 아니라는 점입니다. 그렇기에 복스는 모든 모형은 틀렸다고 표현했지요.

우주론

우주론이 큰 규모에서 우주의 상황, 기원, 진화를 이해하려는 시 도라고 할 때, 이것이 꼭 과학적 접근만을 말하지는 않습니다. 많은 신화, 전설, 종교, 철학, 문학, 예술이 우주에 대한 나름의 이해를 담 습니다. 여러 인간 사회의 신화와 종교도 우주의 기원과 상태에 대 한 다양한 우주론을 말합니다. 인간은 삶에서 우주론을 필요로 하는 듯합니다. 철학에서 우주론은 세계관과 비슷한 의미로도 쓰이고, 모 든 탐구는 필연적으로 우주론이라는 표현도 가능합니다.

칼 포퍼는 "나는 모든 과학은 우주론이라고 믿는다."라고 말합니다.

제가 말씀드리려는 우주론은 현대 우주론이라고 하는 물리 우주론입니다.

천문학 역사에서 보자면 물리 우주론조차 기원이 그리 짧지만은 않습니다. 서양의 천동설, 지동설, 동양의 개천설蓋天說, 혼천설渾天說, 선야설宣夜說 따위가 모두 우주론이라면 우주론은 천문학의 역사와 맞먹는 꽤 긴 역사를 가지게 됩니다. 제가 말씀드릴 내용은 범위를 좁혀 물리 우주론입니다. 물리 우주론의 시작은 아인슈타인이 일반 상대성이론이라는 자신의 중력이론으로 우주모형을 제안한 1917년 한 논문으로 거슬러 올라갑니다. 따라서 이 우주론은 이제 막 100년이 넘은 셈이며 모형에 대응하는 관측으로 보자면 아직 100년이 되지 않았습니다.

현대 우주론은 단순한 모형을 가정하며 시작하였지만, 이런 가정만으로도 여러 관측 상황을 일관되고 정합적으로 설명하였고 일부 관측에서는 여타 과학에서 유례가 없을 정도로 이론과의 일치를 보이고 있습니다. 이 과정에서 암흑물질이나 암흑에너지처럼 아직 알려지지 않은 미지의 상황을 추가로 가정하여야 했는데 물리과학의 관점에서는 이를 미래에 정체가 밝혀질 예측으로 간주하기도 합니다. 현대 우주론의 시작에는 단지 문제를 수학적으로 다룰 수 있도록 만들기 위한 엄청난 단순화 가정이 있습니다. 일단 단순한 모형으로 시작해서 잘 안 되면 더 복잡한 모형으로 나아가려 했겠지만 결국 단순한 단계에서 기대치 않던 성공을 거둔 셈입니다.

2

가정으로 시작된 현대 우주론

현대 우주론의 시작

1915년 중력이론을 완성한 아인슈타인은 1917년 중력이론의 완결성 여부를 검증하려는 의도에서 이를 자신이 고안한 우주모형에 적용합니다. 이로부터 현대 우주론이 시작됩니다. 그는 우주의 큰 규모에서 천체들이 고르게 분포한다고(균일하고 등방하다고) '가정'하고 여기에 자신이 새로 만든 중력이론을 적용합니다. 당시에는 은하라는 개념도 알려지지 않았고 이 물질 분포에 대한 과감한 단순화 가정을 지지할 만한 근거가 어디에도 없었습니다. 도리어 반대되는 증거는 많았습니다. 별들이 주로 은하수에 모여있었고 그 너머는 비어있었던 거지요.

과학철학자 파이어아벤드Paul Feyerabend는 『방법에 반대한다』에서 "아인슈타인의 첫 우주론 논문은 순수하게 이론적인 연습으로서 단

하나의 천문학적인 상수도 포함하고 있지 않다."라고 지적합니다.

함부로 본받기는 어렵지만, 과학에서 종종 필요에 따라 관측을 무시하는 것이 얼마나 중요한지 보여주는 좋은 사례입니다. 과학에서 발견의 역사는 흔히 종잡을 수가 없습니다. 새로운 발견에 정해진 방법은 없고 결과적으로 더 나은 모형이 살아남습니다만 그마저도 결국은 시간이 말해줄 뿐입니다. 1917년 2월에 발표된 아인슈타인의 논문은 현대 우주론의 시작이지만 돌이켜 보면 갖가지 역사적 아이러니로 가득합니다.

같은 해 3월 드지터Willem de Sitter에게 보낸 편지에서 아인슈타인은 말합니다. "천문학의 관점에서 볼 때 물론 저는 하늘에 고상한 성체를 세운 셈입니다. 하지만 저에게 상대성이론의 개념이 끝까지 이어질 수 있는지 또는 그것이 모순으로 이어지는지는 화급한 의문이었습니다. 저는 이제 모순 없이 아이디어를 완성할 수 있다는 점에 만족합니다. 이전에는 아무런 평화도 주지 않던 문제에 이제는 더 이상 시달리지 않게 되었습니다. 제가 구성한 모형이 실재와 상응하는지는 다른 질문입니다. 여기에 대해 우리는 아마 결코 알지 못할 것입니다." 아인슈타인은 모형과 실재를 분명히 구별하지요. 실재의 불가지성도 언급합니다.

이 편지에는 우주의 공간적 유-무한성에 대한 아인슈타인의 명확한 견해가 담겨있는데, 뒤에 소개하겠습니다. 아인슈타인의 우주모형은 정적이기에 시간의 유-무한성을 고민할 필요가 없었습니다. 이런 골치 아픈 문제 때문에 영구히 동일한 상태에 있는 정적이라는 가정을 택했는지 모르지만, 지금 보면 틀린 거지요.

먼저 현대 우주론에 담긴 가정의 역할에 관심을 가져보겠습니다.

우주론 원리

누군가 물질 분포에 대한 이 가정을 아인슈타인의 '우주론 원리 Cosmological Principle'라고 하면서부터 가정이 원리로 탈바꿈합니다. 우주론을 전개하기 위해서는 필연적으로 우주에 존재하는 알 수 없는, 혹은 아직 알지 못하는 영역의 상황을 추정해야 합니다. 이를 위해서 제안자의 기대가 반영된 '가정'을 할 수밖에 없습니다. 이것을 그냥 가정이라고 해도 되는데 현대 우주론에서는 구태여 원리라고 합니다. 현대 우주론에 도입된 우주론 원리는 큰 규모에서 물질 분포가 공간적으로 대략 균일하고 등방하다는 가정입니다. 모형을 다룰 수 있게 구성하려고 수학적 단순화를 위해 도입한 가정을 원리라고 이름 붙이니 용어가 생명력을 갖게 됩니다. 지금도 모든 현대 우주론 교과서가 이 가정을 우주론 원리라고 서술하고 있습니다.

사정이 이렇다 보니 학자들조차 관측해 보지 않고서도 우주가 큰 규모에서 균일-등방하다고 '아는' 단계에 접어들었습니다. 단지 가정이었는데 시간이 가며 진실로 둔갑한 겁니다. 이것은 지금까지도 유지되는 전통입니다. 이런 엄청난 가정하에 만든 우주모형이 아직 성공적인 거지요. 아마 아인슈타인도 일단 문제를 수학적으로 다룰 수 있도록 단순하게 하려고 자연과 무관하게 도입한 이 가정이 훗날 우주론의 기본 원리로까지 격상되리라고는 예상하지 못했을 겁니다.

물리학의 기본 신조는 지금 아는 물리법칙이 언제 어디에서나 동일하게 적용된다는 믿음이니 물리법칙의 보편성 주장은 우주론 원리와 통하는 바가 있습니다. 보편성에 대한 이런 신조는 일반적으로 검증이 어려운 정도를 넘어 거의 불가능합니다. 과학이 강조하는 모형의 검증 여부에 대한 실상이 어떤지는 주의 깊게 따져봐야 합니다. 특히 우주론에서는 문제가 될 수 있습니다. 우주론 학자인 조지 엘리스George F. R. Ellis는 "우리 근처 시공간에서 결정한 평범한 물리법칙이 다른 모든 시공간 지점에 적용된다."라는 우주론의 믿음을 드러내며 검증되지 않은 일반화일 가능성을 지적합니다.

한편, 과학에서 흔히 쓰는 '가설Hypothesis', '법칙Law', '원리Principle', '이론Theory', '모형Model'이라는 용어의 용법에 대한 규칙이라거나 규범은 없습니다. 억지로 사전적으로 구분하자면 할 수도 있겠지만, 경계는 흐릿하며 실제 쓰이는 사례는 종잡을 수 없고 그저 역사적으로 형성된 관습을 따를 뿐입니다. 종종 과학의 위인을 기리기 위한 수사로 사용되기도 하는데 이마저도 항상 올바르지는 않습니다. 모두 모형을 수식하는 용어일 뿐이기에 저는 자주 이를 통칭해 모형이라고 하겠습니다. 모형(이론)은 모종의 목적을 지닌 단순화 가정이고 일반화이며 통시적 적용을 기대하기에 미래예측이기도 합니다. 자연현상을 설명하기 위해 인간이 창안한 개념들이기에 사회의 동의하에 인간의 마음속에 있는 거지요. 그러나 모두 동의하지는 않습니다.

비록 우주론 원리가 역사적으로 처음에는 어떠한 관측과도 무관하게 도입되었지만, 물질 분포에 대한 가정은 볼 수 있는 영역에서는 은하의 분포를 관측해 보면 알 수 있습니다. 하지만 검증은 현실적으로나 혹은 원리상으로조차도 어려운 점이 있습니다. 관측자를 중심으로 등방한지에 대해서는 여러 가지 증거를 제시할 수 있지만, 균일한지의 여부는 현실적으로 규모가 커질수록 규명하기 어려워집니다. 멀리 떨어진 천체까지의 거리 측정은 천문학이 마주한 가장 중요하면서도 어려운 문제입니다. 허블Edwin Hubble은 "천문학의 역사는 물러서는 호라이즌의 역사다."라고 말합니다.

더하여 유한한 빛의 속도를 고려하면 관측이 완벽한 경우에조차 균일성을 증명할 수는 없습니다. 왜냐하면 멀리 볼수록 과거를 보는 셈이기 때문입니다. 모형을 통해 그 개연성을 추측할 따름입니다. 더하여 우리의 호라이즌 너머의 상황은 원리상 검증이 불가능합니다.

비단 우주론 원리만이 아니라 모든 모형은 사실과는 다르기에 증명할 수는 없습니다. 단지 관측과의 비교로 개연성을 확인하고 높일 뿐이지요.

절대온도 3도인 마이크로파 복사로 전파망원경에 잡히는 우주배경복사는 전 하늘에 걸쳐 상당한 등방성을 보이지만 이것이 물질의 3차원 분포가 등방하다는 의미는 아닙니다. 더구나, 우주의 호라이즌 너머 영역에서는 원리상 검증이 불가능하기에 우주론 원리는 정의상 가정으로 남을 수밖에 없습니다.

엘리스에 따르면, "문제는 관측된 우주는 하나밖에 없고 효과적으로 우리는 시공spacetime상 단 하나의 점에서 관측할 수밖에 없다는 점이다. 이런 상황에서 우리는 검증이 완전히 불가능하지만 우주론에 필요한 특수한 가정을 하지 않고는 우주모형을 만들 수 없다." 현대 우주론에서 채택한 이 특수한 가정이 우주론 원리입니다.

균일하고 등방하다고 가정하지 않으면 모형을 수학적으로 다루기가 너무나 어려워집니다. 그러다 보니 실상을 극단적으로 단순화시킨 아인슈타인의 우주론 원리라는 가정을 문제가 불거지기 전까지는 일단 진실인 양 당연하게 받아들이게 된 점도 있습니다.

우주론 원리에 대해 포퍼는 "우리 지식의 부재를 무언가 아는 듯한 원리로 만드는 수사를 나는 싫어한다."라고 투덜대었으며, 천문학자 마틴 리스Martin Rees는 "우주론에서 원리란 증거에 의해 지지되지 않는 가정과 같은 뜻으로 종종 쓰이는데, 그것 없이는 분야가 진전될 수 없다."라고 고백합니다.

원리의 중요성

아인슈타인이 그가 도입한 우주론적 가정을 원리라고 표현하지는 않았지만, 현상을 설명하기 위한 원리의 도입은 아인슈타인의 물리 현상 탐구에서 중요한 의미와 위상을 지닙니다. 실험이나 관측 사실 그리고 이론의 수학적 전개보다도 더 중요한 의미를 지니는데 그가 말하는 과학에서 창의력의 핵심이 여기에서 등장합니다. 과학자에게 참고가 될 중요한 지적이라 거장의 말을 인용하겠습니다.

> 이론가의 방법은 그가 결론을 추론할 수 있는 일반 공리 또는 '원리'를 기초로 사용합니다. 그의 일은 두 부분으로 나눕니다. 그는 먼저 자신의 원리를 발견해야 하고 그다음에 [이 원리에서] 나오는 결론을 이끌어내야 합니다. 이 작업 중 두 번째 부분에 대해 그는 학교[교육]에서 훌륭한 장비를 갖춥니다. 따라서 그의 문제 중 첫 번째 문제가 이미 일부 분야 또는 관련 현상의 복합체에서 해결되었다면, 그의 성실성과 지적 능력이 적절하다면 그는 확실한 성공을 거두게 됩니다. 이러한 업무의 첫 번째, 즉 유추의 출발점 역할을 하는 원리를 수립하는 일은 완전히 다른 성격을 지닙니다. 여기에는 목표에 이르기 위해 적용할 수 있는 체계적인 방법도 없고 학습할 수도 없습니다. 과학자는 경험적 사실의 포괄적인 복합체에서 정확한 공식화를 허용하는 일반적인 특징을 파악함으로써 이러한 일반 원리를 자연에서 찾아내야 합니다.
> 일단 이 공식화가 성공적으로 성취되면, 추론에 추론이 이어지며, 종종 원리가 도출된 현실의 영역을 훨씬 넘어서는 예기치 않은 관계가

드러납니다. 그러나 추론의 기초가 되는 원리가 발견되지 않는 한, 개별적인 경험적 사실은 이론가에게는 쓸모가 없습니다. 사실, 경험으로부터 추상화된 고립된 일반 법칙만으로 그는 아무것도 할 수 없습니다. 그는 연역적 추론의 기초를 만들 수 있는 원리가 스스로를 드러낼 때까지는 경험적 연구의 분리된 결과 앞에 무력하게 남아있을 수밖에 없습니다."

아인슈타인은 원리라 말하는 가정의 도입이 현상을 설명하려는 과학의 과정에 필수라는 점을 강조합니다. 원리란 대상을 과학이 다룰 수 있도록 만드는 일종의 모형을 수립하는 기초입니다. 원리가 이론의 전개에 필수적이고 이를 수립하는 데는 자연을 대하는 인간의 직관이 중요한 역할을 합니다. 원리는 직접검증의 대상이 아니라는 점에서 과학의 이론은 형이상학적이라고 할 수 있습니다. 이렇게 유추된 과학 이론의 결과가 성공적이라면 사용된 원리 또한 자연과 정합적임이 드러나겠지요. 종종 운 좋게도 이 원리 자체를 자연과 비교하고 검증할 수도 있을 겁니다. 이런 원리에는 과학의 전개에 필요한 모든 이론과 개념 그리고 유물론적 가정조차 포함될 수 있습니다. 검증을 거친 원리는 형이상학적 원리의 지위에서 자연의 사실처럼 간주될 수 있겠지요.

우주론 원리의 위상

최근 이 우주론적 가정이 옳은지 판정하는 데 도움이 될 만한 자료가 큰 규모의 은하 분포에서 축적되었습니다. 하지만 이 가정 위에 구축된 우주론이 결과적으로 성공적이라고 자평하는 분위기다 보니, 학자들은 자료를 있는 대로 보기보다 어느 규모에서 이 가정이 사실인지 찾고 그 규모를 공언하려는 의도를 가지고 접근합니다. 이런 태도는 결과의 해석에 중요한 영향을 미칩니다.

우주에 은하들이 정말 균일하고 등방하게 분포하는 규모란 어디에도 없습니다. 균일-등방 모형은 가상적 배경우주모형에 대한 내용이고, 은하들이 보여주는 구조의 기여가 우주의 큰 규모에서는 배경에 작은 건드림이 가해진 정도라는 믿음이 실제 가정입니다. 이 가정이 얼마나 받아들여질 만한지가 검증해야 할 문제입니다. 건드림이 작은 경우 평균을 도입하면 배경우주모형이 나오겠지만, 건드림이 크면 평균이 무의미해지며 배경우주라는 개념도 의미를 잃을 수 있습니다. 현대 우주론이 우주론 원리라는 가정 위에 세워져 있음을 고려하면, 은하들의 3차원 분포 관측으로 이 가정을 검증해야 합니다. 이미 관측된 영역에서는 어느 정도 검증이 가능한데, 지금까지의 결과는 조금 뒤에 말씀드리지요.

어떤 분포가 균일-등방하다는 가정보다 더 단순한 가정도 없지만 이 가정을 현실적으로 완화하려는 시도는 비선형성이라는 수학적 어려움에 직면합니다. 우주론에서 현실적으로 적용할만한 연구는 사실상 아직 없다고도 말할 수 있습니다. 수학적으로 다루기가 불가능할 정도로 어렵기도 하지만, 현대 우주론의 역사에서 전개된 균일-등방 모형의 예상치 못한 성공에 기인한 면도 있습니다. 단순한 모형이 잘 들어맞는다는데 구태여 복잡하고 어려운 길을 가야 할 이유가 없다는 거지요. 하지만 거의 모든 연구자가 성공의 자신감에 취해 정밀우주모형이라고까지 말하는 현대 우주론은 정말 잘하고 있을까요?

고대 힌두우주론 원리

현대 우주론의 우주론 원리를 고대 힌두우주론의 우주론 원리와 비교해 보면 흥미롭습니다. 콘래드 러드니키에 따르면, 고대 힌두우주론은 "우주는 무한히 불균일하다. 우리 위치는 시간이나 공간상 특이한 곳이 아니지만, 평균적이지도 전형적이지도 않다(무한히 퍼진 변수들에서 어떤 평균이나 중간값은 무의미하다)."라고 합니다. 또 고대 힌두우주론은 한순간 무한히 많은 우주가 있으며 각 우주는 무한히 팽창과 수축을 반복한다고 말합니다.

무한한 다양성을 상정한 고대 힌두우주론 원리는 극한적 단순화를 추구한 현대 우주론의 우주론 원리와 극명하게 대비됩니다. 단순화의 추구는 근대 과학이 자연을 대하는 전형적 태도입니다. 균일–등방하다고 함은 공간으로는 더 이상 단순해질 수 없는 극한적 가정입니다. 이 가정이 적용되는 우주의 어느 곳도 관찰자의 근처와 같다고 한 셈이니 관측해 보지 않고도 '안다'는 정말 호기로운 주장입니다. 관찰이 필요치 않다고 하는 셈이니 과학이 내세울 만한 주장 같지 않습니다만, 이것은 우주론을 넘어 과학의 전형적인 태도입니다. 틀린 것으로 밝혀지지 않는 한 우리가 아는 과학 지식이 언제 어디에서나 적용된다고 간주하는 겁니다. 할 수 있는 일부터 하자는 것이니 이해할만 하지요. 단지 경우에 따라서는 현실과 동떨어질 위험을 안고 있기에 가정일 뿐임을 기억해야 합니다.

3

가정으로서 중력이론

우주론을 구성하는 데 쓰인 중대한 가정은 우주론 원리만이 아닙니다. 아인슈타인 중력은 천체 현상을 다루기에 적합한 중력이론으로 널리 받아들여집니다. 아인슈타인 중력을 일반상대성이론이라고 합니다. 뉴턴Isaac Newton 중력과는 영 딴판으로 당기는 힘 같은 건 없고, 질량을 가진 천체가 주변의 시간과 공간을 휘어지게 만들고 이 영향으로 생긴 길을 따라 물체가 움직이는 현상이 중력 효과로 나타납니다. 시간이 휘어졌다는 말은 시간이 다르게 간다는 겁니다. 이 이론은 하나의 구형 천체 주변에서 진공인 경우의 풀이와 약한 중력장에서 적용되는 근사법에 근거를 둔 태양계 검증에서 인상적인 성취를 이루어냈습니다.

아인슈타인이 일반상대성이론을 창안하는 과정은 당시 관측 상황과 무관합니다. 거의 전적으로 이론적 정합성만을 염두에 둔 자연에 대한 아인슈타인의 직관적 이해만이 중요했습니다. 일반상대성이론의 탄생 자체가 앞에서 아인슈타인이 말한 원리 혹은 일반 공리에 해당하는 거지요. 이 이론은 어떠한 경험에도 근거하지 않은 이론적인 창작물의 가장 인상적인 예 중 하나입니다.

뉴턴 중력이 아인슈타인 중력으로 대체되며 힘(중력)이라는 뉴턴 체계의 개념은 사라져 버립니다. 우리의 직관과도 일치한다고 굳게 믿던 뉴턴 체계가 무너지는 이 변혁에서 우리는 아인슈타인 체계의 개념도 마찬가지 운명일 수 있음을 짐작할 수 있습니다. 과학 이론은 자연에 존재하지 않고 인간의 상상력 속에 존재하는 모형일 뿐이라는 겁니다. "물리 개념은 인간 정신의 자유로운 창조물"이라며 아인슈타인 자신이 분명히 했지요. 특정 상황에서 유용할 뿐인 물리 이론을 존재론적으로 받아들이지 말라는 겁니다.

일반상대성이론

아인슈타인은 1905년 상대적으로 등속운동을 하는 관성계 사이의 물리법칙을 기술하는 특수상대론을 발표합니다. 1907년부터 이를 가속운동을 하는 비관성계로 확장하려 하고, 1915년에 이론을 완성합니다. 그해 11월 4일과 11일 두 차례에 걸쳐 장방정식을 개정하여 발표하고 지금 알려진 최종 형태는 11월 25일에 발표합니다. 그 사이인 11월 18일에는 일반상대론의 첫 번째 검증인 수성의 근일점 이동을 성공적으로 설명하고, 몇 년 후 일식에서 충격적으로 검증되는 해의 중력 때문에 별빛이 휘어지는 값을 예측합니다. 1905년이 아인슈타인이 이룩한 기적의 해*Annus Mirabilis*였다면 1915년 11월은 그의 또 다른 기적의 달*Mensis Mirabilis*이 될 법합니다.

일반상대론은 아인슈타인의 장방정식으로 기술됩니다. 그 방정식은 가속하는 계인 비관성계도 다룬다는 의미에서 일반상대론이지만, 중력을 특수상대론과 정합적이 되도록 꾸민 상대론적 중력이론입니다. 당기는 힘의 근원으로서 질량을 선언하고 그에 따른 운동을 기술하는 뉴턴의 중력과 역학법칙과는 달리 장방정식은 오른쪽에는 물질의 상태 그리고 왼쪽에는 그에 부합하는 시간과 공간의 곡률로 구성되어 있습니다. 기하학으로는 19세기에 수학자 리만Bernhard Riemann이 완성한 리만기하학을 사용합니다. 공간의 곡률은 공간이 굽은 상태, 시간의 곡률은 시간의 지속 정도가 변한다고 이해할 수 있습니다. 시간과 공간의 상황이 주변 물질의 상태에 영향을 받는다는 겁니다.

뉴턴역학의 미시 세계 극한을 대체한 양자역학이 플랑크Max Planck의 상수가 영으로 가는 극한에서 뉴턴역학을 포함하지 않는 데 반해, 아인슈타인 중력은 빛의 속도가 무한대인 극한에서 정확히 뉴턴의 중력과 역학법칙을 포함합니다.

아인슈타인 중력의 성공과 한계

아인슈타인 중력은 천문학적 현상들을 다루기에 적합한 이론으로 널리 받아들여집니다. 이 이론은 약한 중력장 극한에서 적용되는 근사법으로 태양계와 두 천체 상황에서 뚜렷한 검증 기록을 보유하고 있습니다. 아인슈타인 중력이 지난 100년간 과학적이며 기술적인 발전에 기반을 둔 어떠한 실험 검증에서도 실패한 바가 없음은 공식적인 사실입니다. 하지만 강한 중력이나 은하 규모를 포함하는 큰 규모에서는 이 이론에 대한 어떠한 검증도 없었음 또한 마찬가지로 분명한 사실입니다. 즉 아인슈타인 중력을 태양계 규모를 넘어선 우주 규모에서 적용해도 되는지에 대해서는 검증이 이루어진 바가 없다는 겁니다. 아인슈타인 중력이 뉴턴 중력을 대체했다고 받아들이는 근거는 태양계나 별 규모에서 뉴턴 중력보다 상대적으로 낫다는 점입니다. 뉴턴 중력과 아인슈타인 중력 그리고 아리스토텔레스 Aristotle의 중력이론 사이의 관계와 이를 포함하는 물리법칙의 존재론적 위상은 『물질』에서 자세히 살펴봅니다.

태양계의 규모를 우주의 호라이즌 규모와 비교하면 거의 천조 배차이가 납니다. 따라서 실험으로 검증된 규모와 비교하면, 아인슈타인 중력을 우주론에 적용하기 위해서는 실로 경이로운 외삽 추론을 해야 합니다. 이 차이를 무시하고 그냥 적용하려면 큰 용기와 양해가 필요하겠지요. 우주론에서 이 점을 무시하는 것은 아인슈타인 중력이 지금 우리가 가진 최선의 중력이론이라는 암묵적 동의가 있기 때문이지 이론이 실제 검증되었기 때문은 아닙니다.

한 우주론 교과서는 "실험은 외삽할 수 없다, 단지 이론만이 그러하다."라고 밝힙니다. 생각해 보면 당연한 말입니다. 외삽은 인간 지성의 산물이지요.

아인슈타인 중력이 우주론에서 일반적으로 받아들여지는 근거는 주로 약한 중력 천체 현상이나 지구에서의 검증, 아인슈타인의 명성이나 역사적 유산과 연관된 이론의 평판에 기반을 둡니다. 약한 중력에서의 검증이란 중력체 근처에서 빛의 적색이동(시간지연), 빛의 휘어짐, 수성의 근일점 이동 등인 데 반해, 우주론은 중력이 강한 상황을 다루고 있습니다. 즉, 아인슈타인 중력 역시 우주론에서는 아직 가정으로 볼 수 있습니다. 실제로 우주론 연구에서는 아인슈타인 중력을 바꾸고 확장하는 일이 요즘 일상적으로 일어납니다.

일상의 규모에서 작은 쪽으로 천조 배를 가면 원자핵과 만납니다. 이곳은 핵력이 지배하는 세상입니다. 뉴턴의 고전역학이 원자 규모에서 적용되는 양자역학으로 대체되려면 고작 백억 배만 가면 됩니다. 그러다 보니 우주론에서 이론과 일치하지 않는 관측과 마주치면 쉽게 중력을 바꿔버리기도 합니다. 대표적 예가, 먼 슈퍼노바가 우주론 원리에 기반을 둔 우주론 모형의 예상보다 조금 어둡다는 관측과 마주치자 이를 설명하기 위해 주저하지 않고 미는 중력을 행사하는 우주상수cosmological constant 혹은 이를 일반화한 암흑에너지dark energy를 도입한 일입니다. 이것은 아인슈타인 중력에 우주 규모에서 미는 중력 역할을 하는 추가 항을 임의로 도입해 중력이론을 바꾼 셈입니다. 이런 과격한 시도에 많은 학자가 동의하자 그 후 현재 우주는 그냥 팽창이 아니라 가속팽창을 하게 되었습니다.

관측을 설명하기 위해 이론을 바꾸는 일이 조금 미안했는지 이 변경은 아인슈타인 중력의 범위 안에서도 가능한 일이라고도 흔히 말하는데, 우주상수의 도입이 아인슈타인 중력의 흉한 확장이라는 점은 이 항을 도입했던 아인슈타인 자신이 말한 역사적 사실입니다. 이런 식의 변경이 허용된다면 뉴턴 중력에서도 마찬가지로 미는 힘을 쉽게 도입할 수 있습니다.

우주론적 보정

일반상대성이론은 1915년 최종 완성됩니다. 왼쪽에는 시공곡률 그리고 오른쪽에는 물질의 상태가 위치한 간단한 등식입니다. 앞서 1915년 11월에만 세 차례 방정식을 고쳤다고 했는데 그때마다 곡률에 해당하는 방정식의 왼쪽, 그러니까 시공기하학이 과감하게 변경

됩니다. 아인슈타인은 1917년 2월 8일 발표된 우주론적 상황을 고려한 논문에서 그의 방정식을 또 한 차례 개정합니다. 이번에는 정적static인 우주를 만들기 위해 미는 중력에 해당하는 우주상수라고 하는 항을 장방정식의 왼쪽, 즉 시공곡률 부분에 새로운 항으로 추가합니다. 이 논문으로 현대 우주론이 시작된 것은 분명하지만 아인슈타인과 현대 우주론의 관계는 여러 가지 역설로 가득합니다.

이 추가 항이 장방정식에 대한 아인슈타인의 최종 개정일 수도 있고, 아인슈타인이 이 개정을 후회하고 우주상수를 철회하였다고도 하며, 어떤 사람은 이 추가된 항이 아인슈타인의 식 오른쪽, 그러니까 우주상수를 물질의 특수한 상태로 재해석할 수 있다고도 주장합니다. 지금 보면 단지 잘못된 이유로 도입된 이 추가 항은 우주론의 초기 발전에 방해가 된 셈인데, 우여곡절 끝에 우주론의 최근 발전이 바로 이 항의 발견으로 이어졌다는 주장은 반전이자 역설입니다. 여하튼 이 항의 무리한 도입으로 아인슈타인은 팽창하는 우주를 예측할 기회를 잃고 맙니다. 당기는 특성을 가진 중력을 미는 특성을 가진 우주상수로 억지로 상쇄시킨 겁니다.

한편, 1차 세계대전이 1914년 7월 28일에서 1918년 11월 11일 사이에 벌어졌다고 하니 일반상대론과 현대 우주론의 탄생은 모두 기관총과 참호전 그리고 독가스로 기억되는 세계대전이 한창이던 와중에 진행된 셈입니다. 동서양 고전 사상의 시조로 꼽히는 공자孔子와 소크라테스가 살던 시기가 각각 춘추전국 시절과 펠로폰네소스 내전 시절이었음을 기억한다면, 시공과 우주에 대한 아인슈타인의 사상사적인 기여가 근대 문명이 자랑스럽게 이룩했다는 산업혁명의 강력한 기술력이 인명 살상에 총동원된 인류사적 대 참화 도중에 나타난 것은 우연한 일치일까요?

블랙홀

우주론 외에 아인슈타인 중력의 또 하나의 극단적 예측에는 블랙홀이 있습니다. 블랙홀에 대한 일반인의 관심도 크고 별 질량 규모나 그 수백만 배에 달하는 블랙홀을 발견했다는 보고도 많습니다. 하지만 블랙홀은 아인슈타인 중력의 극단적 예측에 해당합니다. 결과도 충격적입니다. 먼 지역에서 보면 중력이 강한 지역의 시간은 천천히 간다는 점은 아인슈타인 중력이 예측했고, 지구의 실험실과 중력이 약한 몇몇 천체에서 검증되었습니다. 하지만 블랙홀은 중력이 극단적으로 강해서, 빛조차노 빠져나올 수 없다는 블랙홀의 사건지평선Event Horizon이라는 지점에서는 급기야 시간이 정지하게 됩니다. 따라서 블랙홀은 빛조차 빠져나올 수 없는 곳이 아닙니다. 사실 외부에 있는 관측자에게는 빛조차 들어갈 수 없는 지역입니다.

블랙홀 표면에서 시간이 정지하기 때문에 밖에서 보면 빛조차도 빨려 들어갈 수 없음은 역설적입니다. 질량이 태양 정도인 블랙홀의 사건지평선 반지름은 3㎞이고 지구 정도인 블랙홀이라면 고작 1㎝입니다. 블랙홀이 되려면 천체의 전 질량이 이 반지름의 구 안에 담겨야 합니다.

사건지평선에서 시간이 정지한다는 주장이 충격적이라고 했습니다. 우주생물학에서 우리는 "충격적 주장이 설득력이 있으려면 그에 걸맞게 증거도 충격적이어야 한다."라는 말을 만나게 됩니다. 블랙홀의 경우 저도 같은 요청을 하고 싶군요. 미지의 천체 현상과 마주했지만, 그것이 블랙홀이라는 증거가 명확하지는 않습니다. 특히 아인슈타인 중력은 태양계와 중력이 약한 경우에 한하여 검증되었는데 반해, 블랙홀의 경우에는 중력이 극단적으로 강합니다. 이렇게 아직 검증되지 않은 이론에 너무 큰 신뢰를 주는 일은 피해야겠지요. 하지만 이런 태도(이론으로 자연을 재단하는 태도)가 요즘 과학을 규정짓습니다.

한편 2019년 한 외부은하의 중심에서 포착된 블랙홀 사건지평선 근처의 영상이 공개되었습니다. 이론이 먼저 예상하지 않고는 이 영상이 무엇을 의미하는지 알 도리가 없습니다. 2012년 힉스보존의 발견이나 2015년 중력파 검출도 마찬가지입니다. 관측과 실험이 사실을 알려주는 것이 아니라 이론이 예상하는 관측만이 의미 있게 해석됩니다. 보고 알게 되는 것이 아니라 아는 만큼만 보이는 겁니다. 위 세 경우 모두 관측과 실험자체가 이론에 의해 추진되고 디자인 되었으며 예상대로 관측되자 학계의 다수가 승인한 결과입니다.

시간의 시작과 우리가 볼 수 있는 절대 한계인 호라이즌이 나타나는 현대 우주론도 블랙홀과 마찬가지로 아인슈타인 중력의 극단적 적용에 해당합니다. 이론이 검증된 바는 없지만 일단 적용해 보는 건데, 문제가 생기지 않는 한 계속 적용하겠다는 겁니다. 문제는 학자들조차 종종 이 사실을 잊어버린다는 점입니다. 이론에 대한 신뢰가 지나쳐서 검증한 바 없음에도 검증했다고 착각하는 거지요. 이 점에서 저의 관점은 주류 과학자들의 태도와 사뭇 다르게 됩니다. 저는 관측과 이론의 차이를 조금 더 완고하게 추적하려 합니다. 이론으로 자연을 재단하려는 태도를 가급적 경계하려 하지만, 이론의 도움 없이 경험을 이해하기란 쉽지 않습니다.

4

현대 우주론의 역사

1917년 아인슈타인의 논문은 분명 현대 우주론의 시작으로 볼 수 있습니다. 하지만 아인슈타인이 반드시 우주론을 전개하려 의도한 것은 아니었습니다.

아인슈타인은 그의 장방정식에 이르는 여정에서 중력질량과 관성 질량이 실험으로 구별이 되지 않는다는 사실(이를 아인슈타인이 등가원리Equivalence principle라고 이름 붙입니다)과 거시적 우주가 국소적인 부분에 영향을 미친다는 마하의 원리Mach principle(이것도 아인슈타인의 작명입니다)에 도움을 받았다고 말합니다.

등가원리

중력질량과 관성질량은 뉴턴의 역학과 중력에서 나타나는 개념입니다. 중력질량이란 질량은 멀리 떨어진 상태에서도 즉각 당기는 힘을 낸다는 뉴턴 중력의 신비스러운 설정에서 등장하는 질량이고, 관성질량이란 힘을 받은 물체는 질량에 비례하여 가속에 저항한다는 뉴턴의 역학법칙에 등장하는 질량입니다. 과학에서 질량은 이렇듯 수식을 통해 정의됩니다.

뉴턴의 중력이 신비스러운 설정이라는 점은 제가 지어낸 말이 아닙니다. 뉴턴 자신이 한 편지에서 고백합니다. "한 물체가 다른 어떤 것의 중재도 없이 단지 진공을 통해 먼 거리에 떨어진 다른 물체에 작용할 수 있고, 그에 의해 그들의 행동과 힘이 다른 물체로 전달될 수 있다는 것은 저에게 너무나 터무니없는 일로, 철학적인 문제에 능숙한 사고 능력이 있는 사람은 이 사실을 결코 받아들이기 힘들 것으로 믿습니다." 뉴턴은 연금술과 신비스러운 탐구에 상당한 노력을 기울입니다. 이런 관심이 중력이라는 신비스러운 제안으로 이어졌는지 모릅니다.

중력질량과 관성질량은 개념적으로 전혀 다르지만, 그 둘의 값이 실험상 같다는 점은 갈릴레오Galileo Galilei가 간파하고 있었습니다. 갈릴레오와 관련된 에피소드 중 피사의 사탑에서 두 개의 물체를 낙하시키는 사고실험은 바로 이 두 질량의 실험적 동일성에 대한 것입니다. 두 물체가 동시에 떨어진다는 것이 등가원리의 주장인데, 갈릴레오는 말만 했을 뿐 이 실험을 정말 하지는 않았을 겁니다. 왜냐하면 두 물체가 필시 다르게 떨어졌을 것은 우리의 일상 경험에서 익숙하기 때문입니다. 예컨대 스티로폼으로 만든 공과 쇠로 만든 공을 떨어뜨리면 어느 공이 먼저 떨어질지 충분히 상상이 갑니다.

아리스토텔레스의 중력이론은 무거운 물체는 아래로 내려오고, 가벼운 것은 늦게 떨어지는 것을 넘어 위로 올라간다고 말합니다.

실제 자연에서 일어나는 현상을 기술한 건데 이렇듯 실제 자연은 복합적이고 혼란스럽게 드러납니다. 정말 자연을 관찰하면 누가 맞는지 드러날 테지만, 갈릴레오 편은 아닐 겁니다. 갈릴레오의 관점에서 보자면 공기 마찰력 때문에 차이가 난다고 하겠지만 막상 마찰력을 제거하기는 쉽지 않습니다. 그래서 앞서 "현실의 과학은 미리 정해진 이론(모형)에 맞추어 관찰을 선택하고 무시하며 실험을 조작하는 기예와 더 관련이 있다. 자세한 관찰은 과학적 사유를 방해한다. 현상을 무시하고 소위 정수를 파악하라."라고 했지요.

아인슈타인은 등가원리로부터 작은 규모에서 중력계가 가속계와 동일하다는 점을 깨닫습니다. 동시에 떨어진다는 것은 자유낙하 때 중력이 가속으로 상쇄된다는 의미이기에 그렇습니다. 따라서 관성계를 다루는 특수상대론을 가속계를 다루는 일반상대론으로 확장하는 것은 실은 중력을 상대론적으로 다루는 것입니다. 우리는 이 동일성만으로도 중력장에서 빛의 경로가 휘어지고 중력이 강한 곳에서 시간이 상대적으로 느리게 간다는 것을 보일 수 있습니다. 물론 제대로 된 값은 아인슈타인의 장방정식 풀이에서 나옵니다.

등가원리는 관성질량과 중력질량의 측정값이 동일하리라는 주장입니다. 두 질량의 측정값이 다르다는 점이 상당한 정밀도의 실험으로 아직 확인되지 않았는데, 아인슈타인 중력이 옳다면 두 질량은 실험적으로 구별될 수 없습니다. 따라서 아인슈타인 중력이 틀렸음을 보이는 손쉬운 방법은 어떤 한 물체에 대해 중력질량과 관성질량이 다르다는 것을 보이는 겁니다. 하나는 당기는 힘을 측정하고 다른 하나는 밀어서 안 떠밀리려는 성질을 측정하면 되니 실험으로는 두 개념이 완전히 구별되지만, 지구상에서 정밀한 실험은 쉽지 않습니다.

자유낙하에서 모든 물체가 동시에 떨어지는지 재면 되는데, 추진 없이 공전 중(자유낙하입니다)인 인공위성 내부에서 중력이 사라짐을 보이면 됩니다. 즉 인공위성 내부에서 두 물체 사이에 어떠한 힘도 작용하지 않는다는 걸(무중력이라고 하지요) 보이면 되는데, 아인슈타인 중력이론의 검증 여부가 달렸기에 이 실험은 일부 물질에 대해 아주 높은 정밀도로 측정 중입니다. 종종 이 힘이 다른 물체에 대한 실험 보고가 있곤 했는데 아직 확증된 경우는 없지만 이를 흔히 제5의 힘이라고 합니다.

등가원리가 옳다는, 즉 두 질량이 완전히 같다는 것을 보일 수 있는 실험은 원리상 불가능합니다. 얼마나 광범위한 물체에서 얼마만한 정밀도로 같거나 다름을 보일 수 있는가의 문제입니다. 차이는 잴(측정할) 수 있지만 같음은 잴 수 없지요. 원리상 그렇습니다.

마하의 원리

한편 마하의 원리는 좀 애매합니다. 먼 곳을 포함한 온 우주가 국소 관성계와 물리법칙에 영향을 미칠 가능성에 대한 마하의 논의는 아직도 물리학에 반영되지 않습니다. 정통 물리학은 국소적인 현상만을 다룹니다. 국소적 현상이 먼 곳의 현상이나 우주 전체와 관련이 있다 한들 무시하고 맙니다. 구별할 수 있는 방법이 없기에(혹은 어렵기에) 무시합니다.

아인슈타인은 자신이 흄David Hume과 마하Ernst Mach에게서 많은 영향을 받았다고 말합니다. 인과론에 대한 흄의 비판에 노출된다면 지금의 물리학자들은 놀랄 것입니다. 인과론은 물리학이 특별히 관심을 쏟는 주제이자 핵심적인 가정입니다. 이 가정에 대한 흄의 비판이 어떠한 현대의 물리학으로도 극복할 수 있는 성질의 것이 아니라는 점을 깨닫는다면 물리학자는 충격을 받을지도 모릅니다. 인과율이란 증명될 수 있는 성질이 아닌 형이상학적 가정일 뿐이라는 겁니다. 근대 과학을 규정하는 엄중한 가정 중 하나입니다. 가정에 따른 한계도 피할 수 없습니다. 이 점은 『물질』에서 다루겠습니다.

아인슈타인은 자신이 막 완성한 중력이론에 마하의 원리가 반영되어 있다고 믿었던 듯합니다. 마하의 원리가 아인슈타인 중력에 정말 반영되어 있는지는 마하의 원리 자체가 애매모호하기에 여러 측면이 있고 불분명하지만, 부정적입니다. 그러나 일반상대성이론에 이르는 길을 밝혀주는 원리로 아인슈타인에게 깊은 영감을 준 것은 사실로 보입니다.

아인슈타인이 자신의 중력이론을 완성한 다음 해인 1916년 1월 13일 슈바르츠실트Karl Schwarzschild는 구형 질량 하나가 있는 경우에 아인슈타인 식의 완전 풀이를 제출합니다. 그는 1차 대전 중 러시아 전선에서 얻은 수포창에 걸린 상태에서 풀이를 구하고 그해 5월 11일 42세의 나이로 사망합니다. 1915년 12월 22일 러시아 전선에서 보낸 편지로 이 풀이를 받은 아인슈타인은 자신의 복잡한 비선형 편미분방정식의 한 가지 완전한 풀이가 이렇게 쉽게 나온 것에 상당히 놀랐다고 말합니다. 특히 슈바르츠실트의 풀이에 따르면 질량에서 무한히 먼 지역은 시공곡률이 영인 공간이었고, 이는 자신의 중력이론이 마하의 원리와 상충하는 것이 아닌지를 의심하고 검토하게 만듭니다. 5월 14일 슈바르츠실트의 장례식에 다녀온 날 친구 베소 Michele Besso에게 보낸 아인슈타인의 편지는 그가 작업에 착수했음을 보여줍니다.

1915년 11월과 12월에 일어난 사태의 빠른 전개를 보노라면 전쟁 중이던 상황은 잊고 당시 초고속 인터넷이라도 있었던 것은 아닌지 하는 생각이 듭니다.

아인슈타인의 정적 우주론

그의 중력이론이 마하의 원리에 부합함을 분명히 하기 위해 1917년 논문에서 아인슈타인은 곡률이 양이며 물질이 그 공간을 고르게 채우고 있는 유한한 부피를 가지는 정적인 공간을 우주모형으로 상정합니다. 곡률이 양인 3차원 공간은 부피가 유한합니다. 마하의 원리를 위해서는 유한한 공간이 더 적합하겠지요. 양의 곡률과 정적인 상태를 선택한 것도 가정이지만, 결과적으로 현대 우주론에서 정말 중요한 점은 물질이 고르게 분포하고 있다는 가정입니다.

아인슈타인은 논문에서 "오직 큰 규모의 구조만 고려한다면, 우리는 물질들이 거대한 공간에 걸쳐서 고르게 분포하고 있다고 표현할 수 있을 것이다."라며 손쉽게 말합니다. 하지만 이러한 가정에 어떠한 관측 근거가 있었던 것은 아닙니다. 당시에 별들은 은하수에 몰려있었으며 공식적으로는 외부은하라는 것이 있는지조차 알려져 있지 않았습니다.

물질이 고르게 분포한다면 곡률도 고르게 분포할 것입니다. 이러한 기하학적 공간에는 정성적으로 세 가지 종류가 있습니다. 곡률의 부호가 양이거나 음 혹은 영인 경우입니다. 아인슈타인은 그중 유한한 부피를 가진 공간을 위해 양의 곡률을 선택한 겁니다. 사실 공간의 유한성 여부가 꼭 곡률과 관련된 것은 아닙니다. 이 점은 이후 진정한 현대 우주론의 창시자인 프리드만Alexander Friedmann이 파악하는데,

뒤에 말씀드립니다.

프리드민을 진정한 현대 우주론의 창시자라고 한 이유는, 마땅히 현대 우주론의 시작이라고 할 만한 1917년 논문에서 아인슈타인이 우주에 대한 자신의 믿음을 유지하기 위해 중력이론을 다시 개정하는 작업을 했음에도, 그의 우주론은 결국 관측과 배치되는 것으로 드러났기 때문입니다. 아인슈타인은 우주의 팽창이 발견되기 전까지 동적인 우주모형을 거부합니다.

물질과 곡률에 대한 아인슈타인의 가정인 우주론 원리를 장방정식에 넣으면 공간이 커지거나 줄어드는 동적인 상황이 발생합니다. 당시 38세인 아인슈타인은 자신의 이론이 보여주는 결과를 받아들이지 않고 정적인 우주모형을 유지하기 위해 우주상수를 장방정식에 추가합니다. 자신의 중력이론을 고친 것이지요. 양의 값을 가진 우주상수는 거리에 비례하여 미는 힘을 내는 반anti중력과 같은 역할을 하며, 당기는 중력을 내는 물질을 가지고 있는 그의 우주모형을 당분간 정적인 평형상태에 있도록 만들 수 있습니다. 이 평형은 불안정한 것으로 밝혀집니다. 정적인 모형에서는 시간의 시작이나 끝이라는 문제가 등장하지 않습니다.

드지터는 같은 해인 1917년 우주상수만으로 이루어진 모형에서 거리에 비례하는 적색이동이 나타나는 것을 보이고, 이후 이것은 공간의 팽창 때문임이 밝혀집니다. 우주상수를 넣어도 아인슈타인의 우주모형은 결국 팽창하거나 수축하게 되어 동적인 모형은 불가피합니다. 당기는 힘이 작용하는 한 미는 힘을 추가해도 불안정은 피할 수 없는데 아인슈타인은 눈치채지 못합니다. 당기는 중력에서 우주모형이 동적일 수밖에 없음은 나중에 뉴턴 중력에서도 당연한 것으로 밝혀지며, 어쩌면 뉴턴도 예상하였음이 알려집니다.

프리드만 우주론

1922년 6월 프리드만은 우주상수까지 고려한 아인슈타인 중력으로 균일–등방인 우주모형의 진화식과 풀이를 발표합니다. 이것을 프리드만 우주모형이라고 합니다. 이 풀이에서 아인슈타인의 정적 우주모형은 일시적일 뿐 결국 불안정함이 밝혀집니다. 같은 해 9월 아인슈타인은 프리드만의 결과에 오류가 있다고 같은 저널에 발표합니다. 다음 해 5월 아인슈타인은 자신이 계산 실수를 했다고 발표하며 프리드만의 풀이도 수학적으로 가능하다고 인정하지만, 프리드만에게 입힌 타격은 회복될 수 없었습니다. 프리드만은 1925년 37세 나이에 결핵으로 사망합니다.

프리드만은 우주의 기하학뿐 아니라 토폴로지의 가능성도 고려하였다고 합니다. 기하학이 공간의 부분적local인 성질이라면 토폴로지는 공간의 전체적global인 성질을 나타내는데, 뒤에 살펴보겠습니다. 아인슈타인 중력은 시공의 기하학을 물질과 연결했기에 공간의 전체적인 성질인 토폴로지에 대해서는 아무런 제한을 가하지 않습니다. 시간에 대해서도 마찬가지입니다.

전체의 성질은 물리학의 영역을 넘어섭니다. 이 말은 관찰로 전체의 성질을 알 수 없다는 것이 아닙니다. 일반상대론을 포함하여 역사적으로 성립되어온 모든 물리학 이론은 부분의 성질을 다루도록 구성되었습니다. 전체의 성질은 경계조건(시간으로 치면 초기조건)으로 부과되곤 하며 이것을 물리 이론으로 결정짓지는 않습니다.

실제 우주의 토폴로지가 어떤지는 이에 대한 물리 이론이 존재하느냐 여부와 무관합니다. 그 가능성은 관측으로 알아보는 수밖에 없습니다. 이 점에서 우주 전체가 부분에 미치는 역할을 고려하는 마하의 원리가 아인슈타인 중력과 어떤 관계인지 궁금하지만, 모든 물리 이론은 국소적이고, 현대 우주론을 시작하게 만든 마하의 원리는 불행하게도 더 이상 현대 우주론의 주 관심사가 아닙니다. 우주의 토폴로지라는 주제는 프리드만의 선구적인 지적 이후 거의 잊혔다가 최근 현대 우주론의 중요한 주제로 다시 등장합니다.

르메트르-허블 팽창

1927년 르메트르Georges Lemaître는 프리드만의 업석을 모른 채 동적인 우주모형을 재발견합니다. 그해 한 학회에서 다른 독일인 참석자와 함께 아인슈타인과 택시에 동승한 르메트르가 자신의 우주론에 대한 의견을 묻자 아인슈타인은 프리드만 때와 마찬가지로 "그대의 계산은 옳지만 물리적 직관은 형편없소."라며 묵살했다고 합니다. 젊은 학자에게 설마 이런 심한 말을 했을까 생각하지만 르메트르의 기억이라고 합니다. 이때 아인슈타인이 프리드만의 업적을 언급했지만 독일어를 모르는 르메트르가 제대로 알아듣지 못했으리라는 추측이 있습니다.

르메트르는 1927년 프리드만의 식과 함께 당시 알려진 관측으로부터 2년 후 허블이 발표하게 될 우주 팽창률 값을 유도하고, 이를 벨기에의 잘 알려지지 않은 학술지에 불어로 발표합니다. 학계에는 알려지지 않았다고 합니다. 허블이 우주의 팽창을 발표한 후 1931년 르메트르의 논문이 영어로 번역되지만, 왠지 팽창률 부분이 누락되었고 팽창하는 우주의 발견은 온전히 허블의 몫으로 돌아갑니다.

1927년 논문에는 빠졌던 프리드만의 논문이 1931년 번역에서는 인용됩니다. 최근 번역자가 르메트르였음이 밝혀졌습니다. 르메트르는 현역 가톨릭 신부였습니다. 프리드만은 압력이 없는 물질을 고려했는데, 르메트르는 압력이 있는 경우도 고려하였고 뜨거운 초기 우주의 가능성을 제시하여 빅뱅우주론의 창시자가 됩니다.

팽창 우주에 대한 증거는 1910년대부터 축적되지만 1929년 허블이 결정적으로 발표합니다. 1919년 일식 원정으로 태양 중력에 의해 빛이 휘어지는 값을 관측하여 아인슈타인 중력을 검증하고 아인슈타인을 일약 세계적인 명사로 만든 에딩턴Arthur Eddington은 1923년 드지터의 모형을 설명하며 다음과 같이 말합니다. "우주론에서 가장 당혹스러운 문제 중 하나는 나선형 성운들의 거대한 속도다. 그들의 시선 방향 평균속도는 초당 600㎞에 달하며 태양계로부터 멀어지는 경향을 강하게 보인다."

성운의 분광 적색이동은 슬라이퍼Vesto Slipher가 1912년부터 관측하며, 이 성운들에 대한 거리는 허블이 알아냅니다. 허블이 사용한 거리 측정법은 리비트Henrietta Leavitt가 1912년 발견합니다. 팽창률을 허블보다 2년 먼저 발표한 르메트르는 슬라이퍼의 적색이동과 허블의 거리 자료를 사용합니다. 2018년 국제천문연맹IAU은 허블 법칙을 허블-르메트르 법칙으로 개정할 것을 투표에 부친 후 다수결에 의해 승인합니다.

우주상수의 역할

드지터, 프리드만, 르메트르는 동적인 우주에 대해 거부감이 없었는데 왜 유독 아인슈타인은 정적인 우주에 집착했는지는 분명치 않습니다. 우주론의 경우 자신이 창조한 이론이 열어준 여러 가능성 앞에서 아인슈타인은 틀린 선택을 한 것으로 보입니다. 직관이 분명 중요하지만, 경험과 분리된 경우에는 우리를 엉뚱한 곳으로 이끌 수 있습니다. 1917년 한 편지에서 아인슈타인은 "비록 일반상대론이 우주상수를 허용하지만, 분광선 이동을 통한 별들의 운동에 관한 실제적인 지식만이 우주상수가 있을지 여부를 경험적으로 검증할 것입니다. 신념은 좋은 원동력이지만, 나쁜 심판관입니다!"라고 말합니다. 1919년에는 우주상수가 정적인 우주모형을 위해 필요하다고 계속 주장하면서도 이 항이 "이론의 형식적인 아름다움을 심대하게 해친다."라고 평가합니다. 1923년 한 편지에서는 "우주가 정적이지 않다면 우주상수는 치워버려야 합니다."라고 말합니다. 실제로 그는 우주의 팽창이 발견된 이후 우주상수를 없애게 된 것을 좋아했다고 합니다. 이렇게 틀린 이유로 무리하게 도입된 우주상수가 결국 최근 발견됐다는 주장은 역설적입니다.

아인슈타인이 보낸 위의 편지에 대하여 드지터는 1917년 4월 18일 신중하게 답장합니다. "관측은 결코 우주상수가 사라짐을 보일 수 없고, 단지 그 상수가 주어진 값보다 작음을 보일 수 있을 뿐입니다. 지금 제가 말씀드릴 수 있는 값은 10^{-45}cm^{-2}, 혹은 아마도 10^{-50}보다 작다는 것입니다. 아마도 언젠가는 관측이 우주상수에 대한 정확한 값을 제공하겠지만, 지금으로서 저는 여기에 대한 어떠한 지식도 가지고 있지 않습니다." 100년이 더 지난 지금 현대 우주론이 지지하는 우주상수의 값은 1.12×10^{-56}cm^{-2}입니다. 슈퍼노바 관측에서 유추된 현재 우주의 가속팽창을 설명하기 위해 우주 규모에서만 영향이 나타나도록 조율된 값입니다. 관측된 것은 은하들의 적색이동이 감속하는 우주모형의 예상에서 벗어난 것이지 가속팽창이 아닙니다. 관측은 이론 없이는 해석되지 않습니다. 이론이 다르면 해석도 달라집니다.

아인슈타인이 우주상수의 도입을 두고 자신의 일생 최대 실수라고 표현했는지는 확인되지 않습니다. 하지만 1946년 한 편지에서 "그러한 상수를 도입하는 것은 이론의 논리적 단순성을 상당히 포기하는 것을 의미합니다. 이 항을 도입한 이래로 나는 항상 양심에 꺼려왔습니다. 나는 이 점을 강하게 의식하지 않을 수 없었고, 이런 흉한 일이 자연에 실현되어야 한다는 것을 믿을 수 없습니다."라고 말합니다. 아인슈타인 스스로 흉하다고 말했던 그 수정 항은 단지 관측과 어긋나게 되는 정적인 우주를 만들기 위해 도입한 것이지만, 어쩌다 보니 이 항은 천문 관측이 차츰 드러내는 진정한 자연의 창조성으로부터 현대 우주론을 구원하는 역할을 꾸준히 해왔습니다. 우주의 나이 문제인데 뒤에 말씀드리지요.

그 후 전개된 현대 우주론의 역사는 여러 관측 사실과 함께 말씀드리겠습니다.

5

관측과 해석

　과학에서 이론 혹은 모형이 없으면 관측은 의미를 지니지 못합니다. 아인슈타인은 "무슨 양quantities이 관측 가능한지는 우리의 선택이 아니다. 도리어 그것은 주어져야만 하며, 이론이 우리에게 지시한다."라고 말합니다. 현대 우주론에서도 이론과 모형에 대한 가정이 관측된 자료를 해석하는 데 그대로 반영됩니다. 그만큼 가정이 올바른지에 대한 독립적인 검증이 중요합니다. 이제 어떻게 우주론에서 관측이 가정에 압도되는지 살펴보겠습니다.

　우주론 원리는 (호라이즌 너머에서는 다분히 철학적인) 가정이지 과학 방법론에서 종종 강조되는 실험이나 관측에 기반을 두지 않습니다. 그래서 원리라고 했겠지요. 가정하는 것 자체가 문제는 아닙니다. 가정이라는 점을 염두에 두고 검증이 가능한 영역에서 그것을 검증하려고 노력하고, 틀렸을 경우 대안의 가능성을 열어두면 됩니다. 관측 관점에서 우주는 균일한지(균일성 검증), 우주는 등방한지(등방성 검증), 균일-등방성에서 벗어난 정도가 얼마인지(벗어남의 선형성 검증) 꾸준히 검증해야 합니다. 이런 경우에만 현대 우주론이 진정한 과학으로 자리할 수 있습니다. 문제는 우주론 원리라는, 수학적 편의를 위해 자연에 부과한 가정이 우주를 보는 시각에 강한 제한을 줄 뿐만 아니라 관측한 결과의 해석과 관측 계획의 수립에조차 중대한 영향을 미친다는 점입니다. 대표적 예가 우주의 팽창, 암흑물질, 그리고 앞서 말씀드린 암흑에너지 에피소드들입니다.

우주의 팽창

우주가 팽창한다는 증거는 우연히 관측됐습니다. 서구 사상에서 누구도 기대하거나 예상했던 결과가 아니지요. 균일-등방 가정이 허용하는 운동은 속도가 거리에 비례하는 팽창 혹은 수축일 수밖에 없습니다. 균일-등방하지 않다면 거리에 비례하는 속도는 유지될 수 없습니다. 이 결론을 위해 무슨 거창한 이론을 동원할 필요도 없습니다. 균일-등방하다는 기하학적 가정이 결과를 요구하고 결정짓습니다.

하지만 여전히 슬라이퍼와 허블의 관측은 우주가 팽창한다는 직접 증거가 아닙니다. 아직 관측은 거리가 멀수록 적색이동(빛의 파장이 길어지는 현상)이 커진다고 말할 따름이지 적색이동이 도플러 효과나 우주 팽창 효과 때문임을 알려주지는 않습니다. 언젠가는 결국 팽창 때문인 것으로 밝혀지게 되더라도 아직은 아니라는 겁니다. 적색이동이 멀어져가는 속도 때문이라고 '해석'한다면(여기에 이론이 쓰였습니다!) 그제야 팽창이라는 결과가 나옵니다.

허블 자신이 "관측은 언제나 이론을 동반한다."라고 말합니다. 더하여 아직도 은하까지의 거리에만 관심이 있지 은하가 하늘에 놓인 방향을 무시하는 점, 즉 방향에 따른 변이를 고려조차 하지 않는 점은 연구자들이 우주론 원리에 사로잡혀 있음을 보여줍니다. 관측조차도 이론의 영향 아래 수행되는 거지요. 관찰이란 수동적이지 않고 관찰자가 이론을 전제한 시각으로 관찰을 판단한다는 사실은 과학철학에서 관찰의 이론적재성theory-ladenness으로 널리 알려져 있습니다.

19세기 인물인 에머슨은 "사상은 언제나 사실에 앞선다."라고 지적합니다. 그는 더하여 "서술된 사실을 내가 믿거나 이해할 수 있으려면 내 안의 무언가와 일치해야 한다."라고 지적합니다. 이해는 비교를 통해 이루어집니다.

가속팽창과 암흑에너지

더 최근에는 적색이동이 크게 나타나는 특정 부류 슈퍼노바들의 보정된 밝기가 '예상보다'(여기에 선호하는 모형이 쓰였지요) 체계적으로 더 어둡다는 사실이 관측되었습니다. 이렇게 관측된 현상을 우주의 가속팽창으로 해석한 일도 마찬가지로 연구자들이 모형에 얼마나 사로잡혀 있는지를 보여줍니다. 팽창이 가속하기 위해서는 우주 규모에서 끌어당기는 중력보다 밀어내는 힘이 더 커야 합니다. 중력을 바꿔야 하는 엄청난 일이지요. 역사적으로는 아인슈타인이 1917년 논문에서 정적인 우주모형을 만들기 위해 우주 규모에서 밀어내는 힘으로 우주상수를 도입한 바 있습니다. 정적 우주라는 자신의 편견을 정합적으로 만들기 위해 아인슈타인은 자신의 중력이론에 추가 항을 도입해 이론을 바꾼 겁니다. 아인슈타인은 허블의 발견이 나온 뒤에 이를 철회하려 한 바가 있었지요.

우주 규모에서 중력이 당기는 힘과 다르다는 점은 여전히 뜻밖의 놀라운 발견입니다. 우주가 가속한다고 해도 꼭 우주상수가 있다는 말은 아닙니다. 우주상수는 가속을 가능하게 하는 가장 간단한 가능성입니다. 우주상수를 일반화해서, 우주 팽창을 가속하도록 미는 중력을 행사하는 요인을 통칭해 암흑에너지dark energy라고 합니다. 하지만 관측을 가속으로 해석한 주장은 무엇보다 관측된 슈퍼노바가 포함된 영역에서 물질의 분포가 우주론 원리를 잘 따른다는 '가정'에 근거를 둡니다. 조지 엘리스는 "[암흑에너지]의 성질은 (상수이든 변수이든) 이론물리학의 중대한 문제다. 암흑에너지의 존재에 대한 유추는 우주가 큰 규모에서 균일하고 등방하다는 가정에 기반을 둔다."라고 지적합니다.

이처럼 슈퍼노바 관측이 우주의 가속팽창을 지시하지 않습니다. 슈퍼노바 관측 결과는 물질의 분포가 우주론 원리에서 약간만 벗어나도 쉽게 설명될 수 있습니다. 예를 들면, 우주 먼 곳의 밀도가 우리 근처의 밀도보다 크면 그곳의 중력이 더 강해서 팽창 속도가 예상보다 더 작게 되는데 이를 우주 팽창이 가속한 것으로 잘못 해석할 수 있습니다. 따라서 암흑에너지 가설에서는 우주론 원리를 고수하기 위해 중력마저 과감하게 바꿔버린 겁니다. 앞으로 암흑에너지의 실체가 밝혀진다면 이런 이론적 도박(바꿔치기)의 극적 승리가 되겠지만, 그 전까지는 암흑에너지에서 '암흑dark'이라는 용어를 우주에 대해 우리가 그만큼 모른다는 표현으로 보면 좋습니다. 용어가 편견이 되기를, 즉 이론이 우리 눈을 가리기를 원치 않는다면 그렇습니다.

우주에 미는 힘을 도입하는 식으로 중력을 바꾸면서까지 가속하는 모형을 도입한 데는 다른 이유도 있어 보입니다. 우주의 나이 문제인데요. 지금의 우주 팽창률과 물질의 중력에 따른 팽창의 감속을 고려해서 단순하게 과거로 역추적해 보면 유한한 과거에 팽창의 시작이 있었을 가능성이 있습니다. (이것이 우주의 시작이라고 볼 이유는 없습니다. 이 정도 시점이 되면 에너지 밀도가 높아서 실험적인 검증이 불가능한 다양한 이론만이 난무하지 우리는 아는 바가 없습니다.) 그때부터 지금까지 지난 시간이 모형에서 추산됩니다. 이것이 우주모형의 나이입니다.

허블이 이렇게 추정한 우주의 나이는 당시 알려진 지구의 나이보다도 작았습니다. 후에 거리 추정이 잘못되었다는 사실이 밝혀지며 다행히 우주의 나이가 지구의 나이보다는 크게 되었지만, 이후에도 줄곧 우주의 나이가 가장 오래된 천체의 나이보다 어리다는 당혹스러운 사태가 우주론에서 지속되었습니다. 이건 우주론의 무언가가 잘못되었다는 걸 알려주는 치명적 문제입니다.

우주상수

이런 상황에서 사람들은 문제를 모른척하든지 우주상수에서 구원을 찾고는 했습니다. 팽창이 등속으로 진행되었다면, 거리를 팽창 속도로 나누면 팽창 시작 이후 걸린 시간이 나옵니다. 그런데 우주는 물질로 차 있고 물질은 당기는 힘을 발휘하니까 팽창은 시간에 따라 감속해야 합니다. 공을 위로 던지면 지구 중력으로 올라가는 속도가 줄어드는 것과 같지요. 팽창이 감속해 왔다면, 과거에는 속도가 더 빨랐다는 것이니, 걸린 시간은 등속팽창 때보다 짧아야 합니다. 이렇게 추정한 모형의 나이가 너무 적다는 점이 문제였습니다. 그런데 우주상수로 팽창을 가속한다면 상황이 바뀌어서 가속팽창에서는 등속팽창 때보다 나이가 많아지게 됩니다.

이렇게 곤란할 때, 1998년 우주가 가속팽창하는 것으로 해석될 수 있는 관측이 나오자 학계는 이를 즉각 받아들입니다. 특별한 종류의 슈퍼노바의 보정된 밝기가 경험적으로 일정하다는 사실을 이용해 멀리 떨어진 은하의 거리를 추정합니다. 빛의 속도가 유한하다 보니 멀리 떨어진 은하의 빛은 그만큼 먼 과거에 출발했고 따라서 슈퍼노바를 이용하면 과거의 팽창률과 지금의 팽창률을 비교할 수 있습니다. 그 결과 지금의 팽창 속도가 과거보다 더 빨라졌다고 해석합니다. 팽창이 빨라진다는 사실은 공을 위로 던졌더니 올라가는 속도가 줄어들지 않고 더 빨라진다는 겁니다. 이것을 설명하기 위해서는 당기는 중력 외에 미는 힘이 있어야 합니다. 요즘 유행하는 모형에 따르면, 138억 년쯤 전에 팽창이 시작되었고 50억 년쯤 전까지는 감속팽창을 하다가 그 후부터 지금까지 가속팽창을 했다고 추정합니다.

우주상수는 우주론의 시작부터 순수하게 우주론을 위해 인위적으로, 그러나 지금 보면 정적인 우주를 만들기 위한 잘못된 이유로 도입되었습니다. 이를 미는 중력을 내는 요인으로 일반화한 암흑에너지의 정체가 무엇인지, 상수가 아닌 다른 무엇인지에 대한 물음은 우주론만이 아니라 물리과학의 가장 중요한 문제 중 하나로 받아들여집니다. 하지만 이론(편견)에서 벗어나 관측이 정말 가속팽창을 지지하는지도 주의 깊게 검증해야 합니다.

암흑물질

우주론에서 모르는 대상에는 암흑에너지 외에 암흑물질dark matter도 있습니다. 우주에 대해 모르는 게 많다는 사실이 새롭지는 않습니다. 기원전 로마시대의 시인 루크레티우스Lucretius는 "그러므로, 볼 수는 없지만 존재를 인정해야만 하는 물질에 대한 이런 증거가 더 있음을 고려해야 한다."라고 말합니다.

암흑에너지가 현재 은하들이 멀어져가는 속도를 증가하게 만드는, 따라서 우주 규모에서 중력에 미는 성질을 제공하는 미지의 원인 제공자라면, 암흑물질은 당기는 중력을 행사하지만 빛으로 감지되진 않는 미지의 물질로서 도입되었습니다. 현재 우주모형의 동역학에 암흑에너지가 약 70% 정도 영향을 행사한다면 빛을 내지 않는 원자를 포함한 암흑물질은 거의 30%를 행사한다고 추정합니다. 이때 원자의 기여는 5% 정도이고, 빛을 내는 원자의 영향력은 0.5% 정도입니다. 따라서 원자가 아닌 암흑물질이 25% 정도여야 합니다. 이 값들은 특별히 선호되는 모형에 따른 추정이지 관측이 지시하는 값이 아닙니다. 모형 없이 관측은 아무것도 지시하지 않습니다.

암흑물질이 도입되는 과정은 흥미롭게도 암흑에너지와는 반대입니다. 암흑에너지는 우주론 원리라는 물질의 공간 분포 가정을 지키려고 중력을 바꾼 셈입니다. 반면 암흑물질은 은하나 은하 떼에서 보이는 빛으로 추정한 질량과 운동으로 추정한 질량의 차이를 중력이 설명하지 못하자 설마 중력이 틀렸겠느냐면서 관측이 설명되도록 빛을 내지 않지만 불균일하게 분포하는 다량(0.5%와 30%이니 거의 60배 정도로군요)의 물질을 도입한 겁니다. 즉, 은하 떼에 있는 은하들의 빠른 운동속도는 빛을 내는 은하들만으로는 설명이 안 됩니다. 나선은하 원반에 있는 별들의 회전속도도 빛을 내는 물질만으로는 설명하기 어려울 정도로 **빠르다**고 알려져 있습니다. 이를 설명하기 위해 도입한, 중력을 통해 존재를 추정할 수 있지만 빛을 내지 않는 물질을 암흑물질이라고 합니다.

하지만 암흑물질이 필요하다는 해석에는 뉴턴 중력이 은하나 은하 떼에서 잘 적용된다는 '가정'이 자리를 잡고 있습니다. 즉 물리법칙의 보편성에 대한 믿음이 이런 결론으로 이끈 셈인데, 뉴턴 중력이 은하 규모에서 혹은 아인슈타인 중력이 우주 규모에서 적용되는지는 검증된 바 없습니다. (은하나 은하 떼 규모에서 아인슈타인 중력은 뉴턴 중력과 거의 같습니다.) 따라서 암흑물질에서는 물리법칙의 보편성이라는 믿음이 관측된 결과의 해석에 영향을 미친 것으로 볼 수 있습니다.

현대 우주론의 구원자로서의 두 가설

암흑물질과 암흑에너지 가설은 관측 자료(자연)를 선호되는 모형(이론)에 맞추다 보니 도입되었다고 해석할 수 있습니다. 모형이 새로운 사실을 예측했다고도 볼 수 있지만, 언젠가 사실로 밝혀지게 되더라도 지금은 가설입니다. 이 상황은 정상과학에서 과학이 보이는 태도에 대한 과학사학자 토마스 쿤Thomas Kuhn의 해석과 일치합니다.

쿤은 1962년 『과학혁명의 구조』에서 "정상과학은 패러다임이 제공하는, 대체로 융통성 없이 미리 만들어진 상자[이론, 모형] 안에 자연을 억지로 끼워 넣는 시도로 보인다. 정상과학의 목적 어디에도 일종의 새로운 현상을 발견하려는 것은 없다. 사실, 상자에 맞지 않는 현상은 [눈앞에 있어도] 종종 전혀 보이지도 않는다."라고 말합니다.

정상과학에서 주로 하는 일은 기존 이론(모형)을 문제가 발생하기 전까지는 맞는다고 보고 적용하는 건데, 암흑물질과 암흑에너지에서는 우주론에 심각한 위기가 발생한 셈입니다. 암흑물질에서는 중력 이론이라는 상자를 고수한 셈이고 암흑에너지에서는 우주론 원리라는 상자를 고수한 상황입니다. 사정이 이렇다 보니 상대적으로 소수이지만 암흑에너지나 암흑물질 말고 다른 가능성을 제시하는 연구자도 많습니다.

암흑물질과 암흑에너지의 본질은 현대 과학이 마주한 두 가지 중대한 수수께끼로 볼 수 있습니다. 은하와 은하 떼 운동 관측에서 중력을 바꾸기보다는 암흑물질이라는 새로운 물질 분포를 도입했지요. 이와 비교하면, 슈퍼노바 관측의 여파로 우주론 원리라는 물질 분포에 대한 가정을 되돌아보기보다는 가속을 당연시하고 중력을 고치는 과격한 선택을 한 점은 역설적입니다. 이런 선택은 연구의 용이성 때문이기도 합니다. 암흑에너지가 관련된 우주 규모에서는 아인슈타인 중력을 써야 하는데, 여기에 비선형성까지 도입하면 문제가 다루기 불가능할 정도로 복잡해집니다. 한편 은하나 은하 떼 규모에서는 뉴턴 중력으로 충분하며 이 경우 비선형성은 컴퓨터 모의 실험으로 접근이 한결 용이합니다.

균일-등방 가정에서 벗어나 '비선형 현상'을 다루는 일은 우주론만이 아니라 과학 전반이 마주하는 한계이기도 합니다. 비선형성은 비평형성과 함께 과학의 한계를 넘어 인간 이성의 한계인지도 모릅니다. 이 점은 『물질』에서 물리학을 논의하며 더 말씀드리겠습니다.

우주배경복사

우주배경복사는 우연히 발견되었습니다. 그 과정은 이론 없이는 눈앞에 두고도 보이지 않는다는 쿤의 지적에 대한 좋은 예를 제공합니다. 화이트헤드가 지적한 대로 "발견은 이해를 요구한다."라는 겁니다. 생물학자 파스퇴르Louis Pasteur는 "관찰에 관한 한 우연은 준비된 마음을 선호한다."라는 유명한 말을 합니다. 답을 알고 있어야 제대로 보인다는 거지요.

우주배경복사를 최초로 발견한 공로를 차지한 펜지아스Arno Penzias와 윌슨Robert Wilson은 전임자로부터 전파망원경에 잡음이 잡힌다는 보고서를 인수하였고, 우주배경복사를 뻔히 관찰하면서도 도리어 이를 잡음인 줄 알고 몇 년에 걸쳐 없애려고 노력했다고 합니다. 이들과 독립적으로 우주배경복사를 찾으려고 시도하던 이론가들과 연결되며 사태가 명백해집니다. 우주배경복사 자체의 발견, 복사의 스펙트럼(파장에 따른 빛의 강도 분포)과 방향에 따른 온도 요동의 발견 모두가 우주론적 해석과 만나자 과학계의 큰 뉴스거리가 되었습니다. 이 발견을 계기로 현대 우주론이 과학의 주류에 편입되고 급기야 지금은 우주의 물리적 상태에 대한 상당히 구체적인 세계관을 제공하기에 이릅니다. 예를 들면 현재 우주의 나이가 138억 년이고 우주배경복사는 우주가 팽창을 시작한 지 38만 년일 때를 보여주는 빛이라는 등의 구체적 수치가 주로 우주배경복사 관측의 이론적 해석에서 나옵니다.

원소의 기원 신화

암흑물질 대부분이 원자가 아니라는 주장도 관측에서 나온 내용이 아닙니다. 초기 우주의 핵 합성은 가벼운 원자의 기원에 대해 과학이 제공하는 신화입니다. 탄소보다 가벼운 몇몇 원자핵들이 초기 우주의 처음 몇 분 이내에 만들어졌다는 주장이 빅뱅우주론의 정설입니다. 이론으로 계산된 원자의 양을 관측과 비교하면 우주의 원자 총량이 제한됩니다. 빛을 내는 원자의 열 배 정도인 약 5%까지만 원자일 수 있다는 겁니다. 이에 따르면 30%라고 한 암흑물질의 대부분인 25%는 원자가 아닌, 아직 무엇인지 모르는 미지의 물질이고, 나머지 5%가량만이 원자라는 거지요. 이 중 0.5%만 빛을 내니 원자의 대부분인 4.5% 정도는 '암흑원자'라고 할 만합니다.

하지만 원소의 기원 신화에서 무거운 원소의 기원에 대한 과학의 이해에는 중대한 약점이 있습니다. 탄소보다 무거운 원소는 초기 우주에서 만들어지지 않고, 철보다 가벼운 원소는 별에서, 철보다 무거운 원소는 별이 폭발할 때 만들어졌으며, 이렇게 만들어진 무거운 원소가 성간 공간으로 되돌아가서 새로운 세대의 별이 된다는 주장이 원소의 기원에 대한 정설입니다.

상황이 그렇다면, 멀리 떨어진 천체는 과거의 상태이기 때문에 멀리 있는 천체를 볼수록 무거운 원소의 함량이 적어지는 통계적 경향이 있어야 합니다. 하지만 관측에 따르면 이런 정황을 보여주는 경향은 존재하지 않습니다. 적어도 우리가 가진 관측은 아직 그렇습니다. 우리 은하 안에서조차 천체들의 무거운 원소 함량은 제각각이지만 무거운 원소가 없는 천체는 발견되지 않았습니다. 더욱이 멀리 떨어진 천체인 퀘이사quasar조차 무거운 원소 함량이 적지 않습니다.

천문학은 우리의 몸을 구성하는 원소가 별에서 왔다고 흔히 말하지만, 진짜 그랬는지는 확실치 않습니다. 우주의 초기 언제인가 무거운 원소 대부분이 우리가 아는 별이 아닌 미지의 천체들에서 공간적으로 불규칙하게 만들어지는 단계가 있었을 가능성이 있습니다. 과학의 원자 기원설을 신화라고 했을 때, 주장이 그럴듯하게 들리더라도 증거는 없는 신화 본연의 실상을 드러냅니다. 개연성 있게 들리는 설명(이론)이지만 이 경우는 관측과 일치하지 않습니다. 아직은 그렇습니다. 이론과 일치하지 않자 관측이 편리하게 무시된 경우지요.

6

우주론 관측 사실

이제 현대 우주론과 관련이 있는 관측 사실을 말씀드리겠습니다. 관측 사실이 이론과 무관하지 않다고 말씀드렸지요. 얼마나 깊이 얽혀있는지 사실상 구분하기조차 쉽지 않습니다. 그래서 단순히 관측 사실이라고 말하는 것이 옳지는 않습니다. 하여튼 제가 꼽은 관측 사실 열 가지는 다음과 같습니다. (1) 우주의 존재, (2) 어두운 밤하늘, (3) 거리-적색이동 관계, (4) 우주의 나이, (5) 우주 거대 구조, (6) 우주배경복사, (7) 우주를 구성하는 물질, (8) 가벼운 원소 함량, (9) 원자와 빛의 개수 비율, (10) 관측자의 존재. 억지스럽지는 않지만, 일부러 열 개로 맞춘 건데 하나씩 알아보겠습니다.

(1) 우주의 존재

첫째, 우주의 존재입니다. 우주의 존재를 관측 사실이라고 하면 의아할 수 있지만, 이 사실이 있기에 우주론이 가능한 건 분명합니다. 우주가 존재한다는 사실은 너무나 명백해 보이는데, 철학에서는 중요한 질문으로 다루어집니다. 왜 우주가 존재하느냐는 거지요.

철학자 비트겐슈타인Ludwig Wittgenstein은 "우주가 어떻게 되어있나보다는, 그것이 존재한다는 점이 신비로운 사실이다."라고 말하며, "나는 세상이 존재한다는 것이 경이롭다. … 무언가 존재해야만 한다는 것이 얼마나 놀라운가, 혹은, 세상이 존재해야만 한다는 것이 얼마나 놀라운가."라고도 말합니다. 철학자 하이데거Martin Heidegger는 "왜 도대체 존재가 있어야 하는가? – 왜 차라리 무無가 아니고?"라며 경이로워합니다.

철학에서 우주의 존재는 궁극적 질문에 해당합니다. 라이프니쯔Gottfried Wilhelm Leibniz는 "물질의 궁극적 기원에 대해: 왜 세계가 존재하는가? 왜 무無가 아니라 무엇인가 존재하는가?"라고 지적합니다. 과연 심오합니다. 우주가 아예 존재하지 않았으면 어땠을까를 곰곰이 생각해 보면 도움이 될지 모릅니다. 하지만 지금 과학으로는 아직 이 당연한 사실로부터 끌어낼 사항이 거의 없어 보입니다.

스테판 호킹은 "수학적 모형을 구성하는 보통의 과학적 접근으로는 우리가 모형으로 기술하려는 우주가 왜 존재해야만 하는지 답할 수 없다. 왜 우주는 모든 성가심을 마다하지 않고 존재하는가?"라고 표현합니다.

하지만 철학자 베르그손Henri Bergson은 『창조적 진화』에서 무無가 실체에 대한 개념이 아닌 교육적이며 사회적 개념임을 밝히며 "왜 존재하는가?"라는 질문의 무의미함을 논증합니다. "따라서 '왜 무언가가 존재하는가?'라는 질문은 의미가 없는 문제로, 잘못된 관념이 일으긴 잘못된 문제다." 저는 당연히 우주가 왜 존재하는지 알지 못합니다만, 이쯤 되면 우주의 존재가 질문 가능한 물음인지조차 알지 못하게 된 셈입니다. 하지만 우리는 물어야 하고 그럴 권리가 있습니다. 틀리는 걸 두려워할 필요는 없습니다. 모든 질문은 가능합니다.

그럼에도 우주가 왜 존재하느냐는 질문은 그 철학적 심오함과 무관하게 과학적으로, 즉 경험적 증거를 제공하는 모형으로 다루기에는 아직 모호한 질문으로 남습니다.

우주의 존재보다 더 심오하고 신비로우며 인간의 이해에 잡히지 않는 질문은 '시간이란 무엇인가?'인데 이에 대해서는 『물질』에서 다양한 측면을 논의합니다.

(2) 어두운 밤하늘

둘째, 밤하늘이 어둡다는 사실은 우리가 본 우리 우주의 중대한 특성을 알려줍니다. 케플러Johannes Kepler가 처음 지적했지만 보통 올버스Heinrich Wilhelm Matthias Olbers의 수수께끼로 알려진 어두운 밤하늘의 문제는 다음과 같습니다. 우주에 별이 골고루 무한히 펼쳐져 정적인 상태로 영원히 있었다면 밤하늘의 밝기는 모든 방향이 해의 표면을 보는 정도로 밝아야 합니다. 왜냐하면 어디를 보든지 시선의 끝이 별의 표면과 만나야만 하기 때문인데 사실 따져보면 무한한 밝기를 가지게 됩니다. 그 너머에도 별들이 무수히 많기 때문이지요. 다른 식으로 이해하자면, 각 별의 밝기는 거리의 제곱에 비례하여 어두워지지만 주어진 각 크기 안에 들어오는 별의 개수는 거리의 제곱에 비례하여 많아집니다. 따라서 일정하게 떨어진 거리에 있는 별들의 밝기는 거리와 무관하기에, 무한한 거리까지 모든 거리를 더하면 무한대가 됩니다. 밤하늘이 어둡다는 사실은 이 가정 중 하나나 그 이상이 실제와 다름을 말합니다.

우주론 학자 에드워드 해리슨Edward Harrison에 따르면 "왜 밤하늘이 어두운가? 오래되고 유명한 이 수수께끼의 답은 속임수처럼 단순하다: 해가 졌고 지금은 지구의 다른 쪽을 비춘다. 하지만, … 수수께끼는 다음과 같다: 왜 하늘이 빛으로 가득하지 않은가? 왜 우주는 어둠 속에 잠겨 있는가? 역사에는 이 우주의 어두움에 대한 수수께끼를 풀기 위한 기이한 발견들과 잘못된 탐구의 흔적들이 가득하다."

현대 우주론은 우주의 팽창으로부터 유한한 과거에 시작이 있었다고 추정합니다. 빛의 속도가 유한하기에 우주의 나이 동안 빛이 간 거리 너머로부터는 아직 우리에게 빛이 도달하지 않았다는 결론이 나옵니다. 따라서 실제 우주가 얼마나 크던 우리는 유한한 영역만을 보기에 밤하늘이 어둡다는 거지요. 즉, 현대 우주론에서는 관측 가능한 영역이 유한한 시간 동안만 존재해 왔으며, 빛의 속도가 유한하기에 밤하늘이 어둡다고 봅니다.

이런 현대적 해석과 일치하는 견해는 흥미롭게도 작가인 에드가 알랜 포우Edgar Allan Poe가 죽기 직전인 1848년 「유레카」라는 산문시에서 처음 밝혔다고 알려져 있습니다. 그는 100년 후 현대 우주론의 해석을 예견한 듯 말합니다. "별들의 이어짐이 끝이 없다면, 하늘의 배경은 마치 우리 은하가 그러하듯이 우리에게 일정한 밝기로 나타난다. 왜냐하면 모든 배경의 어느 한 점조차 별이 없는 곳이 없기 때문이다. 그러므로 우리의 망원경이 수없이 많은 방향에서 보는 이 공허함을 이해할 수 있는 유일한 방식은 아직 우리에게 전혀 도달하지 못한 빛들이 있는, 멀리 떨어진 보이지 않는 광대한 배경을 상상하는 것이다." 현대 우주론의 관점에서 보면, 포우는 어두운 밤하늘을 이해하기 위해서는 그 너머는 더 이상 볼 수 없는 지평선(호라이즌)이 우주에 존재해야 한다고 예견한 셈입니다.

한편, 별들이 천구에 박혀있지 않고 공간에 펼쳐져 있다는 사실을 발견한 사람은 코페르니쿠스Nicolaus Copernicus가 아닙니다. 해리슨에 따르면 "코페르니쿠스는 천구에 고정된 별들 너머에 대해서는 거의 혹은 아무것도 말하지 않았다. 우주론에서 딕스Thomas Digges의 독창적 기여는 별이 속박된 천구를 해체하고 별들을 끝없는 공간으로 뿌려놓은 일이다. 코페르니쿠스 체계와 끝없는 공간을 접목하고 별들을 이 끝없는 공간에 뿌려놓으며, 딕스는 … 셀 수 없이 많은 별의 빛이 뒤섞여 채워진 끝없는 우주라는 사상의 선구자가 되었다." 딕스는 코페르니쿠스의 가설을 영어로 소개하는 그림에서 별들을 천구 대신 공간에 흩어진 상태로 그렸던 겁니다. 뒤이은 시기에 수도사 부르노Geordiano Bruno는 비슷한 주장을 한 이유로 화형당합니다. 이는 『과학』에서 살펴보듯이 단지 겉으로 내세운 이유입니다.

미래에 현대 우주론의 어떤 관측 사실이 다르게 해석될 가능성은 얼마든지 있지만, 어두운 밤하늘만큼은 모든 우주론이 해명해야 하는 현대 우주론의 가장 중요하며 확실한 관측 사실입니다. 어두운 밤하늘은 모형과 상관없는 우리 주변 우주의 현상으로, 어떤 모형이라도 이를 설명해야만 하는 거지요.

(3) 거리-적색이동 관계

셋째, 거리-적색이동은 앞에서 말씀드린 허블의 관측 결과입니다. 2018년부터 허블-르메트르 관계라고 하는, 거리가 먼 은하의 적색이동이 크다는 관측 사실입니다. 앞에서 요즘은 더 먼 곳까지 거리를 추정할 수 있고 그에 따라 팽창이 가속한다는 주장이 나왔다고 말씀드렸습니다. 하지만 가속은 둘째치고 적색이동이 은하가 멀어지거나 공간이 늘어나기 때문에 일어난다는 직접 증거는 아직 없습니다. 특히 은하가 멀어지는지 아니면 공간이 늘어나는지를 딱히 구별할 방법도 알려지지 않았습니다.

아인슈타인 중력과 우주론 원리를 가정한 모형에 근거를 둔 해석은 은하가 멀어지지 않고 공간이 늘어났기 때문이라고 하는데, 이것은 도플러효과가 아닙니다.

그런데 공간이 늘어난다는 해석은 어떠한 식으로든 아직 실험으로 검증된 바가 없으며 제 판단으로는 원리상으로조차 검증할 방법이 없습니다. 이건 상식적인 이야기입니다. 물질과 상대적인 공간은 잴 수 있어도 절대적 공간은 개념일 뿐 측정할 수 없습니다. 수학자 푸앵카레Henri Poincaré는 "실험은 단지 물체들 사이의 관계를 가르쳐줄 뿐이다. 실험은 우리에게 물체와 공간의 관계 또는 공간의 다른 부분 사이의 상호 관계는 제공하지 않는다."라고 지적합니다. 단지 어떤 이론을 택하느냐에 따라 해석이 달라집니다. 모형(이론도 모형입니다) 없이는 해석이 되지 않는 거지요.

상황이 이렇다면 왜 개념적으로 이해하기도 힘든 공간의 팽창을 극구 주장하는 걸까요? 아인슈타인 중력은 시간과 공간에 대한 이론 (모형)이고, 과학은 진실과는 무관하게 이론에 사로잡혀 있기 때문입니다.

하지만 이런 주장은 자칫 우리가 사는 작은 공간도 팽창하는지와 같은, 필요치 않은 질문으로 이어집니다. 필요 없다고 말씀드린 이유는 우주의 팽창은 물질 분포가 균일-등방하다고 가정할 만한 아주 큰 규모에서 이상적으로 도입된 (우주)모형을 아인슈타인 중력으로 다루는 방식에서 나온 개념에 불과하기 때문입니다. 작은 규모로 오면 이런 이상화된 모형보다 근처의 큰 중력체(예를 들면 은하나 은하 떼)의 영향이 더 커지고, 그러면 우주의 팽창은 전혀 역할을 하지 못합니다. 팽창하는 균일-등방 우주모형을 적용하기에 적절치 않은 거지요.

이 경우 팽창하는 우주모형의 풀이에 근처 중력체의 중력 효과를 더해 주면 되지 않는가 생각한다면 이것도 잘못된 추론입니다. 아인슈타인 중력은 비선형적이기에 각각의 풀이를 더하면 더 이상 풀이가 아닙니다. 이런 경우의 상황은 연구가 아주 어려워서 아직 알려진 바가 없다고 보시면 됩니다.

우주의 팽창이 가속한다는 결론도 관측에서 직접 나오지 않았다고 말씀드렸지요. 우주가 균일-등방하다는 우주론 원리를 가정하면 감속팽창으로는 관측 데이터가 설명되지 않자 미는 힘을 추가로 도입해 팽창을 가속시켰다고 했습니다. 관측을 설명하기 위해 중력이론을 바꾼 셈인데 여기에는 우주론 원리라는 가정을 지키겠다는 믿음이 작용합니다. 반대로 중력을 지키고 우주론 원리를 변형시켜 같은 관측을 설명하는 쉬운 방법을 앞에서 말씀드렸지요. 이런 식으로 같은 관측을 설명하는 다른 이론이 가능한데, 어떤 이론을 택하느냐에 따라 관측의 의미가 완전히 달라집니다.

관찰된 자연이 우리의 선입견에 해당하는 선호 이론에 따라 완전히 다른 의미로 나타나는 겁니다. 이 선입견이 과학에서는 바로 이론, 법칙, 개념, 가설, 가정 따위로 표현되며 저의 표현으로는 모형입니다. 추가 관측으로 허용되는 모형의 범위가 축소될 수 있지만 사실의 단계까지 가기는 어렵습니다. 과학은 개연성 높은 모형이면 만족합니다.

(4) 우주의 나이

넷째, 우주의 나이는 앞에서도 말씀드렸습니다. 우주의 가속팽창으로 우주모형의 나이가 늘어나고 이론으로 추정한 천체들의 나이가 줄어들며, 우주의 나이문제는 싱겁게 해소되었지만, 대신 우주팽창을 가속하는 요인이 무엇인지가 중대한 수수께끼로 떠올랐다고 했지요. 문제의 형식이 바뀐 건데, 우주론에 치명적인 문제가 암흑에너지라는 앞으로 새로 발견해야 할 대상을 예측하는 건전한 형식으로 치환된 셈입니다. 우주상수를 상수가 아닌 변수로 일반화하는 다양한 방법이 모색되었는데 이를 통칭해 암흑에너지라고 합니다.

암흑에너지는 현재 우주 팽창을 가속하는, 따라서 미는 중력의 성질을 가진 미지의 요인에 대한 이름입니다. 이름만 있지 무엇인지는 모릅니다. 물질과 관련이 있는지 혹은 공간의 성질인지 아직 모르는데, 암흑이라는 말에는 모른다는 의미도 포함됐다고 보시면 좋습니다. 얼마나 모르냐면 있는지 없는지조차 모른다고 보시면 됩니다.

앞에서 슈퍼노바를 이용한 거리 추정 관측이 꼭 우주의 가속으로 해석되지는 않는다고 말씀드렸지요. 더하여 은하들의 적색이동이 반드시 은하들의 멀어짐으로 해석되지도 않는다고 했습니다. 이론 없이는 아무것도 안 나옵니다.

하여튼 지금으로는 우주론에서 추정한 우주의 나이가 가장 오래된 천체의 나이와 비슷합니다. 이 점에서 저는 현대 우주론이 그리 틀린 이야기는 아니라고 생각합니다. 현대 우주론에서 우주의 나이 추정은 관측을 가장 잘 맞추는 모형 파라미터의 이론적 추정에서 나오는데, 1 시그마 오차범위로 137.97±0.23억 년입니다(표준편차라고도 하는 1시그마 오차범위란 이 범위 안에 들어올 확률이 68%라는 겁니다. 오차범위가 두 배가 되는 2시그마는 95%, 세 배가 되는 3시그마는 99.7%입니다. 과학의 모든 측정에는 필연적으로 이런 오차가 있으며 측정오차의 추정에마저 온갖 이론적 가정이 개입합니다.) 이 값은 앞으로 쉽게 변할 수 있고 변할 겁니다. 우주상수라는 모형을 다양한 암흑에너지 모형으로 바꾸면 모형으로 추정한 우주의 나이도 바로 바뀝니다.

여기에서 은연중에 우주의 나이가 유한하다는 이야기가 나왔습니다. 그럼 시작 이전은 어땠기에 시간의 시작일지도 모르는 우주의 시작을 말할까요? 현대 우주론은 여기에 대해 명확한 답을 주는데 이 점은 뒤에 자세히 말씀드리겠습니다.

(5) 우주 거대 구조

다섯째, 우주 거대 구조입니다. 우리 은하는 수천억 개의 별과 가스로 구성된 집단이고 우주 거대 구조는 이런 은하들이 큰 규모에서 어떻게 분포하는지에 대한 관측 사실입니다. 관측 사실이라면 완전히 신뢰할 만하다고 여기실 수 있는데, 말씀드렸듯이 많은 경우 관찰조차 이미 이론에 따른 해석을 포함하는 경우가 일반적입니다. 대상이 너무나 멀리 떨어져 관측도 희미하고 거리도 불확실하기에 우주론에서는 관측 사실을 말할 때조차 의식하지 못한 사이에 이미 우주모형에 따른 해석을 사용하는 경우가 많습니다. 더하여 우주론에서는 멀리 떨어진 천체는 그만큼 과거의 상황이라는 점도 고려해야 합니다. 따라서 모형 없이는 거리로 환산할 수조차 없습니다.

우주론 원리라는 가정이 역사적으로는 문제를 다루기 쉽게 하려고 자연과 무관하게 도입한 가정이었다는 점을 말씀드렸습니다. 하지만 시간이 가며 은하의 정체와 그 분포가 알려졌고, 우주론 원리에 따른 균일-등방 가정은 관측된 범위 안에서 차츰 자연과 비교할 수 있게 되었습니다. 검증까지는 아니더라도 일관성이 있는지는 비교해 볼 수 있게 된 거지요. 그 역사적 전개를 살펴보겠습니다.

1987년 드 라파렌트Valerie De Lapparent와 동료들이 하늘의 일정 부분에 있는 천여 개 은하의 적색이동을 관측해서 공간 분포를 보여주었습니다. 당시로는 놀라운 영상이 드러났는데, 균일한 분포와는 관계가 먼, 그물 혹은 거미줄 모양으로 분포한 은하들이 은하가 없는 빈 공간을 둘러싼 모습이 나타났습니다. 만약 그 정도 규모에서 그러한 거대한 구조가 모습을 드러낼 줄 알았다면 서로 앞다투어 알아내려 했을 겁니다. 기술적으로는 수십 년 앞서 그러한 분포의 실상이 알려졌을 텐데, 늦어진 이유는 우주론 원리가 가정임을 잊고 우주는 어느 규모에서든 균일-등방해야 하므로 관측하지 않고도 작은 규모에서조차 균일-등방하다고 미리 '알고' 단정 지었기 때문인지 모릅니다.

이론에 대한 선입견이 관측을 방해한 셈인데 이러한 상황은 인간의 앎이라는 주제에서 자주 지적됩니다. 앎에는 역설이 있습니다. 아는 것은 새로운 배움을 방해합니다.

기존의 성공적 이론은 새로운 상황에서 안내자 역할을 하지만 종종 편견이 되어 새로운 앎을 방해합니다. 쿤의 용어로 보자면, 앞의 경우가 정상과학 단계라면 후자는 작으나마 혁명 단계입니다. 둘 사이의 적절한 균형이 중요하지만 의식적이지 않으면 그게 쉽지 않습니다. 보통은 그저 아는 대로 보려고 하지요.

당시 그 영상으로 학계가 혼란에 빠졌지만, 학자들은 곧이어 더 큰 규모로 가면 결국 균일하리라고 믿으며 기존 모형을 다시 합리화했습니다. 모르면서도 안다고 간주하는 상황으로 다시 회귀한 건데 과학이란 곧 일반화라는 실상을 고려한다면 이상하지는 않습니다. 일단 쉬운 모형으로 진행하다가 정말 다르면 바꾸든지 포기하겠다는 거지요.

하여튼 그 발표 이후로 우주 거대 구조 관측에 큰 붐이 일어났습니다. 지금은 훨씬 더 큰 규모에서 수백만 개 수준의 은하들을 통해 은하의 분포가 윤곽을 드러냈습니다. 우주론 원리는 어떻게 됐을까요? 원리 혹은 가정이라는 수식어를 벗어나 관측 사실의 지위를 얻게 됐을까요? 연구자들 사이에서는 그렇다는 쪽과 그렇지 않다는 쪽 의견이 아직 나누어져 있습니다. 그렇다는 쪽이 다수로 보입니다만 결국 관측만이 결론을 내릴 수 있습니다. 우주론 원리에 관한 관측 상황은 뒤에 말씀드리겠습니다.

이론에 의거한 관찰

관측이 이론과 분리되지 않는다고 했지요. 문제는 관측이 이루어지기도 전에 선입관으로 자신의 기대를 정당화하려는 태도입니다. 선입관은 종종 이론이나 법칙, 원리라는 모습을 띠고 나타납니다.

에머슨의 통찰은 놀랍습니다. "천문학자와 기하학자는 그들의 논란의 여지 없는 분석에 의지하여 관찰 결과를 무시한다."

과학은 자연을 있는 그대로 보지 않습니다. 미리 고려한 이론(모형)과 일치하는 한도까지만 보려 하지요. 있는 그대로를 보기는 물론 쉽지 않습니다. 아마 불가능할 겁니다. 최선은 가능한 선입관을 줄이고 다양한 측면을 보려는 노력이겠지만 과학자들이 그런 자세를 견지하리라는 기대는 순박한 생각입니다.

과학은 제안된 모형(이론)을 검증하려 하지 자연을 있는 대로 관찰하지 않습니다. 과학자가 처한, 단기적으로 결과를 보여줘야만 하는 상황도 이런 실상을 부추깁니다. 무언가 기대하지 않고 무작정 관측과 실험을 할 수는 없는 거지요. 제가 권하는 바는 관측을 이론과 분리하자는 것이 아니라 관측의 해석에 내재한 이론을 의식하고 다른 이론에 따른 다양한 해석의 가능성을 열어두자는 겁니다.

(6) 우주배경복사

여섯째, 우주배경복사는 1965년 펜지아스와 윌슨이 우연히 발견합니다. 사실 이전에도 관측되었지만, 그것이 무엇인지 몰라서 무시한 사례가 지금은 여럿 알려져 있었습니다. 의미를 알지 못한 탓에 관측한 내용을 이상한 잡음이나 이해할 수 없는 현상으로밖에 볼 수 없었던 겁니다. 아는 만큼만 보인다는 격언에 꼭 맞는 사례입니다. 게다가 그 전에도 1948년 알퍼Ralph A. Alpher와 허만Robert Herman이 우주배경복사를 예측한 바가 있었지만, 발견 당시에는 잊혀졌습니다. 우주배경복사의 발견은 정상상태Steady State우주론에 대한 빅뱅Big Bang우주론의 승리로 받아들여집니다. 빅뱅우주론이라고 해서 꼭 우주배경복사가 필요하지는 않습니다. 이 복사의 발견은 뜨거운 빅뱅Hot Big Bang 모형을 지지해 주는 결과로 받아들여집니다. 발견되지 않았다면 차가운Cold 빅뱅이 되었겠지요.

펜지아스와 윌슨의 발견이 알려지기 얼마 전, 우주배경복사를 예측한 소비에트의 학자들은 관측이 충분히 이루어졌을 만한 전파망원경을 찾던 중 펜지아스-윌슨의 전임자가 쓴 1961년 보고서를 입수합니다. 이 보고서에는 3.3K로 해석할 수 있는 미지의 추가 잡음이 있다고 적혀 있었지만, 이를 온도가 거의 비슷한 지구 대기 효과를 기술한 것으로 잘못 파악합니다. 예측된 복사가 관측되지 않았다고 판단한 이들은 차가운 빅뱅 모형을 제안합니다. 당시나 그 후 우주론에서 소비에트 과학의 위상은 결코 서방에 뒤지지 않았습니다. 보고서가 제대로 읽혔다면 우주배경복사 발견의 영예는 이 보고서를 남긴 전임자 옴Ed Ohm에게 돌아갔겠지요. 1964년 옴이 사용한 통신위성용 전파(마이크로파) 망원경으로 연구하기 위해 보고서를 집한 펜지아스와 윌슨은 망원경으로부터 잡음을 제거하려는 노력을 1년 이상 시도합니다.

우주배경복사의 존재는 사실 훨씬 이전에 발견되었습니다. 1941년, 맥켈러Andrew McKellar와 아담스Walter S. Adams는 별 사이 구름에서 2.3K 배경복사에 의해 발생했을 법한 들뜬 CN 분광선을 발견합니다. 이 점은 1950년 유명한 분광학 교과서에도 언급될 정도로 잘 알려졌다고 합니다. 결국 이미 관측되었음에도 이론적 중요성이 밝혀지기 전에는 사람들의 관심조차 끌지 못한 겁니다. 밝혀진 이후에도 발견에 이르는 이 복잡한 우여곡절은 그다지 조명받지 못하고 영예 또한 제대로 돌아가지 않았습니다.

짐작건대 이런 사례는 과학의 역사에서 흔히 일어나는 과정인지 모릅니다. 누군가는 "과학에서 선취권은 아이디어를 처음 낸 사람에게 가는 것이 아니라 세상을 설득한 사람에게 돌아간다."라고 했는데 꼭 그런 것만도 아닙니다. 선취권에 관한 한 개별 사례의 사회학적 분석이 필요할 정도로 제법 갈피를 잡기 어려운데, 이 말을 누가 먼저 했는지에 대해서도 논란이 있습니다. 이미 유명해진 사람에게 영예를 몰아주는 태도는 과학만의 관습이 아닙니다. 과학은 현재 알려진 사실을 강조하지 발견에 이르게 되는 과정은 흔히 무시합니다.

하지만 역사에는 교훈이 담겨 있습니다. 과학의 역사에서 교훈 중 하나는 과학적 사실이란 객관적인 것이 아니라 여타 지식과 마찬가지로 인간적이라는 점입니다. 인간으로서의 한계가 드러나지요. 또 지금 당연시하는 지식이 앞으로 얼마든지 뒤집힐 수 있다는 중요한 사실을 알려줍니다. 과학도가 기대할 수 있는 가장 큰 업적이란 바로 이런 혁명과 반역에 참여하는 겁니다.

빅뱅우주론에 대항하던 정상상태우주론은 우주가 팽창은 하되 현재와 비슷한 상태로 영구히 유지된다는 제안입니다. 따라서 우주의 시작이라는 이해하기 껄끄러운 사태를 피할 수 있지만, 대신 팽창으로 줄어드는 밀도를 보충하기 위해 물질이 만들어져야 합니다. 그 양이 충분히 적어 관측으로 문제가 되지는 않지만, 지금 정상상태우주론은 별 관심을 끌지 못합니다.

먼 천체를 통한 우주의 과거에 대한 여러 관찰은 우리가 영구히 비슷하게 존재하는 우주보다는 변화하는 우주에 산다는 점을 지지합니다. 우리로부터 먼 곳은 과거이고 거기에서는 퀘이사라고 하는, 은하 중심 부분에서 강력한 에너지를 내뿜는 천체들이 관측되고 있습니다. 우리 주변, 즉 현재에는 이런 은하들이 없으며 대신 은하 중심의 활동이 약하거나 멈추어진 블랙홀로 추정되는 천체가 관측됩니다. 과거가 더 역동적이었던 거지요.

빅뱅이론에 모든 학자가 동의하지는 않습니다. 정상상태우주론은 우주배경복사를 우주론으로 설명하지 못하며 거의 치명적인 약점을 드러냅니다. 하지만 학자들의 관심을 못 받을 따름이지 틀렸다고 밝혀지지는 않았습니다. 아직도 빅뱅우주론의 우월성을 입증하는, 전혀 위협이 되지 않는 상대 모형으로서 역할을 톡톡히 합니다.

사실 어떤 이론이 얼마나 옳은가라는 질문에 대한 답은 그 이론의 장점에 대한 직접적인 홍보보다 그에 비해 떨어지는 모형과 비교하여 얼마나 상대적으로 우월한가를 부각시키는 방법이 잘 동원됩니다. 빅뱅이론이 얼마나 옳은지를 묻는 질문에 답하기는 어렵습니다. 대신 이미 그로기 상태인 정상상태우주론을 다시 끄집어내서 그에 비해 얼마나 나은지를 부각시키곤 합니다. 과학에서 흔히 동원되는 전술이지만 그보다 더 근본적인 이유가 있어 보입니다.

에머슨은 "우리가 다른 사실의 거짓을 보여주지 않고서는 한 가지 사실을 강하게 진술할 수 없다는 점은 우리의 수사법이 지닌 결함이다."라고 지적합니다. 앞에서 말한 이해는 비교를 통한다는 사실과 관련이 있어 보입니다.

모든 학자가 동의하지 않는다는 점이 도리어 빅뱅이론을 살아있는 학문 분야로 만들고 과학답게 해주는 측면이 있음은 역설이 담긴 진실입니다. 결판이 났다면 좋겠지만 그것은 학문으로서는 재앙입니다. 끝이 났다면 더 이상의 탐구는 불필요하지요. 우주의 시작에 대한 이해가 그 정도로 분명하게 결판이 난다면 그것이야말로 놀라운 일입니다.

우주배경복사: 특성

우주배경복사로 관측되는 빛은 전파로 지구 대기가 다소 불투명한 영역입니다. 복사는 결국 인공위성 관측으로 온도가 절대온도 $2.725\,K$인 거의 완벽한 흑체임이 알려졌습니다. 흑체는 뜨거운 초기 우주가 열 평형상태였음을 알려줍니다. 우주배경복사가 관측된 직후 우주 구조 때문에 생긴 비등방도가 우주배경복사에 담겨있어야 한다고 예측되었고 이 비등방도는 초기 우주에 있던 우주 구조의 특성을 알려줍니다.

우주 구조 형성이론은 처음에는 천 분의 일도 수준의 비등방도를 예측하였고 관측이 되지 않자 이론이 계속 예측값을 내리는 경쟁이 그 후 20여 년간 이어집니다. 큰 값을 예측한 모형은 관측에 의해 제거되는, 따라서 관측으로 모형이 정밀해지는 건전한 과정이 진행된 겁니다. 그 와중에 비등방도가 작기 위해서는 구조 형성이론에 암흑물질이 필요하다는 사실이 드러납니다. 암흑물질이 없는 모형은 관측으로 제거된 거지요.

결국 인공위성 관측으로 천 분의 1도 정도에서 이중dipole 온도 비등방도가 관측되었고 십만 분의 일도 수준에서야 다중multipole 온도 비등방성이 관측되었습니다. 이중 비등방도는 관측자의 움직임 때문에 생길 수 있지만 하나뿐인 우주에서 원인을 정확히 알 수는 없습니다. 다른 관측이 우리가 같은 방향으로 움직인다고 알려주면 더 개연성이 높아질 수 있겠지만 아직은 불확실합니다.

다중 비등방도는 빅뱅 이후 38만 년 정도가 지난 당시 우주의 구조를 알려줍니다. 우주모형으로 추정한 이 구체적인 수치는 이론으로 우주배경복사의 비등방도를 정밀하게 다룰 수 있기에 가능합니다. 비등방도 수준이 처음 예측대로 천 분의 일 수준에서 관측되었다면 좀 달랐겠지만, 관측 결과가 십만 분의 일 수준이니 당시 우주의 상태를 이론으로 상당히 정밀하게 다룰 수 있는 가능성을 열어주었습니다.

먼저 우주론 원리 중 등방성에 관한 한 우주배경복사는 거의 완벽한 등방성을 제공합니다. 등방성에서 벗어난 정도가 십만 분의 일 수준이면 우주론 원리에서 벗어난 정도를 선형linear 처리를 해도 거의 무방합니다. 우주배경복사는 2차원 관측이므로 이 등방성이 은하의 3차원 공간 분포도 등방하다거나 균일하다는 증거가 되지는 못하지만 등방할 개연성은 높여주지요.

아인슈타인 중력은 대단히 비선형적nonlinear입니다. 다른 모든 물리 이론도 그렇습니다. 비선형성은 다루기가 아주 어렵습니다. 하지만 벗어난 정도가 십만 분의 일이라면 비선형성은 그것의 제곱 정도이니 어지간한 실험으로는 거의 감지할 수 없어 무시할 수 있습니다. 선형적 벗어남을 다루는 작업은 물리학이 제일 잘하는 일입니다. 물리학의 거의 모든 이론적 교육이 이런 일에 맞추어져 있습니다. 따라서 우주배경복사의 놀랄 만한 등방도는 이와 관련된 이론을 높은 정밀도로 다룰 수 있다는 근거가 됩니다. 우주의 나이에 관한 구체적인 수치나 암흑물질, 암흑에너지의 존재에 대한 우주론의 자신감은 바로 우주배경복사의 매우 약한 온도 비등방도와 이를 쉽게 처리할 수 있는 모형에 근거를 두고 있습니다.

복사 스펙트럼이 평형상태에 유례없이 가깝다는 점도 도움이 됩니다. 평형상태와 여기에서 선형 수준으로 약간 벗어난 상황도 물리학이 전문으로 다루는 분야입니다. 그러나 평형에서 많이 벗어나거나 비선형성을 무시할 수 없게 되면 물리학은 거의 무력해집니다. (이 점은 『물질』에서 자세히 다룹니다.) 단지 컴퓨터 시뮬레이션에 의지해야 하는데 여기에는 많은 약점과 제약이 따릅니다. 이 점에서 우주배경복사의 (스펙트럼) 평형성과 (각에 따라 온도가 다른 정도의) 선형성은 기대치 못한 발견이고 물리학으로서는 물을 만난 겁니다. 이 정도의 평형성과 선형성은 물리학이 다루는 자연 현상 중에도 유례가 없을 정도로 수준이 높습니다.

우주배경복사: 해석

우주배경복사의 온도 비등방도 관측을 이용해 이 분야와 관련된 현대 우주론은 최근 정밀한 수치를 다루는 분야로 변모했습니다. 우주배경복사 온도 요동의 전 하늘 분포를 통계 처리하면 비범한 파형이 나타납니다. 프리드만 우주모형에 암흑물질과 암흑에너지로서 우주상수 성분을 추가하면 이 파형을 거의 정확하게 맞출 수 있는데, 관측과 모형의 일치는 놀라운 수준입니다. 성공의 한 가지 이유는 이 복사의 전례 없는 평형성과 선형성이지요.

현대 우주론은 우주배경복사를 다음과 같이 해석합니다. 빛이 출발할 당시 우주의 규모는 지금보다 천 배 작았고, 적색이동redshift은 1000(빛의 파장이 천 배 늘어난 셈입니다) 정도이며, 온도는 지금보다 천 배 높은 3000 K, 당시 우주의 나이는 38만 년 정도로 추정합니다. 우주배경복사는 수소와 헬륨이 이온화되는 시기로 추정됩니다. 그 너머(따라서 그 이전)는 온도가 높아 이온화된 상태여서 빛이 자유롭게 통과할 수 없으며, 그 이후는 중성원자로 재결합하여 빛이 원자와 분리되어 자유롭게 통과할 수 있는 상황이라는 겁니다. 해의 광구 면을 볼 때 그 너머가 이온화된 상태여서 불투명한 상황과 비슷합니다. 따라서 빛으로는 그 너머(과거)를 볼 수 없습니다.

우주배경복사 비등방도는 현재의 우주 구조가 중력 불안정(중력은 당기는 힘이기에 밀도가 높은 지역은 큰 중력으로 밀도가 더 높아지며 수축하고, 낮은 지역은 작은 중력으로 밀도가 더 낮아지며 팽창해 밀도 불균일의 정도가 심해져 불안정을 유발하는 성질)으로 자라나는 과정에서 필연적으로 남긴 흔적으로 해석되며, 따라서 우주 구조 형성이론에 제한을 줍니다. 또한 우주배경복사가 뜨거운 초기 우주의 증거로 받아들여지면서 관련 연구가 활발해집니다. 초기 우주로 가며 밀도와 온도가 높아지며, 높은 에너지 상태를 다루는 물리학 이론을 검증할 유일한 자연 실험실 역할도 하게 됩니다.

우주배경복사를 통해 관측 가능한 우주에서 가장 큰 삼각형을 그릴 수 있습니다. 이런 삼각형의 이론적 특성으로부터 우주의 공간곡률이 영에 가깝다는 결과를 얻었습니다. 곡률이 영에 가까우면 삼각형 내각의 합이 180도인 유클리드Euclid 공간에 가깝다는 건데요. 아인슈타인 중력은 휘어진 공간을 다루기에 삼각형 내각의 합이 180도가 아닐 수도 있었는데, 관측으로 곡률이 영인 유클리드 공간에 가까운 것으로 확인된 셈입니다. 관측의 해석에는 물론 이론이 심각하게 쓰입니다.

그럼에도 우주배경복사가 위에서 주장하듯이 우주론과 관련이 있다는 직접 증거가 있는지 물을 수 있습니다. 관측된 등방한 흑체복사가 정말 우주가 지금보다 천 배쯤 작았을 때 출발한 빛의 길이가 천 배 정도 늘어났다는 점을 보여준다는 증거, 즉, 그것이 다른 현상이 아니라 우주론과 관련이 있다는 증거 말이지요.

관측과 모형의 극적인 일치에 따라 우주론적일 개연성이 상당히 있지만 직접 증거는 아직 없습니다. 물론 과학의 모든 주장은 모형에 대한 개연성(확률)이지 증명은 아닙니다. 개연성에 대한 정보만으로도 과학은 충분한 가치가 있습니다. 구태여 주장이 옳다거나 이론이 완벽하다고 과장할 필요는 없다는 거지요. 어떠한 인간의 경험에도 시간적 공간적 제한이 있으니 완벽을 기대할 수는 없습니다. 우주배경복사 스펙트럼에서 파장이 천 배 늘어난 흔적을 발견한다면 개연성이 더 높아지며, 직접 증거가 될 수도 있습니다. 하지만 아직 이런 증거를 가진 건 아닙니다.

(7) 우주의 구성 물질

일곱째, 우주를 구성하는 물질입니다. 우리는 우주가 원자와 빛으로 구성되어 있음을 압니다. 관측된 우주를 프리드만 우주로 설명하는 과정에서 이 두 가지 외에 추가 물질이나 중력의 개정이 필요하다는 점이 밝혀집니다. 하지만 프리드만 우주모형을 다른 우주모형으로 바꾸겠다면 추가 물질이나 중력의 개정에 대한 해석이 완전히 달라질 수 있습니다.

우주 팽창에 기여하는 정도를 현대 우주론은 다음과 같이 추정합니다. 빛으로 관측된 원자는 0.5%, 초기 우주 핵합성이라는 이론으로 추정한 원자의 총량은 4%, 우주배경복사는 0.001%, 뉴트리노 neutrino는 0.1에서 수 %, 원자가 아닌 암흑물질은 25%, 나머지는 암흑에너지로 70% 정도입니다. (모형을 고정하면 더 정밀한 수치를 말할 수 있지만 모형은 앞으로도 변할 것이기에 요즘 유행하는 대략의 수치입니다.) 이 중 빛을 내는 원자와 우주배경복사만이 관측되었고 나머지는 모두 이론에 따른 추정입니다. 우주에 대한 과학의 이해 중 0.5% 정도만이 관측에 기반을 둔 상태인 셈입니다.

우주론에서 말하는 뉴트리노는 초기 우주 핵합성에서 예측되는데 아직 발견되지 않았습니다. 그 수가 우주배경복사에 버금가게 많기에 약간의 질량만으로도 우주를 압도할 수 있는데, 위의 값은 최근 추정된 뉴트리노의 질량 범위에서 나온 겁니다.

암흑물질은 나선은하의 회전속도와 은하 떼에 속한 은하들의 운동속도가 빛으로 보이는 물질로만 설명하기에는 감당하기 힘들 정도라는 사실로부터 추론되었습니다. 뉴턴 중력이 은하 규모에서 검증된 바는 없지만, 그것을 믿는다면 빛을 내지 않지만 중력을 내는 다량의 물질이 있어야 함을 추정할 수 있는 거지요. 은하나 은하 떼 규모에서 아인슈타인 중력은 뉴턴 중력과 별반 차이가 없지만, 마찬가지로 두 이론 모두 이 규모에서 검증된 바는 없다는 점도 사실입니다. 지금은 프리드만 우주모형에서 우주배경복사의 온도 비등방도를 맞추기 위해서도 암흑물질과 암흑에너지가 필요하다고 했지요.

요즘 이 암흑물질을 실험실에서 직접 검출하려는 시도가 많습니다. 없을지도 모르는 걸 찾는 셈인데 물리학에서는 이런 사례가 많습니다. 결과가 나오기 전에는 그 누구도 무엇인지조차 모르기에, 발견에는 큰 운이 필요할 겁니다.

(8) 가벼운 원소 함량

여덟째, 가벼운 원소 함량입니다. 가벼운 원소 함량이 우주론에서 중요한 이유는 그것의 상당 부분이 별이 아닌 초기 우주에서 만들어졌다는 점 때문입니다. 현대 우주론은 빅뱅 시작 후 수 초에서 수 분

사이에 다섯 개의 원소인 수소$_H$, 수소의 동위원소인 중수소$_D$, 헬륨의 동위원소^{3}He, 헬륨^{4}He 그리고 리티움^{7}Li이 생성되었다고 봅니다. 그보다 무거운 원소 중 철$_{Fe}$까지는 별 내부에서 핵융합을 통해 만들어진다고 보고, 철보다 무거운 원소에서 우라늄$_U$까지는 별이 슈퍼노바로 폭발하며 만들어진다고 봅니다. 이런 설명이 원소의 기원을 그럴듯하게 제시하지만, 앞에서 말씀드렸듯이 특히 중원소 함량의 경우 위의 정설이 관측에 기반을 두는지 의심스럽습니다. 당연한 듯이 주장하지만 근거가 보잘것없는 사례는 과학에 많습니다.

알퍼와 허만은 1948년 초기 우주 핵합성 과정을 연구하며 우주배경복사가 있어야 한다고 예측했습니다. 이 과정에서 아직 발견되지 않은 뉴트리노 배경복사도 예측합니다. 알퍼가 학위논문으로 연구한 이 경이로운 예측은 우주배경복사가 관측으로 확증되었을 즈음에는 완전히 잊히고 말았습니다. 어떤 이유에서인지 이분들이 우주론 분야를 떠난 이후였습니다. 업적마저도 그들의 지도교수였던 유명한 가모브$_{George\ Gamow}$의 업적으로 널리 잘못 알려졌지요. 초기 우주 핵합성으로 만들어진 다섯 개 원소의 값이 관측값과 일치하기 위해서는 원자의 양이 총 밀도의 4% 정도여야 합니다. 이 값은 빛을 내는 물질에서 추정한 값보다는 훨씬 크지만, 암흑물질을 설명하기에는 부족합니다. 이것은 암흑물질이 단순히 빛을 내지 않는 원자가 아니라는 추정의 근거가 됩니다.

(9) 원자와 빛의 개수 비율

아홉째, 원자의 개수와 빛(광자$_{photon}$)의 개수 비율입니다. 우주에서 빛은 우주배경복사가 압도적 대부분을 차지합니다. 평균밀도가 1

㎤에 400개 정도인 빛이 우주 전체를 꽉 메웁니다. 비교하자면 우주에서 원자의 평균밀도는 (상당히 부정확하지만) 1㎥에 1개 정도의 수소 원자가 있다고 추정합니다. 원자 하나당 빛 4억 개 정도가 있는 겁니다. 한편, 이 비율은 우주가 팽창해도 거의 변하지 않습니다. 별에서도 빛이 만들어지지만 우주배경복사에 비하면 무시할 만합니다. 비록 우주배경복사가 인간 눈에 보이지는 않지만 그렇습니다. 따라서 이 비율은 우리 우주의 한 가지 특성을 말해 준다고 볼 수 있습니다.

이 비율을 초기 우주 때 물질과 반물질의 비율로 바꾸어 설명할 수도 있는데 이것은 이론적인 이야기입니다. 하여튼 우주의 특성을 나타내는 이 비율이 우연히 그런지 혹은 필연적 이유가 있는지가 이론가들의 관심을 끕니다. 이 비율을 설명하고자 하는 이론은 실험실 검증이 불가능한 에너지에 도달했던 초기 우주에서 물질이 창조 baryogenesis되는 이론과 관련이 있다고만 말씀드리겠습니다. 이 비율을 자연스럽게 설명하는 이론은 아직 없습니다. 더하여 관측 사실로 단 하나의 숫자만 있는 경우이니 이런 이론이 있다 한들 맞는지에 대한 개연성 추정은 조금 무리입니다.

(10) 관측자의 존재

마지막으로 열째, 관측자의 존재입니다. 우주에 대한 관측 사실로서 우리가 관측자로서 존재한다는 사실을 잊으면 안 됩니다. 이것도 우주의 존재처럼 분명한 사실이지요.

첫 번째 관측 사실인 우주의 존재와 마찬가지로 관측자의 존재도 철학적 질문으로 받아들여질 수 있습니다만, 최근 학계의 사정은 좀 다릅니다. 우리가 사는 우주가 필연적으로 우리 같은 관측자가 존재할 수 있는 상황을 요구한다는 점은 분명합니다. 어떤 면에서는 거의 동어반복이지요. 하지만 예를 들어 자연 상수가 특별한 값을 가진 이유를 설명하고자 할 때, 만약 상수 값이 달라져서 그 결과로 우리가 존재할 수 없다면, 우리가 존재한다는 사실이 우리가 사는 우주에서 그 상수 값이 어느 정도 이상 다르면 안 된다고 요구하는 셈입니다. 즉, 우리가 존재한다는 사실이 우리의 존재를 위해 허용된 상수 값을 가진 우주를 관측할 수밖에 없다는 전제조건이 됩니다. 설령 그렇다 해도 왜 하필 하나의 상수만 바꾸는지, 여러 상수를 함께 조율하면 어떨지는 사실상 다루기조차 어렵습니다.

이런 가능성을 처음 지적한 물리학자 카터Brandon Carter는 "우리가 관찰을 기대할 수 있는 현상은 관찰자로서 우리가 존재한다는 조건에 의해 제한된다(비록 우리의 위치가 꼭 중심은 아니더라도, 그것이 어느 정도는 특별할 수밖에 없다)."라고 말합니다.

이런 식의 논리를 인류원리Anthropic principle라 하는데, 그는 다음과 같은 두 종류의 인류원리를 제안합니다. 하나는 "우리는 우주에서 우리의 위치가 관측자로서 우리 존재를 허용할 수 있는 특별한 지위를 가져야만 한다는 사실을 받아들여야 한다." 그리고 다른 하나는 "우리 우주는 (따라서 그것을 기술하는 기본 상수들도) 어떤 단계에서 관측자의 출현을 허용할 수 있어야 한다. 데카르트식으로 표현하자면 "나는 생각한다. 고로 세상은 [지금처럼] 그러해야 한다.""입니다. 이 둘을 각각 약한 인류원리, 강한 인류원리라고 합니다. 약한 인류원리가 동어반복에 가깝다면, 강한 인류원리는 무슨 강령이나 선언 같지요.

우주론 학자 바로우John Barrow와 티플러Frank Tipler는 이 둘을 각각 다르게 표현합니다. "모든 물리적, 우주론적 양의 관측값이 모두 같은 확률을 가지지는 않는다. 그 값들은 탄소에 기반을 둔 생명이 진화하는 장소가 존재한다거나 이를 위해 우주가 충분히 오래 지속된다는 조건에 의해 제한되는 값만을 가질 수 있다." "우주는 역사의 어떤 단계에서 생명의 출현을 허용하는 성질을 가져야만 한다." 알쏭달쏭합니다.

에드워드 해리슨은 "우리가 존재하기 위해 필요한 조건들은 [우리] 우주의 설계에 좁은 가능성만을 허용한다."라고 표현하며, 물리학자 스티븐 와인버그Steven Weinberg는 "우주가 왜 지금과 같은지는, 적어도 부분적으로는, 만약 그렇지 않았다면 왜 지금과 같은 상황에 있는지 물을 수 있는 질문자가 있을 수 없기 때문이다."라고 말합니다.

우주가 왜 우리가 보는 세상과 같은지에 대한 궁금증은 역사적으로 여러 차례 제기됩니다. 케플러는 "왜 일들이 다르지 않고 그와 같은가?"라고 물으며, 아인슈타인은 "나는 신이 세상을 다르게 만들 수 있었을까 하는 점이 진정 흥미롭다; 즉, 논리적인 단순성을 요구하면 어떤 다른 가능성이 허용되겠는가."라며 의아해합니다.

인류원리의 추론을 강화하여 우주의 물리법칙이나 물리상수 값이 왜 특별히 지금과 같은지를 설명하기 위해서, 다양한 법칙과 상수 값이 실현된 다른 우주가 많지만 우리는 이런 조건을 갖춘 우주에만 살 수 있기 때문이라고 주장하는 경우가 있습니다. 최근 이런 식의 주장이 유행하기조차 합니다. 하지만 이런 추론이 성립하기 위해서는 우리 우주와 상황이 다른 우주가 아주 많이 있어야 할 텐데, 사실이 그렇더라도 대상이 우주이다 보니 원리상 검증할 방법이 없습니다. 원리상 검증이 불가능한 영역에 대한 탐구를 과학이라고 할 수 있을까요? 약간 양보해서 검증할 수는 없더라도 이런 식의 설명이 예측력이 있다면 나을 수 있겠지요. 아직은 양보한 것에 비해 얻은 것이 있어 보이지 않습니다. 주장일 뿐 어떠한 검증 가능한 예측도 없습니다.

인류원리 비평

철학자 모스테린Jesús Mosterín은 인류원리에 비판적입니다. "약한 인류원리는 인류와 관련도 없고 원리도 아니다. 직접적으로나 베이즈 Bayesian [통계] 형식으로도, 그것은 설명 능력을 결여한 동어반복에 불과하며, 이전에 알려지지 않은 결과를 예측하지도 않는다. 이것은 추론이지 설명이 아니다. 강한 인류원리는 근거 없는 무모한 추측이나 종교적 신념으로, 경험에 따른 근거가 전혀 없는 무한개의 우주가 실재한다고 가정한다. 하지만 그런 엄청난 가정을 하고도 성공적이지 않다. 특히, 무한개의 서로 다른 우주를 가정하고서도 그중 하나라도 우리와 같다는 보장조차 없다. 느슨한 인류원리의 추론은 보통 경험과학의 일상적 방법에 미치지 못한다. 더하여 그것은 조금도 현대 과학의 인간 중심적 선회의 조짐이지도 않다."

우주론 학자 린데Andrei Linde는 "문제를 간단한 물리로 해명할 수 있다면, 우리가 그러한 문제가 존재하지 않는 우주에 살 수밖에 없다고 추측하는 것보다 낫다. 인류원리에 의존하는 것은 문제를 해결하는 것이 아니라 진통제 복용처럼 일시적으로 회피하는 것과 같을 위험이 항상 있다."라고 말합니다. 수학자 펜로즈Roger Penrose는 "이론가들은 관측된 사실을 설명하기 힘들 때마다 [인류원리를] 꺼내는 경향이 있다."라고 비평합니다.

관찰된 우주에 관찰자가 존재한다는 사실은 놀랄 만한 일이 아니고 기적적이지도 않습니다. 관찰된 우주에 관찰자가 존재할 수 있어야 한다는 지적은 논리적으로 자명합니다. 다른 우주가 있다고 해도 우리 우주와 그곳의 조건이 다르고 그곳에서 생명이 나타날 수 없다면 우리는 그곳에 존재할 수 없습니다. 하지만 물리법칙이나 물리상수 값 따위의 조건이 다르면 생명이 나타날 수 있는지 없는지는 현재의 과학으로는 알 길이 없습니다. 왜냐하면 지금의 과학은, 우리가 아는 조건을 이미 모두 갖추었고 우리가 멀쩡하게 사는 이 우주에서조차 어째서 생명이 존재하는지를 아무것도 설명하지 못하기 때문입니다. (이 점은 『생명』에서 다루는 주제입니다.) 이미 구축된 이론에서 물리 조건을 하나씩 바꾸어 보면 문제가 발생하겠지요. 예를 들면 중력상수 값을 바꾸면 별이 오래 못 산다거나 행성의 궤도가 불안정해질 수 있습니다. 그러나 여러 조건이 조직적으로 변경된 경우는 어떨까요? 과학은 여기에 대해 할 말을 잃습니다.

생물학자 조지 왈드George Wald는 "물리학자 없이 우주에서 하나의 원자로 지내기는 딱하지만, 물리학자는 원자로 구성된다. 물리학자는 원자가 자신을 인식하는 방식이다."라고 말합니다. 천문학자 칼 세이건Carl Sagan의 다음 말도 관련이 있어 보이는군요. "인간은 우주가 스스로를 이해하는 방식이다." 물리학자 프리만 다이슨Freeman Dyson은 신비롭게 표현합니다. "우주와 그 구성을 더 자세하게 탐구하면 할수록, 나는 어떤 의미에서 우주는 우리가 나타날 것을 알고 있었다고 본다." 화자의 기대에 대한 표현일 뿐인지도 모릅니다.

인류원리를 지구 생명의 관점에서 보자면 다음과 같습니다. 우주의 평균적인 지점에서 보면 하늘은 아주 어두워야 합니다. 우리는 별 주위라는 아주 특수한 위치에 있습니다. 즉, 우리의 낮 하늘이 밝다는 사실은 아주 특수한 상황이지요. 여기에서 인류원리는 다음과 같이 주장합니다. 우리는 해의 에너지에 의존하여 사는 생물이기에 우리가 별 주위에서 사는 것은 필연적이다. 즉, 그렇지 않은 장소에서는 그러한 질문을 던지는 생명이 있더라도 우리와는 다른 존재일 것이다. 이런 당연한 논의가 무슨 예측력이 있는지, 별의 에너지가 생명에 필수적인지 아닌지는 우주생물학에서 살펴보겠지만, 이런 주장을 우주에 적용하게 되면 문제가 달라집니다. 우리 우주 바깥의 상황은 원리상 검증이 불가능하다는 과학적인 절대 한계와 마주하게 됩니다.

인류원리는 이름도 과장되었지만, 과학적 이해의 한계 때문인지도 모르면서 우주에 대고 이래라저래라하며 재단하려 드는 듯해서 저는 좀 못마땅합니다. 인류원리는 우리 우주가 아닌 원리상 알 수 없는 다른 우주에 대해서조차 재단하겠다는 기세군요. 이론으로 자연을 재단하겠다는 것은 우주론만이 아니라 과학이 전반적으로 보여주는 태도로 앞으로 계속 다룰 주요 주제입니다.

원리상 검증이 불가능한 다른 우주의 존재에 관한 논의는 아무리 그럴듯하게 들리고 아무리 유명한 과학자가 주장하더라도 과학의 영역이 아닙니다. 논의하는 것은 자유지만, 그것이 과학적 사실인 양 말한다면 잘못이지요.

그래도 관측자의 존재가 우주론의 중대한 관측사실중 하나임은 변하지 않습니다.

우주의 존재가 형이상학과 관련된 관측사실 이라면 관측자의 존재는 우주와 생명 그리고 우주에서 출현한 정신과의 관계에 대한 이해가 필요한 관측사실로 보입니다. 물질과 생명 그리고 정신의 관계에 대해서라면 지금의 과학으로는 이해의 단절만이 있을 뿐입니다. 유물론의 과학으로는 생명이나 정신은 기대할 수 없습니다. 물질에서조차 과학의 시선이 어떤 모순과 어려움을 겪는지는 『물질』에서 드러납니다.

7

우주의 기하와 토폴로지

우주의 기하

공간의 곡률이라는 개념은 아인슈타인 중력이 시공간의 기하를 다루기 때문에 나타납니다. 곡률이란 공간의 부분이 굽어있는 정도를 말합니다. 굽었다고 하는 것은 편평함에서 벗어난 정도입니다.

공간이 균일하고 등방하다는 우주론 원리를 따르는 공간에는 세 가지 정성적으로 다른 곡률이 가능합니다. 공간곡률이 영인 경우 유클리드의 공간입니다. 곡률의 값이 양이거나 음일 수 있는데 이를 각각 구형기하와 쌍곡기하 공간이라고 합니다. 뉴턴 체계는 유클리드 공간을 당연시했지만, 시간과 공간을 굽은 기하학으로 구축한 아인슈타인 중력에서는 이 세 가지 가능성이 모두 열리게 됩니다. 수학에서 다루는 공간의 성질에는 이런 가능성들이 있습니다.

2차원 공간을 예로 들면, 균일-등방하며 곡률이 영인 곡면은 편평한 면입니다. 유클리드 평면이라고 하지요. 이러한 평면에서는 평행선은 단 하나 있으며 삼각형 내각의 합은 180도입니다. 공간곡률이 양의 값을 가지면 이때 공간은 구형기하의 성질을 갖게 됩니다. 구의 표면이 바로 2차원 균일-등방인 구형기하의 성질을 보여줍니다. 구 표면에서는 평행선이 없으며 삼각형 내각의 합은 180도보다 크지요. 굽은 공간에서 직선은 두 점 사이를 잇는 최단 거리로 정의합니다. 구 표면에서 직선은 대원이 됩니다.

공간곡률이 음의 값을 가진 쌍곡면 공간은 상상하기가 힘듭니다. 종종 말안장 같은 모양을 예로 드는데, 안장 표면에 앉아보면 중심에서 옆으로는 아래로 굽어있고 앞뒤로는 위로 굽어있지요. 이렇게 한 점 주변 곡률의 방향이 반대로 변해서 음의 곡률로 정의합니다. 균일-등방인 2차원 쌍곡면 공간은 모든 점의 기하학적인 성질이 바로 이 말안장의 중심점 근처의 성질을 갖는다고 하니 보일 수도 없고 상상하기도 어렵지요. 하여튼 이런 균일-등방인 2차원 쌍곡면에서 평행선은 무수하게 많으며 삼각형 내각의 합은 180도보다 작습니다.

쌍곡기하는 2차원의 경우에조차 그 모습을 상상하기 어려운데 그 이유는 균일-등방인 2차원 쌍곡면은 3차원의 유클리드 공간에 들어오지 않기 때문이라고 합니다. 우리 주위의 일상 공간은 3차원 유클리드 공간에 가깝습니다. 따라서 이를 연구하는 수학자조차 그림으로 상상하기는 우리와 마찬가지로 불가능합니다.

3차원 균일-등방 공간도 2차원에서와 마찬가지로 정성적으로 세 가지 기하학을 갖습니다.

아인슈타인 중력에서는 공간의 곡률이라는 개념이 중력의 세기로 드러나기에 어떤 곡률을 가진 우주모형이 우주를 잘 근사하는지는 관측으로 결정해야 합니다. 곡률은 삼각형 내각의 합이나 거리에 따른 면적이나 부피의 변화 따위의 공간의 기하학적 성질을 이용해서 결정할 수 있습니다.

현대 우주론에서는 우주배경복사가 날아온 거리를 이론적으로 추정하고 우주배경복사 비등방도에서 크기가 추정된 특정 규모가 우리에게 보이는 각을 측정함으로써 곡률 결정에 이용할 수 있습니다. 거의 관측 가능한 우주 규모를 가진 삼각형 내각의 합을 재는 셈이지요. 이 방법에 따르면 아쉽게도 우주의 공간곡률이 거의 영에 가까운 것을 알아냈습니다. 아쉽다고 말씀드린 이유는 공간곡률의 값은 아인슈타인 중력의 중요한 특징인데 이것이 영으로 나왔으니 이 우주모형의 곡률은 영, 즉 유클리드 공간에 가깝다는 겁니다. 공간곡률이 영에 가깝다고 했지만, 우주모형은 물질로 가득 차 있고 시간에 따라 변하고 있습니다. 따라서 시공의 곡률은 영이 아닙니다.

최근 더 정밀한 관측이 진행되며 약간이나마 양의 곡률을 선호한다는 점이 연구자들의 관심을 끌고 있습니다. 앞으로 확인된다면, "동적인 우주를 예측하지는 못했지만, 백여 년 전에 우주론 원리를 도입하며 현대우주론을 확립한 아인슈타인의 유산에는 불가사의한 우주상수에 더해 이제 그가 선택한 닫힌 토폴로지를 가진 구면 기하학이 추가되는 셈입니다."

우주의 토폴로지

우주의 공간적 성질에는 기하geometry 외에도 토폴로지topology가 있습니다. 기하가 공간의 부분적local 성질이라면 토폴로지는 공간의 전체적global 성질을 나타냅니다. 예컨대 공간의 모양이나 연결성, 유-무한성 여부는 기하의 성질이 아닌 토폴로지의 성질입니다. 2차원 유클리드 공간은 어디에서나 공간의 기하학적 성질이 동일하지요. 공간 곡률은 어느 지점에서고 영입니다. 하지만, 이 공간은 무한한가요? 이 질문은 기하학으로는 답할 수 없습니다. 당연히 무한할 것 같지만 사실은 그렇지 않아요. 우리가 유클리드 공간이라고 한 것은 공간의 기하학적인, 따라서 공간의 모든 지역에서 부분적인 성질을 말하는 것일 뿐이지 공간의 전체적인 성질 즉 토폴로지에 대해서는 아무런 제한을 가하지 않기 때문입니다.

예를 들어, 유한한 변의 길이를 가진 편평한 직사각형을 택하면, 이 직사각형 안의 어디에서고 곡률은 영입니다. 이 면을 둥글게 말아도 공간 자체의 기하는 여전히 어디에서고 영이지요. (물론 우리의 3차원 공간에서 보면 이 면이 굽어있지만 그건 공간 자체의 성질과는 다릅니다. 면 위에서 두 점 사이 최단 거리는 면을 굽혀도 동일합니다. 따라서 이런 직선으로 만든 삼각형의 내각의 합은 변하지 않습니다.) 이 직사각형의 좌변과 우변을 동일한 것으로 보겠습니다. (말하자면 풀로 붙인 거지요.) 우리가 3차원에서 보면 원통이 되는데, 그래도 주어진 공간 안의 곡률은 어디에서고 여전히 영입니다.

여기에서 다시 윗변과 아랫변을 동일한 것으로 간주할 수 있는데요. (이제는 진짜 풀로 붙이려면 곡면이 찢어지든가 꾸겨 겹쳐지든가 하니 그대로 두고 두 변이 동일하다고 상상만 해야 합니다.) 이렇게 완성된 공간은 어디에서고 곡률이 여전히 영이므로 유클리드 공간이지만 면적은 유한하고 끝은 없습니다. 이렇게 만들어진 공간을 수학에서는 토러스Torus라고 합니다. 토러스와 무한한 유클리드 공간을 비교하면 곡률은 모든 지역에서 영으로 동일하지만 토폴로지가 다릅니다. 실은 이 공간은 우리에게 익숙한데, 컴퓨터 화면에서 왼쪽으로 나가면 오른쪽으로 들어오고 위로 나가면 아래로 들어오는 화면보호기의 화면이 바로 토러스에 해당합니다. 유한하지만 끝이 없고 어디서고 곡률은 영입니다.

균일-등방인 편평한 2차원 공간에는 위 세 가지(무한한 유클리드 공간, 양변이 붙었지만 다른 축은 무한인 공간, 유한한 네 변이 붙은 공간인 토러스) 외에도 토폴로지가 다른 공간이 두 가지 더 있는데 이를 뫼비우스 띠Möbius band, 클레인 병Klein bottle이라고 합니다. 뫼비우스 띠는 두 축을 유한하게 자르고 방향을 반대로 붙인 공간으로, 다른 두 방향으로는 무한합니다. 뫼비우스 띠의 무한한 축을 다시 유한하게 자르고 그대로 붙이면 클레인 병이 됩니다. 이 두 공간에서는 한 바퀴 돌아 원래 자리로 오면 방향이 바뀌게 됩니다.

2차원 균일-등방인 공간에서 곡률이 양(구형기하)인 공간에는 두 개의 서로 다른 토폴로지가 있고, 곡률이 음(쌍곡기하)인 공간에는 무한개의 서로 다른 토폴로지가 있는데 이 경우에는 수학에서조차 아직 분류가 제대로 되지 않았다고 합니다.

3차원 균일-등방공간에서는 편평한 기하는 18가지, 구형기하는 (셀 수 있는countable) 무한개, 쌍곡기하도 (셀 수 없는) 무한개의 서로 다른 토폴로지를 가진 공간이 있다고 합니다. 마찬가지로 이런 공간의 성질은 수학에서조차 연구가 미완성으로 보입니다.

관측

그럼, 균일-등방 우주모형에서 어떤 토폴로지가 우리가 관측하는 우주에 가까울까요? 아인슈타인 중력은 물질과 시공간의 기하를 연결한 이론이며 토폴로지는 중력이론으로는 결정되지 않습니다. 역사적으로 성립되어온 물리학 이론은 부분의 성질만을 다루기 때문에 전체 규모의 성질은 외부에서(즉 물리학자가) 경계조건(공간으로는 가장자리 조건, 시간으로는 초기조건)으로 부과하지 이것을 물리 이론으로 결정짓지는 않습니다. 마하의 원리가 전체 공간에 걸친 물질의 상태가 부분에 미치는 영향에 대한 고려이지만, 다룰 방법이 없기에 물리학에서는 무시될 뿐이라고 했지요. 이런 상황은 과학이 경험에 근거를 둔다면 필연적입니다. 우리는 전체를 경험할 길이 없습니다. 즉, 전체는 특수하게 단순한 경우가 아니라면 관찰과 실험으로 파악할 수 없습니다.

과학은 어느 순간의 조건이 주어지면 그다음 순간의 상태가 어떻게 되는가 하는 문제만을 다룰 수 있지, 어떻게(혹은 왜) 그런 조건이 처음부터 가능했냐는 질문에는 답할 수 없도록 구성되어 있습니다. 앞의 질문이 '어떻게?'라면 뒤 질문은 '왜?'입니다. 왜? 라는 질문은 본질이 형이상학적입니다. 누군가 우주의 토폴로지(예컨대 우주의 끝)나 경계조건(예컨대 우주의 시작)을 결정하는 이론을 만들었다면, 그건 희망 사항이거나 가정일 뿐 원리상 검증될 수 없습니다.

따라서 정상적인(경험에 근거한) 물리 이론은 우주의 토폴로지에 대하여 아무 말도 하지 못합니다. 그럼 우주의 토폴로지는 어때야 할까요? 우주의 곡률과 마찬가지로 실제 우주의 토폴로지도 관측으로 접근할 수밖에 없습니다. 이를 위해 필요한 관측에는 은하들의 3차원 분포나 우주배경복사 온도 비등방도의 2차원 분포가 쓰일 수 있습니다. 예를 들어, 우주의 크기가 아주 작다면 멀리 보면 결국 우리의 뒷모습이 보이고(거울의 경우에는 앞모습이 좌우가 바뀌어 보입니다), 더 멀리 계속해서 뒷모습이 보이는 상황이 반복되어 나타날 수 있겠지요. 비슷하게, 토폴로지에 따라 우주배경복사의 온도 비등방도에도 중복되는 무늬가 나타날 수 있습니다.

우주의 토폴로지에 대한 가능성은 1920년대에 이미 프리드만이 논의하였지만 잊혔다가, 최근 우주 거대 구조와 우주배경복사를 통해 우주의 토폴로지를 관측으로 제한해 볼 수 있는 여지가 생기며 많은 연구가 진행되고 있습니다.

관측에 따르면 우주의 공간곡률은 영에 가까우며, 우주의 토폴로지가 유한하더라도 그 크기는 호라이즌 규모보다는 훨씬 큰 것으로 보입니다. 우주의 공간적 모습은 우리의 호라이즌 너머에 전개되어 있을 가능성이 크다는 겁니다. 우연히 토폴로지 때문에 우주의 규모가 아주 작은 경우가 아니라면, 우주의 진정한 토폴로지가 어떨지 관측으로 증명하는 것은 원리상 불가능할 가능성이 있는 거지요. 즉, 현대 우주론에서 우주의 토폴로지(우주의 끝과 같이 유-무한성을 포함한 전체적인 모습)는 우리의 호라이즌 바깥에 대한 정보가 필요할 가능성이 큰데, 호라이즌 바깥이라면 정의상 정보가 전달되지 않음을 뜻합니다.

아쉽게도 우주의 모습은 과학 지식의 절대 한계 너머에 펼쳐져 있어 보입니다. 과학이 여기에 대해 무슨 말을 하든 그것은 바램이거나 가정일 뿐 근거가 있는 주장은 아닙니다. 호라이즌 너머는 정의상 그곳에 대한 어떠한 정보도 우리에게 전달된 바 없기 때문입니다. 이것이 우주의 공간적 유-무한성에 관한 현대 우주론의 전망입니다.

8

우주의 역사

모형과 이론

　현대 우주론은 근사한 우주진화 시나리오를 마련했습니다. 앞에서 본 바와 같이 각각의 관측 자료는 이론에 의해 해석되고, 이론은 우주론적 가정에 심각하게 의존합니다. 관측은 우리로부터 가까운 곳에서 먼 곳으로, 따라서 현재에서 과거로 가지만, 이론은 과거의 초기조건에서 시작해서 현재로 다가옵니다. 거꾸로 됐지요. 이 차이는 의미심장하게 흥미롭습니다. 관측은 가까이서 확실하고 멀리 가며 불확실해지지만, 이론은 반대로 검증된 바 없는 미지의 영역(모형입니다)에서 출발하여 우리 가까이 오며 관측과 비교가 가능해집니다. 관측과의 비교가 성공적이면 모형에 대한 신뢰가 커지지만, 미지의 영역은 여전히 미지로 남습니다.

　이론(모형 혹은 가설)은 관찰에서 나오지 않습니다. 이론은 아마

누군가의 창의적인 생각에서 구성된 걸 겁니다. 관찰이 이 창조적 과정에 영감을 줄 수는 있겠지요. 이론의 전개 끝에 관찰과 비교할 만한 결과가 나오고 둘이 일치하면 이론이 옳다고 판정하는 식입니다. 따라서 현상을 설명하는 이론이 유일하지도 않고, 이론과 관찰이 직접 만나는 접점이 그리 많지도 않습니다. 하지만 이것(관찰로 모형을 검증하고, 모형으로 관찰을 설명하는 일)은 과학이 쓰는 전형적 방법입니다. 비록 모형임은 변치 않지만, 관측과의 비교는 성공의 비결이기도 합니다.

관측과 다르면 이론을 포기해야겠지만 많은 경우 그렇게 진행되지는 않습니다. 이론에는 종종 어느 정도 여유롭게 조율할 장치(파라미터parameter라고 합니다)들이 있어서 그걸 조정하거나 확장 혹은 변형하며 관찰에 의해 제한되기도 하고 관찰에 적응하기도 합니다. 우주모형도 그런 식으로 조율되고 적응되었습니다. 앞으로도 계속 조정되겠지요. 정상과학의 단계에서는 문제가 생겨도 대안이 나오기 전까지는 보통 포기하지 않습니다.

초기 우주 가속팽창

현대 우주론은 초기 우주에도 가속팽창 단계가 있었다고 가정합니다. 얼마나 초기냐 하면 팽창 시작 후 10의 36제곱분의 1초(1조의 세제곱분의 1초)라는 이른 시점입니다. 이때 가속팽창으로 극미 세계에서 적용되는 양자 요동이 급격하게 커져서 우주 구조의 씨앗을 제공한다고 봅니다. 균일-등방 배경도 가속 단계를 통해 만들어진다고 추정합니다. 무엇이 이런 가속 단계를 가능하게 했는지 모르지만, 그것이 있어야 이후 전개된 빅뱅이 무리(자체모순) 없이 진행된다는 겁니다. 가속 단계는 그 이전이 어떤 상황이었는지에 대한 정보를 중요하지 않게 만드는 효과가 있습니다. 아주 작은 부분이 빠르게 가속하며 자라서 지금의 우리 우주가 되었다는 거지요. 이 단계를 인플레이션Inflation이라고 하는데, 역사적으로 빅뱅우주론 이후에 도입되었기 때문에 보통 인플레이션 이후 빅뱅으로 이어졌다고 합니다.

우주 초기로 가며 온도와 에너지 밀도가 높아지는데 현재 입자가속기에서 도달할 수 있는 최대 에너지에 해당하는 시점은 10의 14제곱분의 1초(100조분의 1초)에 불과합니다. 가속팽창 당시를 에너지로 환산하면 실험실에서 도달한 최대 에너지보다 천억 배 정도 더 높습니다. 따라서 이 당시를 설명하는 어떠한 이론도 관찰과 실험의 관점에서 본다면 가설의 상태를 벗어날 수 없습니다. 따라서 이론에 자신감을 가지기는 좀 어렵지요. 현대 우주론은 이 가속 단계 직후부터 우리가 속한 우주 공간과 물질의 밀도가 거의 균일-등방하고, 여기에 약간의 건드림이 추가된 초기 상태로 조성되었다고 주장합니다. 이 건드림의 씨앗이 중력에 의해 우주 구조로 자라게 된다는 겁니다.

초기 우주 가속팽창은 당시에 유행하던 고에너지 물리학의 한 이론(대통일 이론GUT, Grand Unified Theory이라고 합니다)에서 제안되었지만 지금 그 이론은 유행이 지나 사라졌습니다. 당시 제안된 가속팽창이 빅뱅우주론의 몇 가지 모순을 해결하고 양자 요동으로부터 우주 구조의 씨앗을 제공한다는 점이 알려져 이 제안만 살아남았습니다. 팽창이 가속하기 위해서는 미는 중력이 필요하고 이 경우에는 어느 정도 시간이 지난 후 가속의 요인이 사라져 주어야 합니다. 그렇게 빅뱅으로 이어질 텐데, 어떤 방식으로 이런 일이 일어나는지는 모두 검증이 불가능한 한계가 있습니다. 관측이나 실험과 유리되다 보니 인플레이션 이론의 문제는 성공적인 인플레이션 모형이 너무 많다는 점이라는 뼈 있는 농담이 있을 지경입니다.

흥미로운 점은 가속팽창이 제안되고 당시 빅뱅우주론의 자체모순 몇 가지를 해결했다고 했을 때, 그 전에는 그런 문제가 있었다는 것을 우주론 학자들이 거의 전혀 알지 못했다는 사실입니다. 답을 알고서야 문제가 무엇인지 알게 된 사례인데, 그 후 거의 모든 우주론 교과서에서 과거 빅뱅우주론에 이런 치명적인 문제가 있었노라고, 그래서 초기 우주 가속 단계가 필요하고, 이로써 빅뱅우주론이 더 완전해졌노라고 빼지 않고 자랑하게 됩니다. 그 문제의 이름만 말씀 드리면 호라이즌(혹은 균일성Homogeneity) 문제와 평탄성Flatness 문제라고 하는데, 가속으로 문제가 풀렸다고 제안되기 전에는 책은 물론이고 어떤 연구에서도 이 문제들은 거의 논의된 바가 없었습니다.

답이 알려지지 않은 문제는 문제로조차 인식되지 않을 수 있음을 알려주는 좋은 사례입니다. 1981년 이 이론을 처음 제안한 구스Alan Guth가 당시에 우주론 학자가 아닌 고에너지 물리 소장 학자였다는 점도 마찬가지로 흥미롭습니다. 막상 그것이 제안되자 이렇게 쉽고 당연한 걸 왜 먼저 생각하지 못했는지 의아해할 정도인데, 분야의 사정에 정통한 사람이 가진 선입견이 혁신적인 제안에 방해가 된다는 사례로 보입니다.

빅뱅

가속팽창이 끝난 뒤부터 중력의 당기는 성질 때문에 우주는 감속 팽창을 하게 됩니다. 가속 단계는 암흑에너지에서처럼 미지의 미는 성질을 가진 물질이 담당해야 합니다. 당연히 이를 도맡아 수행할 가상의 물질이 도입되었습니다. 이 전담 물질은 가속 단계가 끝나면 사라져야 하므로 증거는 남지 않습니다. 이런 설정은 성공적인 시나리오를 위해서 필요할 뿐 무엇이 어떻게 진행되었는지는 모릅니다. 이론에 대한 실험적 검증이 불가능한 상황이기에 그렇습니다.

가속 단계는 시나리오상 그 후 일어난 빅뱅의 초기조건을 제공하기 때문에 관측으로부터 당시에 필요한 우주와 우주 구조의 초기조건을 역으로 추정하여 가속을 일으킨 상황과 당시의 특성을 알아보려 합니다. 우주배경복사 온도 비등방도는 여기에서도 중요한 역할을 합니다. 필요한 우주 구조의 초기조건이 가속 단계에서 자연스럽게 나타날 수 있다는 점이 밝혀졌는데, 가속팽창은 이런 조건을 세공하는 아직은 유일한 가능성으로 보입니다.

팽창 후 몇 초에서 몇 분 사이에 가벼운 원자핵이 만들어졌고, 38만 년이 되었을 때 원자핵과 전자가 만나 중성원자를 형성합니다. 우리가 관측하는 우주배경복사는 이때를 보여준다고 추정합니다. 비슷한 즈음까지 우주배경복사가 우주의 동역학을 지배하다가 그 후로는 원자와 암흑물질이 지배하는 시기로 넘어오고, 지금부터 약 50억 년 전부터 암흑에너지가 압도하기 시작해 우주가 다시 가속팽창 단계로 넘어왔다는 가설이 현대 우주론의 우주진화 시나리오입니다.

막상 이렇게 완결된 듯이 모형을 완성하면 어디가 부족한지 잘 알기 어렵지요. 큰 틀은 그대로 두고 세부 사항의 조절에 집중하게 됩니다. 이론이 우리의 눈을 가리는 겁니다.

정밀, 조화 우주론

앞에서 말씀드린 여러 약점이 있음에도 현대 우주론은 건재합니다. 관측 사실 하나하나는 이론에 얽힌 약점이 많지만, 이 단순한 모형이 여러 관측 사실을 정합적으로 설명할 수 있는 이론 패러다임을 제공한다고 보기 때문입니다. 최근 우주론 원리와 아인슈타인 중력에 기반을 둔 우주모형의 여러 파라미터(이것이 이론이 가진 조율장치입니다)의 범위가 관측에 의해 수 퍼센트 수준으로 좁혀졌습니다. 이를 정밀우주론precision cosmology이라고 합니다. 예컨대, 현대 우주론에 따르면 우주의 0.5%만 빛을 내고 나머지 99.5%는 모형이 성립하는 데 필요한 암흑에너지(70%), 미지의 암흑물질(25%), 암흑원자 (4.5%)로 이루어져 있다고 합니다. 초기 우주의 가속팽창Inflation으로 시작해 우주상수(Cosmological constant, Λ)와 차가운 암흑물질(Cold dark matter, DM)이 있는 우주모형입니다.

한편 암흑물질, 암흑에너지, 초기 우주 가속팽창은 관측과의 대면으로부터 모형을 구하고 지키기 위해 도입한 가설(가정)들의 이름입니다. 더 본질적으로는 아인슈타인 중력과 우주론 원리는 당연하다고 취급되며, 이 두 가지 가정은 종종 언급조차 되지 않습니다. 물론 그 밖의 여타 물리법칙도 지금부터 초기 우주까지 그대로 적용된다고 가정합니다.

미지unknown의 대상에 대한 정밀성이라는 말이 이상하지요. 정밀하다precise는 진술은 정확하다accurate거나 옳다correct는 말과는 다릅니다. 모형을 택하면 그 모형이 가진 파라미터를 관측으로 정밀한 수준에서 제한할 수 있다는 건데, 모형 자체가 틀렸을 가능성이 있기에 정확하다는 표현을 할 수는 없는 거지요. 모형이 정확하다는 말은 그

모형이 옳다는 의미이고, 정밀하다는 말은 주어진 모형에 대해 관측으로부터 그것을 일관성 있게 구성할 수 있고, 모형이 맞는다는 가정하에 변수들을 정밀한 값으로 확정할 수 있다는 의미입니다. 다른 모형의 가능성은 배제한 거지요. 과학은 모형을 다루고 모형은 진실과는 다르다고 했습니다. 이 점에서 정밀우주론이라는 표현은 이 우주모형이 틀렸을 수도 있다는 여지를 인정한 적절한 표현입니다.

이렇게 구성한 우주모형을 조화(일치)우주론concordance cosmology 이라고도 합니다. 관측 사실 하나하나 각각은 불확실하지만 여러 관측 사실이 일관된 방향을 조화롭게 지시한다는 의미로 해석할 수도 있고, 많은 학자의 견해가 일치한다는 의미에서도 그렇습니다. 최근 우주론의 풍경은 많이 달라졌으며 중심에는 첨단기술의 진보와 관련된 관측의 획기적인 발전이 있습니다. 최근 과학의 많은 분야에서 일어나고 있는 현상이지요.

관측 자료로부터 우주모형이 등장했다고 말하지만, 관측이 어떻게 이론에 휘둘릴 수 있는지를 돌아보면, 좀 더 편견을 줄이고 접근하려는 노력이 필요합니다. 이론 없이는 관찰도 없다고 했지만, 여전히 이론은 편견입니다. 이론이 진실로부터 우리의 눈을 가릴 수도 있습니다.

수수께끼로 구성된 정밀우주론

지금 현대 우주론은 정밀우주모형이라며 자신감을 보이지만, 관측과 잘 들어맞는지 아닌지는 보기 나름입니다. 현대 우주론이 모든 우주론 관측 데이터를 지지한다는 주장에는 조건이 있습니다. 정밀우주모형을 기술하는 세 가지 용어(초기 우주 가속팽창, 우주상수,

차가운 암흑물질) 모두 선호하는 모형을 구원하기 위해 도입된 이론적 수수께끼들의 이름으로 볼 수 있습니다.

정밀우주모형을 지탱하는 에너지 근원 중 0.5%만을 빛으로 알 수 있으며 나머지 99.5%는 남은 틈을 채우기 위해 도입된 보이지 않는 이론적 조작물입니다. (알지 못하는 99.5%를 틈이라 하면 공정한 표현은 아닙니다.) 선호하는 이론을 유지하기 위한 이런 보기 드문 노력이 과학의 다른 분야에서도 사례가 있을지 의심스럽습니다. 하지만 이론으로 자연을 재단하는 일은 과학 전반에 만연한 태도이며, 『생명』에서는 생물학에서도 만만치 않은 사례들이 있음을 보시게 됩니다.

초기 우주 가속팽창 단계는 빅뱅우주모형(중력으로 감속 팽창하는 단계의 우주모형)의 자체모순을 해결하고 우주 구조의 씨앗을 제공하는 유연한 이론적 장치로 도입되었지만, 에너지 규모를 고려하면 이를 실험으로 검증할 가능성은 없습니다. 초기 우주의 가속팽창 당시 에너지 규모는 현재 실험실에서 가까스로 도달한 테라Tera(10의 12제곱) 전자볼트eV에서 다시 테라 배가 더 큰 상황임을 고려하면, 이를 실험으로 검증하는 일은 한마디로 불가능합니다.

정밀우주모형이 현대 우주론의 표준이 되어가고 있습니다. 아직 표준모형이라는 말은 널리 쓰이지 않지만, 이 모형에 대한 자신감은 학계에 충만합니다. 이제 남은 일은 정밀도를 높이는 작업이라는 겁니다. 표준모형이라는 말이 정설을 의미한다면 현재 우주론의 상황을 잘 반영한 표현입니다. 경쟁 대상이 제거된 표준모형이 다른 이론을 이설로 몰아세우는 건전하지 않은 상황이 전개될 수 있습니다. 이건 실제 학계에서 벌어지는 상황입니다. 어떤 학문 분과도 상황은 비슷하겠지만 과학이라고 예외가 아닙니다.

소수 의견을 탐구하는 이단heretic 학자나 반체제dissident 학자도 있습니다. 정치적 반체제가 아니라 다수 의견을 따르지 않는 소수를 말합니다. 틀린 것으로 밝혀지면 퇴출되는 게 당연하다고 생각하시겠지만, 상황은 더 복잡합니다. 개중에는 그런 분들도 있겠지만 제가 말하는 이들은 틀린 이론을 옳다고 주장하는 것이 아니라 주류와는 다른 가정하에 이론을 전개하는 겁니다. 예를 들면 역사적으로는 빅뱅우주론에 대항한 정상상태우주론, 지금은 암흑물질에 대항한 다른 중력이론, 암흑에너지에 대항한 균일성을 가정하지 않은 우주론 따위로 사실상 거의 모든 학술 분야에 있습니다. 이들은 다를 뿐 틀리지는 않았습니다. 하지만 실제 학계에서 벌어지는 상황은 종종 종교에서 이단을 대하는 태도와 그다지 다르지 않습니다.

역설적이게도 다른 의견의 존재가 분야를 건전케 합니다. 혹은 아직 여지가 있음을 보여주는 희망적인 조짐입니다. 모든 이가 같은 합창만 하는 건 새로운 발견의 여지가 차츰 줄어드는 징조지요. 분야가 완성된다는 것은 새로움을 추구해야만 하는 과학자로서는 재앙입니다. 학계에서 주류 이론의 독단dogma은 종종 가공할 만합니다. 쿤이 말하는 과학혁명은 바로 이 주류의 독단을 깨는 경우입니다.

우주배경복사에 대한 정밀한 관측과 균일-등방 우주모형의 정합성이 인상적이긴 하지만, 우주론은 손에 꼽히는 정도의 관측 사실을 설명하며, 적절한 관측 증거 없이 아직 검증되지 않은 여러 중대한 가정 위에 서있지요. 따라서 다른 가능성을 다른 시각으로 탐색하는 건 주류 이론의 관점에서도 도움이 됩니다. 완결된 모양보다는 결점이 많은 상황이 분야에 종사하는 학자에게는 좋은 거지요. 앞으로 우주론이 어떤 길을 갈지는(과연 주류의 호언대로 완성되며 학문적 쇠퇴의 길을 걸을지, 새로운 패러다임의 개척과 발견으로 더 활기차질지) 적어도 암흑물질과 암흑에너지의 정체가 밝혀지기 전까지는 알 수 없습니다.

우주모형의 단순성

우주론 원리에 대한 가정이 달라지면 상황이 어떻게 될까요? 이 중대한 문제는 비선형 현상을 다루는 데 필요한 수학적 어려움으로 거의 연구된 바가 없습니다. 하지만 연구가 현실적으로 어려워 대안이 없다는 점이 현재 가진 설명이 옳다는 걸 보증하지는 않습니다. 과학의 우주론은 모형을 비교해 볼 수 있는 우주라는 실재가 있습니다. 만약 우주모형에서 우주가 단순해 보인다면, 그것은 우주의 본질적 특성이라기보다는 과학이 부과한 단순화 가정 때문일 수 있습니다.

우주론 학자인 카B. J. Carr는 "만일 신이 물리학자의 제한된 계산 능력을 감안하고 우주를 만든 것이 아니라면, [우주]의 단순성은 거의 불가능해 보인다."라고 말합니다. 이 말은 자연의 단순함이 아니라 자연에 대한 화자의 '단순한' 이해를 반영했을 가능성이 큽니다. 아는 만큼, 믿는 만큼 보인 것을 제대로 본 것으로 착각한 순환논리인지 모릅니다. 과학 저술가 존 호건John Horgan은 "우주를 단순하고 우아한 모형으로 기술할 수 있는 우리의 능력은 주로 자료의 부족, 즉 우리의 무지에 기인한다."라고 지적합니다.

예를 들어 천문학에서 별의 모형은 상당히 단순하다고 간주합니다. 구형으로 간주하고 몇 가지 물리변수 만으로 간단한 수학으로 처리합니다. 하지만 이건 우리가 크기조차 볼 수 없는 먼 별들에 대한 이야기이고 막상 태양으로 오면 상황이 달라집니다. 관측 정보의 홍수 속에 해의 물리현상은 아무도 이해하지 못한다는 태양 연구자들의 겸허한 고백을 쉽게 들을 수 있습니다. 접근 불가능한 해의 내부 상황이 아니라 볼 수 있는 해의 표면 현상이 그렇습니다.

과학은 현상의 단순한 설명을 가능하게 하는 모형을 찾습니다. 대부분의 자연 현상은 이를 허용조차 하지 않음을 고려하면, 자료 부족 때문이 아니더라도 성공한 모형들에는 이미 상당한 선택 효과가 있음을 알아야 합니다.

실용주의 철학자이며 심리학자인 윌리엄 제임스William James는 말합니다. "인간 본성에는 실제 만질 수 있는 사실만을 인정하려는 자연주의와 물질주의가 뿌리 깊이 박혀있다. 이런 생각을 지닌 사람에게 '과학'이라는 것은 우상이다. … 우리의 과학이 물 한 방울이라면 우리가 모르는 것은 바다다. 다른 어떤 것이 확실하든지, 현재 자연에 대한 우리의 지식 세계가 지금 우리가 특성을 전혀 가늠할 수조차 없는 더 큰 세계로 둘러싸여 있다는 사실만은 적어도 확실하다."

한편, 우주론 원리가 근사로나마 사실이라면 여기에는 그만한 이유가 있어야 하겠지요. 초기 우주에 가속팽창을 도입함으로써, 지금 우주의 호라이즌을 포함한 영역이 초기 우주에는 당시의 호라이즌 안에서 있었기 때문에, 인과 과정으로 균일-등방성을 성취할 가능성은 열었지만, 그렇다고 해서 반드시 균일-등방하게 되는 것은 아닙니다. 일부 균일하지만 비등방한 모형이 가속팽창으로 등방화됨을 보인 연구는 있지만, 일반적인 경우의 기제mechanism는 알려지지 않았습니다. 만일 우주가 균일하고 등방하다면 왜 그럴까요? 이것은 현대 우주론이 해명해야 하는 중대한 이론적 문제입니다.

우주모형의 정합성을 위해 도입한 암흑물질, 암흑에너지, 초기 우주 가속팽창은 미래의 관측이나 실험을 통해 결국 올바른 이론적 추론이었음이 입증될 수도 있습니다. 반대로 앞으로 다른 이론 체계가 등장하여, 천동설로 행성들의 운행을 설명하기 위해 주전원epicycle을 도입했던 프톨레미Claudius Ptolemaeus의 이론과 유사한 운명을 맞을 수도 있습니다. 즉, 정밀우주모형을 구성하는 암흑물질과 암흑에너지의 도입은 새로운 사실을 설명하기 위해 새로운 변수를 도입한 사례에 불과할 수 있습니다.

역사 속 암흑물질

보이지 않는 암흑물질을 도입한 예는 천문학의 역사에서 과거에도 있었습니다. 성공한 예와 실패한 예가 모두 있지요. 천왕성 궤도의 이상을 설명하기 위해 암흑물질로 도입한 해왕성, 수성의 근일점 이동을 설명하기 위해 암흑물질로 도입한 벌칸Vulcan이라는 가상의 행성은 각각 뉴턴 중력의 성공과 한계에 관련한 역사적 에피소드입니다.

해왕성의 발견으로 이어진 첫 번째 암흑물질은 뉴턴 중력의 극적이며 인상적인 성공 사례로 남았지만, 수성 궤도를 설명하기 위해 도입한 두 번째 암흑물질은 뉴턴 중력이 아인슈타인 중력으로 대체되며 역사의 뒤안길로 사라졌습니다. 그 암흑물질은 결국 뉴턴 체계의 종말을 고하는 서막이었다고 볼 수 있습니다.

이 두 가지 암흑물질 가설을 제안한 분은 동일 인물로 천체역학자인 르베리에Urbain Le Verrier입니다. 천왕성은 1781년 천문학자 허셸Wiliam Herschel이 우연히 발견합니다. 한편 추적해 보면 1612년 갈릴레오의 목성 위성 관측 노트에도 해왕성이 그려져 있었다고 합니다.

1840년이 되자 천왕성 궤도의 이론과 관측값에 약 0.03도 차이가 생기는데, 뉴턴 중력으로 이 문제를 해결하기 위해 1846년 르베리에는 암흑물질 가설로서 새로운 행성의 위치를 수학 계산으로 예측하고, 이를 통보받은 관측자는 바로 그날 예측한 위치의 1도 이내에서 해왕성을 발견합니다. 이 사건은 중력이론의 극적인 성공 사례로 널리 알려지며, 완벽한 정확도로 기계처럼 돌아가는 우주라는 근대인의 기계론적 우주관 형성에 큰 영향을 미쳤다고 알려져 있습니다.

이 성공 이후 르베리에는 1859년 수성 근일점이 1세기 동안 이동하는 574각초 가운데 531각초는 다른 행성들의 건드림으로 설명되지만, 지금 값으로 43.11±0.45각초는 설명되지 않음을 밝힙니다. 그리고 이를 뉴턴 중력으로 해결하기 위해 다시 암흑물질 가설을 제안합니다. 하지만 이 문제는 아인슈타인이 1915년 자신의 새로운 중력이론으로 해결했다는 것이 정설입니다. 미지의 중력이론을 구축해가는 과정에서 어느 날 이 일치를 발견한 아인슈타인은 그의 연구생애에서 가장 강한 감정적 경험을 겪으며 기쁨과 흥분에 몇 일간 잠을 못 이룰 정도였다고 합니다. 뉴턴 중력의 극적인 성공도 인상적이었겠지만, 뉴턴 체계의 몰락도 당시로써는 예상치 못한 충격이었을 겁니다.

현대 우주론의 무지를 가리는 두 기둥인 암흑물질과 암흑에너지가 결국 어떤 식으로 해결될지 귀추가 주목됩니다.

9

가정의 발견

정밀우주모형을 옹호하는 현대 우주론 연구자들의 태도는 토마스 쿤이 말한 정상과학의 전형적 모습을 보여줍니다. 현대 우주론이 성공적이라고 자평하는 학자들에게는 이론의 약점이 잘 보이지 않습니다. 현대 우주론의 성취는 과연 인상적입니다. 하지만 지금 학계가 선호하는 시나리오를 지탱하기 위해 도입했어야만 하는 99.5%의 미지의 물질은 무엇을 말하나요? 99.5%(보통 말하듯 95%가 아닙니다!)나 되는 미지의 물질을 도입할 자유만 주어진다면 물리 우주의 정합적 그림을 제시할 수 있다는 점이 정밀우주론의 자랑인데, 관점을 약간 다르게 하면, 단순한 이론에 자연을 꿰맞추기 위해 99.5%나 되는 미지의 물질이 필요하다면, 상황이 비정상적이라는 징후로 볼 수 있지 않을까요?

과학에서 성공의 역설

정밀우주모형이 단순한 이론과 모형의 성공을 위해 관측을 희생한, 즉 관측을 모형에 끼워 넣은, 과학 역사상 전례가 없을 만한 도박인지 아니면 첨단기술과 인간의 지성이 결합한 추론의 극적 성공 사례로, 즉 결국 가정이 옳았다는 발견으로 결말이 날지 결과가 기대됩니다.

한 가지 역설은 현대 우주론의 성공은 자신의 학문적 몰락을 동반한다는 점입니다. 탐구가 끝나간다는 것이니 과학으로는 재앙일 수 있습니다. 성공의 역설이지요. 과학에서는 이미 발견한 내용은 다시 발견하지 않습니다. 현대 우주론이 탐구할 수 있는 한도 내에서 우주의 전체 윤곽이 정말 드러났다면, 앞으로 남은 탐구는 작고 사소한 세부 사항을 메우는 일입니다. 미지의 99.5%를 관측으로 확증해서 이를 제안한 선배 학자들의 예언 능력을 실증하고 경탄하는 일은 남아있겠지요. 이로써 가정 위에 구축된 하나의 학문이 관측으로 완결됩니다. 가정을 발견하는 겁니다.

결국 이렇게 된다면 이것만으로도 놀랄 만합니다. 마찬가지로 실망스럽기도 합니다. 빅뱅우주론은 금박으로 장식되어 박물관에 영구히 전시되는 영광을 안겠지만, 이제 중요한 발견은 끝난 학문으로 취급받을 테니 애석하지 않겠습니까.

독단적 최종성의 오류

세네카Seneca의 경구가 떠오릅니다. "오랜 기간에 걸친 부지런한 탐구로 지금은 감추어져 있던 일이 밝혀질 때가 올 것이다. 완전히 탐구에 바쳐진 경우라도 하나의 삶만으로는 그 많은 주제를 탐구하는

데 충분치 않다. 자신들에게는 평범한 일들을 우리가 몰랐다는 사실에 우리의 후손들이 놀라워할 때가 올 것이다. 많은 발견이 우리가 기억에서 사라진 뒤에 올 후세 사람들을 위해 남겨져 있다. 모든 세대마다 밝혀낼 일이 없다면 우주는 단지 애석하게 작은 한 사건에 불과할 것이다. 자연은 모든 것을 한 번에 드러내지 않는다." 시대에 걸맞게 알게 된 사소마한 지식으로 자만하지 말라는 뜻으로도 들리지요.

오늘날 우리는 과학 지식에 무한 신뢰를 보냅니다. 이제야 올바른 지식에 도달했다고 믿지요. 우리 시대가 성취한 지식에 자부심을 가지는 건 좋은 일이지만, 과거 사람들의 지성을 낮게 평가할 권리는 우리에게 없습니다. 우리의 지성이 후대인들에게 마찬가지로 폄하될 것이기에 그렇습니다. 하지만 모든 시대마다 사람들은 그제야 가장 확실한 지식에 이르렀다고 확신했다는군요. 이런 모습은 어제오늘의 일이 아니라 어느 시대에나 있었다는 겁니다.

화이트헤드는 이런 태도의 부적절함과 위험성을 지적합니다. "역사의 모든 시기마다 인간이 당시에 자신들이 가진 지식의 양태야말로 최종적이라는 망상을 소중히 여기며 스스로 만족하는 독단보다 더 의아스러운 일은 없다. [의심하는] 회의주의자나 [신봉하는] 교조주의자나 모두 마찬가지다. 지금은 과학자와 회의주의자가 선도적 독단주의자들이다. [학계는] 세부 진보는 허용하지만 근본 혁신은 봉쇄한다. 이런 독단적 상식은 철학적 모험의 죽음을 의미한다. 우주는 광대하다." 화이트헤드는 이것을 '독단적 최종성의 오류The fallacy of dogmatic finality'라고 명명합니다.

호킹과 엘리스, 마틴 리스의 스승이었던 우주론 학자 시아마Denis

Sciama는 1961년 "20세기의 우주가 [진정한] 우주라고 믿을 만한 특별한 이유가 있다. 앞으로의 발견이 조금 더 세세한 부분을 더하게 되겠지만 일반적인 그림을 바꾸지는 못할 것이다."라고 자신합니다. 지금은 틀린 모형으로 간주되는 정상상태우주론을 지지하며 한 말입니다. 1965년 우주배경복사가 발견되며 그가 지지하던 우주론은 역사 속으로 사라집니다. 과학의 역사에서 종종 드러나는 이런 자신감은 인간의 시야와 비전이 그가 아는 것으로 제한되기 때문인데, 돌아보지 않는 한 누구에게나 해당합니다.

근본적 질문에 대한 탐구는 영구히 끝나지 않겠지요. 과학이 이런 닫힌 태도의 선봉에 서있다는 지적은 다소 역설로 들리실 텐데요. 제 글의 많은 부분에서 이 점을 지적하고 있습니다.

우주론 원리 검증

제가 현대 우주론의 성공은 가정을 발견한 셈이라고 말씀드릴 때 그 가정 중 하나는 우주론 원리입니다. 현대 우주론은 큰 규모에서 은하가 고르게 분포한다는 고도의 단순화 원리 위에 우주론을 구축합니다. 과학에서 말하는 모든 원리는 근원을 따져보면 경험의 단순화에서 나왔겠지만, 실상은 이렇게 규정하고 논의를 진행해 보자는 가정으로 볼 수 있습니다. (마침 우주론 원리의 출발은 경험과 무관했습니다.) 이것은 계속된 경험으로 검증되기 전까지는 가정으로 남습니다. 가정이 아니라면 사실이라 하지 구태여 원리라고 할 이유도 없지요. 우주론 원리도 관측으로 검증되기 전까지는 가정의 위상을 지닙니다. 현대 우주론에서는 암흑에너지의 예처럼, 관측과 차이가 나타나면 중력을 바꾸는 한이 있더라도 이 원리만큼은 지키려 합니다. 이 가정이 없다면 이론 전개가 감당하기 어려워지는 점도 중대한 이유라고 했지요.

한편, 볼 수 있는 영역 안에서라면 우주론 원리가 어느 수준으로 실현되어 있는지 검증할 수 있습니다. 수백만 개 수준의 많은 은하의 적색이동이 관측되면서 은하들이 큰 규모에서 어떻게 분포하는지 어느 정도 알 수 있게 되었습니다. 적색이동이 거리는 아니지만, 우주모형을 쓰면 거리로 환산할 수 있습니다. 거리를 얻기 위해 모형을 써야 하고 멀리 볼수록 과거를 보니 그동안 시간이 가며 은하가 진화했을 수도 있습니다. 하지만 그래도 우주론 원리가 성립하는지에 대한 일관성 여부는 검증할 수 있습니다. 검증 결과는 어떻게 되었을까요?

균일성 여부의 통계적 검증에 쓸만한 관측 데이터의 규모는 현재까지 반지름 13억 광년(빛이 13억 년간 날아간 거리)에 달하는 정도입니다. 엄청나지요. 관측된 규모는 이보다 더 크지만, 볼 수 있는 우주의 규모가 138억 광년 정도이며 하늘의 모든 영역을 조사하지 않았으니 앞으로 관측을 더 진행해야 합니다.

이제까지 진행된 여러 연구는 반지름 3억 광년 정도 이상이면 우주론 원리(은하의 분포가 균일하고 등방하다는 가정)가 만족된다고 주장합니다. 하지만 같은 관측은 길이가 14억 광년에 달하는 눈에 훤히 보이는 구조가 있다는 점을 자랑합니다. 이 구조를 '슬로언 만리장성Sloan Great Wall'이라고 합니다. 기업가인 슬로언Alfred P. Sloan이 어떤 문제적 인물인지는 『과학』에서 말씀드리지요.

이 모순된 상황을 확인하기 위해 은하 분포를 이용해 우주론 원리를 검증한 연구들을 검토해 본 결과, 저와 동료들은 기존 연구들이 관측에서 결과를 도출하지 않고 우주론 원리가 적용된다는 믿음 아래 어떤 규모에서 그것이 성립하는지를 거꾸로 추적하지 않았나 하는 의심을 하게 되었습니다. 균일-등방성 성립 여부를 판가름하려 사용한 기준이 작위적이었기 때문입니다. 즉, 이전 연구들은 일정한 크기의 구 안에 들어오는 은하 개수 분포의 평균이 규모가 커지며 균일한 경우 기대되는 값에 접근해 감을 보이고, 이런 경향에서 임의적 기준으로 결론을 내렸습니다. 하지만 균일성 여부는 평균이 아니라 분산(평균에서 벗어난 정도)을 통해서 알 수 있습니다.

우주론 원리 검증의 중요성에 대해, 제 지도교수였던 조지 엘리스 교수님은 "공간적 균일성은 표준 우주모형의 중요한 기초 중 하나다. 따라서 이 기초를 관측으로 검증할 수 있는 어떠한 가능성도 두 손 벌려 환영해야 한다."라며 격려합니다.

우주론 원리는 하늘에 있지 않다

박찬경Chan-Gyung Park 교수가 주도한 연구에서는 관측된 분포를 임의random분포와 비교하여 균일성 여부를 조사하였습니다. 결과는 앞선 연구들이 주장한 반지름 3억 광년 정도가 아니라 지금 자료로 통계적 조사를 할 수 있는 가장 큰 규모인 반지름 13억 광년에서조차, 관측 데이터는 임의분포와 비교할 때 균일과 거리가 멀었습니다. 우주론의 이론적 귀결인 우주 거대 구조 수치 실험의 결과도 임의분포와 비교해 보면, 같은 규모에서 마찬가지로 균일하지 않다는 점을 알 수 있습니다. 수치 실험 결과는 관측과 모순되지 않아 보입니다.

결론은 "우주론 원리는 하늘에 있지 않다The cosmological principle is not in the sky."라는 겁니다. 2017년 발표한 논문의 제목이기도 합니다. 더 큰 규모에서 어떨지는 두고 봐야겠지만 지금까지의 관측은 은하 밀도의 균일성을 보여주지 않습니다. 임의분포와 비교할 때 균일성은 평균과 분산에서 모두 통계적으로 불가능한 수준입니다. 이에 더하여 우주론 원리에 기반을 둔 우주에서 우주 구조의 시간적 전개도, 즉 시뮬레이션으로 구현된 이론도 우주론 원리가 지금 하늘에 있어야 한다고 요구하지 않습니다. 적어도 은하의 밀도 분포에서는 그렇습니다.

이 에피소드는 과학에서 원리란 무엇인지, 과학의 근본 가정이 어떻게 실제 자연과 종종 동떨어져 있는지 상징적으로 보여줍니다. 우주론 원리가 하늘에 있지 않다는 말은 과학 이론은 자연에 있지 않다는 사실의 구체적 표현입니다. 과학은 이론(모형)을 다루고, 이론은 실재와는 다르다고 했지요. 이론은 믿는 인간의 마음속에 있습니다. 자연에 실재하는 것이 아닙니다. 과학에서 자연의 법칙이니 원리니 하는 표현은 과학으로 다룰 수 있도록 자연을 극한으로 단순화하고 이상화한 학자들의 바람을 나타냅니다. 이론이 인간의 마음속에 있다는 표현은 사실일 뿐임에도 그렇게 생각해 본 적 없는 많은 과학자에게는 논쟁적으로 들릴지 모릅니다.

이론은 자연에 있지 않다

우주론 원리를 자연과 비교해서 드러난 현대 우주론의 실상은 저에게도 놀랍습니다. 더 흥미로운 사실은 관측이 우주론 원리에서 벗어남에도 이 원리에 바탕을 둔 우주모형은 암흑물질이나 암흑에너지 같은 약간의 (보기에 따라서는 막대한) 보정만 하면 자연과 상당히 정합적으로 보인다는 점입니다. 즉 우주론 원리에 기반을 둔 우주모형의 시간적 전개 결과는 은하 분포라는 관측 사실과 잘 일치하지만, 그럼에도 우주론 원리가 지금 은하들의 분포에 있지는 않다는 겁니다. 여기에 모순은 없습니다. 현대 우주론에 문제가 있다는 지적도 아닙니다. 단지 이론은 실재와 다르다는 구체적인 사례지요.

이해하기 쉽게는, 우주모형이 맞으면 우주 구조는 중력 불안정으로 점점 자라기 때문에 (밀도 불균질성이 시간에 따라 심화되는 겁니다) 과거로 가면 은하 분포가 좀 더 우주론 원리에 부합하게 될 겁니다. 하지만 이론으로 추정된 과거 하늘에는 있었을지 모르지만 지금 관측된 하늘에는 없습니다.

나른 측면이지만 조금 전문직으로는, 우주론 원리를 아인슈타인 중력에 적용하는 과정은 시공의 곡률이 균일 - 등방성에서 벗어난 정도가 아주 작다는 의미입니다. 실제 관측이나 시뮬레이션으로 곡률을 추정해 보면 곡률의 벗어남은 과연 작습니다. 큰 규모는 물론 작은 규모를 포함한 전 영역에서 벗어난 정도가 십 만분의 일이나 그 이하로 엄청 작지요. (중성자별이나 블랙홀 주위가 아니라면 시공의 곡률값은 항상 이렇게 작습니다.) 그래서 지금도 이 영역에서는 우주론 원리가 잘 적용된다고 볼 수 있습니다. 하지만 곡률이란 (혹은 비슷한 개념인 중력포텐셜도 좋습니다) 이론적인 개념일 뿐 자연에 존재하지 않습니다. 그에 반해 관측된 은하들의 분포는 하늘에 있지요.

우주론 원리가 이론으로 추정된 과거 하늘에 있든 혹은 과거는 물론 지금에도 이론적 개념인 곡률에 있든, 지금 우리가 관측하는 밤하늘에 있는 것은 아닙니다. 이론은 실재가 아니라는 좋은 사례인 거지요.

감각 너머의 세상을 다루는 학문은 철학(형이상학)입니다. 수학도 마찬가지지요. 우주론의 모형(이론)은 수학으로 구성되어 있고, 이 점에서 세상의 특수한 측면을 설명하는 이론이 자연에 있다고 주장하는 것은 엄중한 철학적 믿음입니다.

생물학자 그레고리 베이트슨Gregory Bateson은 흥미로운 지적을 합니다. "사실 잘못된 전제도 작동합니다." 하지만 그는 곧 덧붙입니다. "다른 한편으로는, 전제는 단지 특정 한계까지만 작동하고, 어떤 단계 또는 특정 상황에서 심각한 인식론적 오류를 가지고 있다면 더 이상 작동하지 않는다는 것을 알게 됩니다. 이 시점에서는 오류를 없애는 것이 매우 어려우며 공포를 느낄 정도로 끈적거리면서 따라다니는 점을 발견합니다. 그것은 마치 당신이 꿀을 만졌던 것과 같습니다. 꿀과 마찬가지로, 허위 사실이 주위에 따라다니며, 닦으려고 하는 모든 것이 끈적거리고 손도 여전히 끈적거리게 됩니다."

모형은 실재와 다르기에 어느 지점에선가는 적용 한계에 이르게 됩니다. 현대 우주론의 우주론 원리만이 아니라 과학이 채택한 모든 전제(가정)에 대해서도 유의해야 할 지적입니다.

우주론 원리라는 가정에 기반한 현대 우주론의 널리 알려진 성공 뒤에서, 막상 우주론 원리가 우주에 없다는 관측 사실이 무엇을 의미하는지는 앞으로 두고 봐야 합니다.

모형과 실재의 차이

이론과 모형(이론이나 모형이나 저에게는 같은 말입니다)은 필연적으로 대상을 추상화하고 단순화합니다. 우주론에서는 특히 대상을 수학(계량)화한다는 점에서 더욱 그러합니다. 그런 방식으로 구성된 이론적 이해는 원래 대상과 조금 다른 정도가 이니라 완전히 다릅니다. 과학이 개념화한 우주는 실재하는 우주가 아니라 이론과 모형을 통해 존재합니다. 따라서 우주를 '안다'는 말은 사실상 그러한 이론적 우주를 상상 속에서 '창조'한 셈입니다.

아무리 이론이 자연을 잘 설명한다 해도 단지 정도의 차이일 뿐입니다. 이론은 인간 상상의 창조물일 뿐 자연과는 다르며, 자연에 있지도 않습니다. 어떤 경우든 결국 더 깊이 들여다보면 차이가 드러나게 되지요.

모형과 실재의 차이에 대해 호킹은 "나는 물리 이론은 단지 수학적 모형이며 그것이 실재에 해당하는지 묻는 것은 무의미하다는 실증주의 관점을 취한다. 우리가 요청할 수 있는 것은 단지 예측이 관찰과 일치해야 한다는 점이다."라고 합니다. 그는 한 대담에서 "나는 [실재]가 무엇인지 모르기 때문에 이론이 현실과 일치할 것을 요구하지 않습니다. 현실은 리트머스 용지로 테스트할 수 있는 성질의 것이 아닙니다. 내 관심은 이론이 측정 결과를 예측해야 한다는 점입니다."라고도 말합니다. 이 점을 생각해 본 과학자 대부분이 동의하는 내용일 겁니다. 모형이 진실이나 실재에 어떤 의미를 지니는지 묻는 것 자체가 형이상학적 질문입니다. 과학은 이런 물음 없이도 진행할 수 있지만, 막상 묻는다면 그렇습니다.

우주를 수학적 대상으로 탐구한 경우가 근대 과학의 현대 우주론만은 아닙니다. 플라톤의 『티마이오스Timaeus』에 펼쳐진 우주 체계가 그렇습니다. 저는 어느 체계가 더 낫다는 식의 판단은 하지 않겠습니다. 시대를 반영한 차이가 있고 둘 다 수학으로 자연을 단순화시켜 재단하려는 인간 의지의 창조물이라고만 하겠습니다. 그러나 모든 우주론이 그렇지는 않았습니다. 예를 들면 고대 힌두우주론이 그러한데, 수학 대신 직관에 따라 우리가 연계된 전체에 대해 말하려고 시도합니다. 상상을 뛰어넘는 다양한 가능성을 제시하며 진정한 겸손을 보여주는 듯합니다. 감히 이해할 수 없다는 거지요.

그에 비해 현대 우주론의 우주론 원리는 우리가 속한 부분으로 전체를 알 수 있다고 장담하는, 따라서 보지 않고도 안다고 주장하는 셈입니다. 근대 과학의 전형적 세계관이 표현된 겁니다. 코페르니쿠스식으로 인간이 우주에서 특별한 위치를 차지하지 않는다는 표현이 인간의 위치가 보편적이라고, 즉 모두 비슷하다고 간주하고, 따라서 보지 않아도 뻔히 같음을 안다는 호기로운 주장으로 변질된 셈입니다.

코페르니쿠스에 대한 곡해

종종 코페르니쿠스의 지동설에 대해서, 지구가 우주의 중심이 아님을 서구인들이 겸허히 깨닫게 해준 것으로 평가합니다.

아인슈타인은 "코페르니쿠스는 그의 일과 개인적 위대함을 통해 사람에게 겸손함을 가르쳤다."라고 말합니다. 하지만 우리 주위가 특별하지 않고 모두 비슷하다고 했으니 가보지 않고도 안다고 주장한 셈인데, 이것이 어떻게 겸허와 관련되는지 의문입니다. 자연을 안 보고도 안다고 재단하는 태도를 두고 말이지요. 생각해 보면 이건 증거를 중시한다고 주장하는 과학의 과학답지 않은 태도입니다.

우리의 위치가 특별하지 않다는 주장이나 보편적이라는 주장은 코페르니쿠스에 기댈 수는 있겠지만, 믿음일 뿐 관찰이나 실험에 근거를 둔 경험적인 사실이 아닙니다.

더 나아가 프로이트Sigmund Freud의 다음 말이 주목받습니다. "가장 중요한 과학적 혁명은 모두 우주에서 인간의 중요성에 대한 이전 시대가 가진 확신의 토대들을 하나씩 무너뜨려 인간의 오만을 권위에서 몰아낸 점에서 유일한 공통점을 가지고 있다."

과학의 힘으로 인간은 진정 덜 오만해졌는지요? 서구 사회의 오랜 전통이던 신에 대한 경외심을 가지는 것보다 인간 이성의 능력에 대한 자부심이 덜 오만한 것인지, 과학이 신의 영역에 도전한다는 공언까지 서슴지 않는 태도가 과연 겸허함인지 의심스럽습니다.

다음에 지적하듯이 이런 과학의 주장은 쉽게 인간의 자기 비하로 이어지곤 합니다. 오만이든 비하든 시대상을 반영한 인간의 태도 변화일 뿐 과학적 근거는 없습니다. 있을 수가 없지요. 우주의 광대한 공간과 긴 시간 앞에 인간의 상대적 왜소함을 느낄 수는 있지만 그건 인간이 내면에서 자신을 돌아보는 성찰일 뿐 우주가 제공하거나 강요하는 정보가 아닙니다.

일반화는 우주론만이 아니라 과학에서 일상 벌어지는 일입니다. 이런 방식으로 자연을 대하며 (즉 선입관에 불과한 이론으로 자연을 대하며) 자연을 알게 되었다고, 결국 알게 될 것이라고 주장하는 모습은 자만이라면 모를까 겸허와는 거리가 멉니다. 과학의 목적이 단순한 설명을 찾는 것이다 보니 흔히 대상을 모형으로 단순화하고 결과를 일반화하는데, 이런 방식으로 얻은 자연에 대한 이해는 엄중한 한계를 가집니다. 자연이 단순한 것이 아니라 과학이 스스로의 만족스러운 '이해'를 위해 자연을 단순하다고 간주하면서 얻은 동어반복적인 결말일 뿐이지요.

우주의 발명

『티마이오스』의 우주론과 현대 우주론을 비교한 브리송Luc Brisson과 마이어스타인F. Walter Meyerstein은 "우주를 아는 것은 우주를 발명하는 일이다."라고 말합니다. 우주론을 넘어서 과학이 다루는 대상이 모두 모형(이론)일 뿐임을 고려하면 과학이 말하는 주장은 모두 발명된 겁니다. 보편성에 대한 믿음은 과학에서 두드러지지만, 과학의 결과가 객관적이라는 주장은 근대 사회가 구축한 신화로, 지금 별의심 없이 통용되는 믿음입니다. 모형이 객관적이라니 수사 이외에 무슨 의미가 있을까요? 객관성의 신화는『과학』에서 자세히 논의하겠습니다.

현대 우주론의 성공과 한계에 대한 이제까지의 논의는 그래도 관측과의 비교가 원리상으로라도 가능한 영역에 한정되었습니다. 이런 영역에서는 그나마 모형이 실재와 부합하는지 아닌지에 대한 논의가 가능했지요. 관측과 비교할 대상조차 없는 영역에서는 당연히 비교할 수 없습니다. 우주론은 특성상 원리상으로조차 증거를 대기가 불가능한 영역에 대한 논의가 전면에 등장합니다. 과학의 다른 모든 분과에서도 상황은 비슷하지만, 대체로 이런 형이상학 영역은 개념적으로 감추어진 형식으로 등장합니다. 하지만 유독 우주론에서는 원리상 검증 불가능한 영역이 얼핏 직관적으로 잡힐듯하게, 시간과 공간의 영역에서도 나타납니다.

10

다중우주 형이상학

현대 우주론의 관측상 발전과 이에 따른 현대 우주론의 변모가 시선을 끄는 와중에, 요즘 과학으로 포장된 다중우주multiverse나 평행우주parallel universe가 교양 도서만이 아니라 학계에서조차 유행입니다. 이 개념들이 우리가 속한 우주 이외의 곳에 관한 내용이라면 원리상 어떠한 개연성 있는 주장이나 모형도 관찰이나 실험으로 검증이 불가능할 터인데, 이러한 논의가 과학의 영역 안에서 진행되고 있다면 어딘가 잘못된 길로 접어든 것은 아닌지 되돌아볼 만합니다.

우리 우주 너머에 우리와는 완전히 다른 우주가 무수히 존재하고 각각이 탄생하고 사라지곤 한다는 환상적인 이야기는 다시 고대 힌두우주론으로 돌아간 듯한 착각을 일으킵니다. 우주론 학자 린데는 "이 시나리오에서 우주 전체는 불멸이다. 우주의 각 특정 부분은 과거 어딘가의 특이점에서 비롯될 수 있으며, 미래 어딘가의 특이점으로 끝날 수 있다. 그러나 우주 전체의 진화에는 끝이 없다."라며 마치 아는 듯이 자신합니다.

종교적 우주론의 주장에 대해서야 뭐라고 말하기 어렵지만, 증거를 중시하는 과학이라면 경우가 다릅니다. 교양 도서의 경우 아동의 건강한 지적 성장을 위해 동화가 중요하듯이 (어른들은 적어도 그렇게 믿고 있지요) 관심을 가진 분께 각박한 현실의 적나라한 노출이 꼭 도움이 되는 것은 아닙니다. 그렇다고 동화를 과학이라고 할 수는 없는 노릇이지요.

검증 불가능한 주장

원리상 검증할 길이 없는 주장을 과학자가 했다고 해서 저절로 과학적 주장이 되는 것은 아닙니다. 경험과 관찰이 원리상 불가능한 지역에 대한 주장을 과학자가 했다고 과학이라고 한다면 무엇인가 잘못된 겁니다. 이런 주장을 과학적이라고 포장한다면 과학의 남용이자 지적 퇴락decadence입니다. 저는 이 점에서 물러설 수 없습니다. 관찰이 가능한 지역에서조차 과학의 주장이 정말 관찰과 실험에 근거를 두고 있는지를 치열하게 묻고 있는 저로서는 일관된 처신입니다. 근대 과학의 자신감이 아무리 멀리 나갔다고 해도 '검증 불가능한 과학'은 모순된 어법입니다. '둥근 네모' 같은 궤변이지요.

천문학자 디즈니M. J. Disney는 상황을 "다시 관찰할 수 없는 어떤 현상에 대해 그것을 과학이라고 할 수 있을지는 진정 의심스럽다. 하지만 이 흥미로운 분야 전체를 성직자들에게만 맡기기도 우울한 일이다."라고 비평합니다.

과학이 다른 지식 추구에 비해 우월성을 주장하는 유일한 근거는 주장의 검증 가능성입니다. 주장이 아무리 그럴듯하게 들리고 수학적으로 아름답고 정밀하며 논리적으로 정합적이어도 마찬가지입니다. 자연과의 검증 이외에 따로 과학적 방법이라고 할 만한 것은 없습니다.

관측이 도달하지 못한 영역에 대한 주장은 수많은 경쟁적 대안이 외골수적 믿음을 중화하는 역할을 할 수 있습니다. 다중우주 주장과 비교하면 현대 우주론의 우주론 원리는 호라이즌 너머에 대해서조차 균일-등방함을 가정합니다. 어떤 가정이 옳은지는 적어도 과학으로는 알 길이 없습니다. 과학의 영역이 아니라는 거지요.

접근이 원리상 불가능한 영역

관측이 불가능한 우주의 영역에 대해, 검증되지 않은 물리 이론에 근거해 펼친 주장이라면 개연성 있는 철학적 제안일 수는 있지만, 검증할 수 없기에 과학으로는 함량 미달입니다. 수학을 동원하든 아니든 사태의 추이에 대한 치밀하게 구성된 고도로 사변적인 주장은 형이상학으로 충분한 가치가 있습니다. 그리고 참일 수도 있습니다. 형이상학의 역할이 그런 거지요. 하지만 참인지 아닌지 판별할 수단이 결여되었다면 구태여 과학이라고 할 이유가 없다는 겁니다.

우주론 학자인 리베이로M. R. Ribeiro와 동료는 과학 이론에서 검증 가능성의 중요성을 분명하게 지적합니다. "어떤 모형에서 나온 현상이 실험이나 관측에 따른 검증이 아닌 주장에 의해서만 확인된다면, 오직 개인의 선택에만 기초를 두었으므로 과학적이지 않다. 다시 말하면, 그런 식으로 얻은 확신이라면 도그마[증거와 무관하게 의심 없이 받아들여야만 하는 믿음]에 불과하다. 관측으로 확인되지 않은 생각을 굳게 믿는 일, … 이런 확인이 없다면 우리는 과학을 형이상학과 구별할 유일한 방법을 잃는다."

과학이 신뢰받는 기본 토대인 관찰과 실험에 따른 모형의 검증을 무시하는 일은 자신의 주장을 위해 과학의 정의를 바꾸는 셈으로 과학자로서 무책임한 행동입니다. 조지 엘리스는 "우리는 진정한 과학은 개연성 있는 가설을 관측으로 검증하는 일에 기반을 둔다는 점을 확고하게 주장해야 한다. 이론은 실험이나 관측에 따른 검증에 복속해야 한다. 이것은 과학에서 핵심 사항이다."라고 말합니다.

당연한 이야기를 강조하는 것은 그만큼 다중우주 주장과 같이 요즘 우주론의 일부 분야가 너무 멀리 나갔기 때문입니다. 주장은 자유지만 과학적 주장이라고 포장하면 과학의 정의를 바꾸어야 하기에 문제가 된다는 겁니다. 왕립학회의 문장 "말만으로 받아들이지 말라*Nullius in Verba*" 말이지요.

관측과 분리된 우주론의 일부 분야가 이론가의 자유로운 놀이터가 되며 수학적 전개의 결과를 사실이라 착각하는 일이 어제오늘의 일만은 아닌 듯합니다. 수학으로 포장된 기만에 대해 1899년 저명한 지질학자 챔버레인Thomas Chamberlain의 비평은 신랄합니다. "정밀하고 우아한 분위기의 엄격한 수학적 분석의 매혹적인 인상이 전체 과정을 조절하는 가정의 결함에 대해 우리 눈을 가리지 않아야 한다. 근거가 약한 가정들에 정교하고 격조 높은 수학적인 과정을 세우는 일보다 더 위험하고 음흉한 속임수는 아마 없을 것이다."

화이트헤드는 조금 점잖게 표현합니다. "장황하고 정확한 수학적 계산이 수행되었기 때문에 결과를 자연 현상에 적용하는 일이 절대적으로 신뢰할 만하다는 가정보다 더 흔한 오류는 없다."

과학 지식의 절대 한계

우주의 나이 동안 빛이 간 거리인 호라이즌 너머라고 해서 꼭 학자들의 관심 너머여야 할 이유는 없지만, 조지 엘리스의 말대로 "우리의 [우주]모형이 [호라이즌]보다 더 큰 규모에서 우주의 상황에 대해 예측하는 경우, 그것이 아무리 그럴듯해도 전적으로 검증이 불가능하다.", "[호라이즌 너머에 대한 논의는] 우리가 영향을 주거나 실험할 수 없는 지역에 대한 내용이므로, 우리의 이론은 전적으로 우리가 하는 가정에 맡겨져 있다."라는 점을 기억해야 합니다.

호라이즌 너머를 상상하지 말라는 지적이 아닙니다. 그것은 과학이 내릴 수 있는 결론이 아니라는 겁니다. 이런 주장의 근원을 추적해 보면 단지 '가정'임이 드러납니다. 호라이즌 너머야 정의상 과학지식의 극단적인 절대 한계이지만, 사실 과학의 모든 주장이 관찰과 실험을 통해 검증 가능하지는 않습니다. 더하여 이론 혹은 모형은 실재하는 것이 아닙니다. 그래서 더욱 모형에 대한 검증이 끊임없이 필요한 거지요.

검증에서 자유로운 과학?

과학 탐구의 최전선에서는 관찰과 실험으로부터 완전히 분리되어 오직 이론의 안내만으로 개척해 나가는 경우가 종종 있습니다. 극단적인 경우는 우주의 호라이즌 너머나 초기 우주에 대한 우주론, 실험이 현실적으로 불가능한 고에너지 물리학에서 나타납니다. 과학에서 무엇이 더 중요할까요? 관측(실재에 대한 검증)인가요, 아니면 이론(설명)인가요? 이론만으로 탐색하는 것은 좋습니다. 과학 자체가 이론이니까요. 하지만 경험이 수반되지 않는 이론적 탐구에서는 결과에 대해 자신감을 가질 어떠한 '과학적인' 근거도 없습니다. 그저 믿음입니다. 검증되기 전까지는 이 점을 잊지 말라는 거지요. 그리고 모든 검증에는 반드시 한계가 따른다는 점도 주의해야 합니다.

물리학자 란다우Lev D. Landau는 "우주론자는 실수는 자주 하면서도 의심할 줄 모른다."라며 불평했다고 전해집니다. 우주론자에 대한 란다우의 불만이 사실은 과학 전반에까지 적용되는 실정은 아닌지 앞으로 살펴보게 됩니다. "과학자는 실수는 자주 하면서도 의심할 줄 모른다."라는 거지요. 과학은 단순화시킨 모형에서 얻은 결과를 일반화해 주장하기에 그렇습니다. 과학 이론이 신뢰받는 유일한 길은 관찰과 실험에 따른 검증입니다. 더해서 한계를 확실히 하는 것도 중요합니다.

존 호건은 『과학의 종말: 과학시대의 황혼기에 맞이한 지식의 한계』에서 우주론의 상황을 지적합니다. "만일 빅뱅이론에서 우주론 학자들이 우주의 수수께끼들에 대한 중요한 답을 이미 알아냈다면 어쩔 것인가? 만일 이제 남은 것이라고는 단지 마무리될 수 있는 일을 정리하는 정도라면 어쩔 것인가? 단지 선구자들이 이룩해 놓은 세부 사항을 채우기 위해 우주론 학자가 되지는 않을 것이다. 이런 가능성을 고려하면, 호킹과 같은 '강한' 과학자들이 빅뱅이론을 훌쩍 넘어서 경험을 초월한 과학을 추구하는 상황이 전혀 놀랍지 않다. 웜홀? 아기우주? 끈이론의 무한차원 초공간? 이들은 실험으로 검증하거나 원리적으로조차 해결할 수 없는 과학, 즉 아이러니한 과학 ironic science이다. 이들의 근본 기능은 우주의 신비로움 앞에서 우리의 놀라움을 유지하는 일이다. 물론, 이런 아이러니한 우주론은 호킹, 린데, 휠러John Archibald Wheeler와 같이 상상력과 야심이 넘치는 시인들이 있는 한 앞으로도 계속될 것이다. 그들이 제공하는 전망은 한편으로는 우리가 가진 경험 지식의 보잘것없음 앞에 겸허한 생각을 들게 하고, 다른 한편으로는 인간의 끝없는 상상력 앞에 흥분을 자아내게 한다. 그러나 그것은 과학이 아니다." 그렇습니다. 원리상으로조차 검증이 가능하지 않은 주장은 과학이라고 할 수 없습니다.

호건은 20세기 말 과학과 여러 학술 분야의 성공과 그에 따른 한계를 논의하며 아이러니한 과학이라는 말을 만듭니다. 그에 따르면 "사변적이고 경험과 무관한 방식으로 추구하는 과학을 아이러니한 과학이라고 한다. 아이러니한 과학은 기껏해야 흥미로운 관점이나 의견을 제기하고 추가 논의를 촉발한다는 점에서 문예비평과 유사하다. 그러나 진실에 수렴하지는 않는다. 이런 식으로는 과학자들이 현실에 대한 기본 설명을 크게 수정하도록 강요하는 경험적으로 검증 가능한 놀라움을 제공할 수 없다." 여기에조차 미치지 못하는 과학자의 주장에 대해 그는 '과학적 신학'이라고 말합니다. 경험과 분리된 과학은 신학에 바탕을 둔 스콜라주의 철학과 구별할 수 없습니다. 증거로 보자면 불모이며 믿음에 불과한 신앙이라는 거지요. 모형에 대한 검증을 제공할 수 없는 과학의 주장은 모두 이런 평가에 직면할 수 있습니다.

형이상학의 유혹

그런데도 많은 과학자가 형이상학적 질문에 매달리는 이유가 있습니다. 형이상학적 질문은 과학의 영역을 넘어선다는 점을 과학자가 인식하든지 혹은 못 하든지 말이지요. 그 이유는 사람을 감동시키는 것은 근원이 형이상학적 질문이지 이미 밝혀진 사실이 아니기 때문입니다. 과학 지망생에게도 그렇고, 교양 삼아 과학책을 읽는 일반 독자뿐 아니라 학자들조차 마찬가지입니다. 그래서 많은 과학자가 위험을 무릅쓰고 철학의 영역을 넘나듭니다.

인간과 우주의 근본을 묻는 거대 담론에 대한 논의가 과학 지망생이나 독자께는 환상적이고 시원스럽게 들릴지 몰라도, 근대 과학은 증거를 댈 수 없는 이러한 형이상학적 질문들로부터 일정한 거리를 두고 답을 구할 수 있는 작은 질문들에 집중함으로써 나름의 성공에 이르렀습니다.

갈릴레오는 "답변이 불가능한 거대한 질문에 매달리는 것보다는, 답을 찾을 수 있는 작은 질문을 추구하는 것이 좋다."라고 말합니다. 근대 과학의 중요한 특징을 보여주는 상징적인 발언입니다. 근대 과학의 방법론적 시조로서 갈릴레오의 실용적 철학을 보여주지요. 이로써 갈릴레오에서 시작되어 지금까지 이어지는 근대 과학은 담론에 그치지 않고 구체적인 성과를 얻는 길로 접어들게 됩니다.

여기에 과학이 마주한 역설이 있습니다. 우리는 근원적인 질문에 대한 답을 갈망하지만 이러한 질문은 근본이 형이상학적입니다. 즉, 관찰과 실험의 영역을 넘어서기에 널리 알려진 과학의 본령과 맞지 않습니다. 역설인 이유는 과학자가 자신의 주장이 형이상학적이라는 말을 모욕이라도 되는 듯 듣기 싫어하기 때문입니다.

과학의 영역을 검증이 불필요한 곳까지 조금 넓히고 싶다면 아주 조심해야 합니다. 그곳은 본래부터 과학의 영토가 아니었고 지금도 그곳에는 수천 년 동안 인간 지성이 이룩한 위대한 지적 성과들이 굳건히 자리 잡고 있습니다.

과학 세계관이 타세계관보다 우월하다고 내세울 유일한 근거는 결국 자연과의 비교를 통한 모형의 검증입니다. 검증 가능성 없이 주장되는 '과학'이라는 수식어는 검증된 과학이 어렵사리 획득한 수사학적 지위에 무임승차하는 것이며, 또한 그 권위를 남용하고 훼손하는 일입니다. 우주론이 우주에 대한 여러 (예를 들면 시간적 공간적 유-무한성 따위의) 근원적인 질문에 답할 수 없다면, 분명 우리는 무언가 부족하다고 느낄 것입니다. 하지만 검증 여부를 벗어난 자유로운 탐구에 과학적이라는 수식어는 부적절하며 필요한 것도 아닙니다.

저는 이런 형이상학적 탐구가 무의미하다거나 이런 질문을 삼가야 한다고 주장하지 않습니다. 오히려 그 반대입니다. 일상에서조차 우리는 근원을 묻는 심원한 질문, 형이상학적 질문을 자주 해야 한다고 생각합니다. 단지 이런 질문은, 객관성을 표방하고 자연과의 비교로 검증할 수 있다고 주장하는, 과학의 영역을 넘어선다는 점을 상기시켜 드립니다.

아인슈타인의 권유를 말씀드립니다. "무엇을 추구할지는 개인에게 달려있다; 더하여 모든 사람은, 결과보다는 추구 자체가 더 가치가 있다는 레싱Gotthold Ephraim Lessing의 훌륭한 격언에서 위안을 찾을 수 있다."

칼 세이건은 "검사될 수 없는 주장, 반증에서 자유로운 단정은 그것이 우리의 경이로운 감정을 북돋우거나 영감을 불러일으킨다 하더라도, 검증 측면에서 무가치하다."라고 말합니다. 그런데 검증 가능한 측면이란 실재의 극히 작은 부분에 불과합니다. 과학에서 말하는 검증은 과학 특유의 가정(전제) 위에 구축한 '모형에 대한 검증'이지 자연의 진실을 보려는 노력은 아닙니다. 게다가 과학에서 말하는 검증은 종종 과도한 일반화를 통한 과장으로 가득하며 저는 이 점을 자주 지적하고 있습니다.

11

현대 우주론의 오해

철학에 대항한 경쟁

호킹은 일단의 우주론적 발전을 두고 말합니다. "전통적으로 이것은 철학적 질문이지만 철학은 죽었다. 철학은 과학 특히 물리학의 최근 발전을 따라오지 못한다. 이제 과학자들이 우리의 지식 탐구에서 발견의 횃불을 전달한다." 자신의 분야에 대한 하늘을 찌를 듯한 자부심뿐 아니라 다른 분야에 대한 적대감마저 느껴지는 편협한 안목에 입이 다물어지지 않습니다. 타 학술 분야에 대한 이런 식의 매도와 비하 발언이 과학의 위상을 높여줄 것 같지 않습니다. 호킹이 자신의 발언에서 의식하지 못한 채 인정하듯이 그가 다루는 질문은 형이상학(철학)의 영역이지 과학의 영역이 아닙니다. 이것은 예전에도 그랬고 이제 와서 과학의 이름을 철학으로 다시 바꾸지 않겠다면 지금도 그러합니다.

아직 혹은 앞으로도 원리상으로조차 경험이 도달할 수 없는 검증이 불가능한 주장은 분명 과학의 영역이라고 할 수 없습니다. 자신이 선호하는 주장을 아무 경험적 근거 없이 자신이 과학자이기 때문에 옳다고 주장한다면, 과학이 그나마 어렵게 구축한 신뢰의 토대를 훼손하고 위상을 추락시킵니다.

한편, 철학을 비웃는 태도가 어제오늘만의 일이 아닌 것 같습니다. 파스칼Braise Pascal은 『팡세』에서 하나의 역설을 드러냅니다. "철학을 비하하는 것은 진정 심각한 철학 행위다."

우주론의 허세

호킹은 한 걸음 더 나갑니다. "내가 해온 일은 우주의 시작을 자연법칙으로 결정하는 것이 가능하다는 점을 보인 것이다. 이 경우, 우리는 우주를 어떻게 시작할지 결정하도록 신께 간청할 필요가 없다. 이것은 신이 없다는 것은 아니지만, 신이 필요하지는 않다는 점을 증명한 것이다."

과학을 통해 신의 부재 혹은 불필요를 증명했다는 주장은 무지 때문이거나 과학의 남용일 뿐입니다. 과학은 이런 결론을 내릴 어떠한 근거도 가지지 못합니다. 물론 신의 존재에 대해서도 마찬가지지요.

유명세를 타는 한 과학자의 이 호기로운 허세에 대해서, 『잃어버린 시간을 찾아서』에 나오는 프루스트Marcel Proust의 다음 말이 호킹식의 주장이 실상 새로울 것도 없는, 종교에 대항한 과학의 역사에서 꾸준히 반복되는 상투적 주장일 뿐임을 일깨우기에 적당할 듯합니다. "신에 대한 가장 높은 칭송은, 창조가 너무나 완벽해서 창조자가 필요 없다는 사실을 발견하였기에 신을 부정하는 무신론자에 의해 이루어졌다는 말이 있다."

자연이 완벽하기에 신이 필요 없다는 식의 주장은 근대 과학의 탄생 시점에 이미 나타납니다. 파스칼은 『팡세』에서 호킹 대신 데카르트René Descartes를 지목합니다. "나는 데카르트를 용서할 수 없다. 그는 그의 철학 전체에서 신을 배제하려고 노력했다. 하지만 그는 세상의 움직임을 시작하기 위해서 신이 손가락을 튕기도록 해야만 했다. 그 다음부터 그는 신이 더 이상 필요치 않았다." 기시감이 들지요.

호킹은 신이 손가락을 튕기는 것마저도 과학으로 대체할 수 있다고 주장한 셈인데, 이런 주장은 호킹이 아니라 어떠한 과학자도 증명한 바 없습니다. 그냥 스스로 그렇다고 굳게 믿을 뿐이지요. 이런 증명은 과학의 영역이 아닙니다. 과학이 일상적으로 풍기는 과장과 허세의 일면일 뿐입니다. 저는 과학으로는 이런 증명이 원리상 불가능하다는 점을 보였습니다. 현대 우주론에서 팽창의 시작 시점으로 접근하면 관찰과 실험에 기반을 둔 인간의 경험 지식은 작동을 멈춥니다. 그 너머(이전)에 대한 모든 주장은 자신들이 선호하는 이론에서 나온 것일 뿐 그런 이론이 작동한다는 어떠한 경험적 근거도 없습니다.

사정이 이렇다 보니, 증거로부터 완전히 자유롭게 된 이론만의 놀이터에서는 서로 상충하는 수많은 주장이 난무할 뿐입니다. 어느 제안이 옳은지 혹은 옳은 제안이 있기나 한지 주장과 수사만 무성할 뿐 알 도리가 없습니다. 증거에서 자유로운 과학의 주장은 관념의 유희일 뿐 정상적인 과학이라고 할 수 없습니다. 아무리 아름답고 치밀한 수학적 전개도 소용없습니다. 이런 가능성은 어떤 가정을 택하느냐에 따라 무수히 존재하기 때문이지요.

양자우주론의 실상

예를 들어 이런 식입니다. 호킹이 위의 발언을 한 근거는 그가 제안한 '무경계가설No boundary proposal'이라는 초기 우주에 관한 연구입니다. 이 연구는 균일－등방 우주모형에 스칼라장이라는 가상적인(!) 물질의 상태를 도입한 후 시공과 장을 양자화 하여 얻은 아주 간단한 이차방정식에 근거를 둡니다. 이렇게 얻은 이차방정식의 두 개의 풀이에서 한 가지 초기조건(2개 풀이에 부과하는 조건)을 제안하고 이를 '무경계가설'이라며 그럴듯하게 해석한 겁니다. 즉, 구에 경계가 없듯이 이 풀이를 시간에도 경계가 없다는 식으로 해석할 수 있다고 주장한 건데요. 여기에서 앞서 소개해 드린 호킹의 실수시간과 허수시간의 개념이 등장합니다. 그 스스로 "어느 것이 실제인지 묻는 것은 의미가 없다. 중요한 것은 어떤 설명이 더 편리한가 하는 점에 불과하다."라고 했지요.

반면 우주론 학자인 빌렌킨Alexander Vilenkin은, 초기조건을 호킹과 다르게 잡는 것만으로 이번에는 '무로부터의 형성Creation out of nothing'이라는 전혀 다른 해석이 가능해짐을 보입니다. 이 두 경우를 포함하는 연속적으로 무한히 많은 초기조건이 가능하며, 이에 따라 무수히 다른 해석이 가능할 수 있습니다. 여기에서 창의성은 풀이의 해석이라는 수사적 기교와 포장에서 발휘됩니다. 어느 제안이 옳은지 판별할 경험적 방법은 없습니다. 이 두 분은 각자 우주론 교양서를 발간합니다. 호킹의 책 『시간의 역사』는 기록적인 판매를 보였지만 저자 자신의 연구를 주로 설명하다 보니 막상 교양으로 이해하기 쉽지 않고 시간에 대한 논의도 아닙니다.

위와 같은 방식의 시공과 장의 양자화는 휠러－드윗Wheeler-DeWitt 식이라는 양자중력을 향한 초기 시도에서 나타납니다. 이 식을 처음 제시한 드윗Bryce S. DeWitt 교수님은, 제가 들은 강의에서 자신의 이름이 빌어먹을Damn – 휠러 식에 연루된 걸 좋아하지 않는다고 말씀하셨지요. 그 이유는 이 식을 처음 제안한 그분의 1967년 선구적인 연구에서 이미 이런 방식으로는 양자중력으로 가는 길이 막혀있음을 밝히고 포기하였기 때문입니다. 그런데 1980년대 들어서며 이 식은 양자우주론이란 거창한 이름으로 양자화된 초기 우주의 연구 기반으로 유행을 타게 됩니다. 호킹의 제안도 이 유행의 산물 중 하나입니다. 결과는 관측으로 검증하는 건 원리상 불가능하고 이론적 가망성도 없는 수식의 유희일 뿐 우주의 시작과는 거리가 멉니다.

한계의 무시에 따른 무지

과학이 가진 문제는 적용 한계에 무관심한 무지에 근거를 둔 과도한 일반화와 자신감입니다. 과학에서 발생하는 이런 무지와 착각은 한계에 주의를 기울이지 않고 한계를 인정하지 않는 태도에서 발생합니다. 데카르트1596-1650는 근대의 세계관을 구축한 인물입니다. 아직도 면면히 이어지는 과학 세계관의 근거 없는 과장은 동시대인인 파스칼1623-1662에 의해 이미 간파된 셈입니다.

이 문제는 과학이 주장의 한계를 분명히 함으로써 쉽게 해결될 수 있습니다. 단지 주장의 한계를 말하고 일반화하거나 과장하지 않는 거지요. 물론 이 점은 과학의 본질과 관련이 있기에 실천하기가 쉽지 않겠지만, 어떻게든 마주해야만 하는 엄중한 사안입니다.

'우주의 시작'은 말씀드렸듯이 과학이 스스로 형이상학임(즉, 주장의 검증이 불필요함)을 표방하기 전에는 넘볼 수 없는 영역입니다.

검증이 불필요하다고 주장하는 순간 호킹의 주장은 '우주의 시작'에 대한 종교와 철학, 신화와 예술의 수많은 주장 중 하나에 불과하게 됩니다. 모두 가치 있는 주장일 수 있습니다. 단지 검증할 수 없다면 과학은 아니라는 거지요. 자신이 하는 일이 수학적 모형일 뿐임을 잘 안다고 말한 호킹이 왜 이런 허세를 부린 걸까요? 과학자에게서 이런 모순을 목격하는 것은 드문 일이 아닙니다.

12

형이상학적 질문

우리가 우주의 미래를 알 수 있을까요? 특수한 우주모형을 잡는다면 모형의 미래는 결정되겠지만, 그러한 모형이 우주의 미래를 잘 묘사하는지 알 수 있을까요? 실험으로 도달 불가능한 빅뱅 초기 단계나 그 이전, 지금 우주의 호라이즌 너머 상황은 알기 어려운 정도가 아니라 원리상 접근이 불가능한 형이상학의 영역으로 남아있습니다. 우주의 미래도 마찬가지입니다. 형이상학은 인간의 감각 경험 너머에 있는, 아리스토텔레스에 따르면 물리과학의 범위를 벗어난 영역에 대한 탐구입니다.

칸트Immanuel Kant에 따르면 인간은 감각 너머에 대해서는 아는 바가 없습니다. 감각에 잡히는 대상조차도 객관적 검증은 어렵습니다. 과학에서 검증이란 모형에 대한 것일 뿐 실재에 대한 것이 아님이 바로 그 예입니다. 과학이 아니더라도, 감각 너머에 실재하는 것이 무엇이든 인간의 인식을 거치며 형성된 개념은 모두 구축된 것임은 부인할 수 없습니다.

호라이즌 너머라면 원리상 물리적 영향이 미치는 범위 너머입니다. 어떠한 경험에 따른 단서도 얻기가 물리적으로는 원리상 가능하지 않은 곳이니 형이상학의 영역임은 분명합니다. 모형의 검증조차 불가능하니, 과학이 경험 지식을 뜻한다면 그렇습니다. 우주의 미래는 초기 우주, 호라이즌 너머 영역과 함께 또 하나의 '미지의 영역 Terra Incognita'입니다. 관찰이나 실험이 원리상으로조차 가능하지 않다면, 모든 이론적 시도는 설명적 주장에 불과하며 이것은 추측이나 신화와 다를 바 없습니다.

우주의 시작

우주의 시작에 대해 루크레티우스는 "아무것도 신의 힘으로 무에서 창조되지 않는다."라고 말하지만, 이슬람, 유대, 기독교의 경전인 『성경』은 "먼저 신은 하늘과 땅을 만들었다."라는 말로 시작합니다.

기원후 4세기 성 아우구스티누스Saint Augustine는 이 점을 깊이 고민한 다음 『고백록』에서 다음과 같은 결론에 이릅니다. "신은 세상을 만들기 전에 무엇을 하셨을까? 일부에서는 그분이 하늘과 땅을 만들기 전에, 그런 신성한 질문을 함부로 해대는 자들을 위해 지옥을 만들었다고도 하지만, 창조 이전에는 시간이 존재하지 않았으므로 질문 자체가 적절하지 않다. 세상은 시간과 함께 만들어졌다."

『티마이오스』에는 "어쨌든 시간은 우주와 더불어 동시에 나타났는데, 만약 그들 중 하나가 사라지게 된다면 함께 창조되었으므로 둘은 함께 사라지기 위함이다."라고 적혀 있습니다.

현대 우주론에서도 종종 비슷한 결론에 도달한 모형이 회자됩니다. 바로우는 "우주는, 어떤 시간에 만들어진 것이 아니라, 시간과 함께 만들어졌다."라고 말합니다. 이러한 주장이 철학, 신학 혹은 신화의 우주론이라면 저는 아무런 이견이 없습니다. 하지만 과학에 기반을 둔 주장이라면, 우주의 시작이나 그 이전에 대한 견해는 경험 지식이 그에 못 미치기 때문에, 견강부회牽强附會(이치에 맞지 않는 말을 억지로 자신에게 유리하게 이리저리 둘러대는 행위)에 불과하다고 평가합니다. 왜냐하면 과학에 대한 신뢰는, 비록 모형에 대한 것이더라도 주장에 대한 검증과 증거에 있는데, 이런 주장은 원리상으로조차 검증이 불가능하거든요.

　우주의 시작에 대한 주장이라면 아직 학자들 사이에 동의하는 이론(예를 들어, 양자중력)조차 없는 형편이지요. 여기에서 과학의 형식을 취한 어떠한 주장도 모형에 대한 것입니다. 이런 검증이 가능하지 않은 영역에서 모형(이론)이 맞는지는 당연히 검증된 바 없습니다.

　더구나 시간에 관한 한, 과학은 스스로 구축한 법칙과 방정식에 따른 왜곡과 자체모순 말고는 별달리 할 말이 없습니다. 시간을 단순화하는 규정은 유물론과 함께 근대 과학의 핵심 가정(전제)입니다. 이 가정들로 과학의 모든 주장은 아주 좁은 틀로 한정되게 됩니다. 특히 생명으로 가면 말 그대로 치명적이게 되지요. 생명의 살아있음은 시간으로 발현됩니다. 깊이를 가늠할 수 없는 시간이라는 심오한 주제는 물리학을 다루는 『물질』에서 더 논의하겠습니다.

　에너지가 지상 실험으로 도달할 수 없는 초기 우주의 상황을 살펴보면, 우주의 팽창에 시작이 있었는지, 시작이 있었다면 그것은 무엇을 의미하는지, 팽창 이전에 수축하는 단계가 있지는 않았는지와 같은 질문은 모두 미지의 영역, 실험이 도달할 수 없는 영역, 다르게 표현하면 형이상학의 영역에 속합니다. 이런 실제 현상에 관한 질문은, 과학과 기술의 발전으로 관측하고 실험할 수 있는 영역이 확장됨에 따라 미래에 어느 정도는 과학의 영역으로 포함될 가능성이 있습니다. 그래서 다음에 소개하는, 그 근본이 형이상학적인 우주론의 질문과는 성질이 다르기는 합니다.

형이상학적인 질문

근본이 형이상학적인 우주론의 질문들은 다음과 같습니다. 우주의 존재는 필연적인가? 우주가 존재하는 궁극적 이유는 무엇인가? 우주는 목적을 가지는가? 우주의 의미는 무엇인가? 우주에서 인간의 위치와 역할은 무엇인가? 따위입니다.

다음은 형이상학적 우주론과 물리적 우주론에서 공통으로 제기하는 질문입니다. 우주의 기원은 무엇인가? 우주를 구성하는 궁극적 물질은 무엇인가? 이런 문제는 과학의 발전으로 형이상학의 영역에서 과학 탐구의 영역으로 넘어온 듯이 보이지만, 답은 물리학, 천문학, 우주론에서 여전히 암중모색 중으로 보입니다. 역사를 통해 늘 그래왔듯이, 시대를 반영하는 답은 항상 있었지만 지금 과학이 궁극에 도달했다는 단서는 어디에서도 찾아볼 수 없습니다.

앞에서 현대 우주론이라는 포장 아래 원리상 검증이 불가능한 주장들이 난무하는 지금 우주론의 실상을 말씀드렸습니다. 우리 우주 너머의 다른 우주에 대한 주장은 어떠한 과학적, 수학적 혹은 논리적 포장을 하였든 관찰과 실험으로 검증할 수 없다면 그 때문에 정의상 형이상학적 주장이 됩니다. 이런 주장에 대한 믿음이 얼마나 강하든, 혹은 얼마나 많은 유명 과학자가 단체로 동의하든 상관없이, 주장의 근거를 추적해 보면 단지 가정임을 알 수 있습니다. 우주의 시작과 그 이전도 마찬가지입니다.

갈릴레오 이후 지금까지 이어온 물리학은 조건을 주면 시간에 따라 상황이 어떻게 변하는지를 추적하도록 구성되었으며, 그 경우에만 성공 여부를 알 수 있었습니다. 하지만 그 조건이 어떻게 (즉, 어떤 이유로) 주어졌는지는 물리학이나 과학의 영역이 아닙니다. 우주의 시작은 이런 조건의 원인을, 그것도 우주의 궁극적 원인을 묻는 것이며 그렇기에 과학의 영역을 넘어섭니다.

궁극적인 질문

모든 궁극적인 질문은 필연적으로 철학적 질문입니다. 우주에 대한 궁극적 질문도 마찬가지입니다. 우주의 시작이나 전체로서 우주에 대한 최근 현대 우주론의 시도는 자신이 과학의 영역을 넘어 철학의 영역에 들어선 것을 과학자 스스로 인지하지 못함을 보여줍니다.

우주배경복사를 예측했던 알퍼와 허만은 "물리 우주론은 우주가 '어떻게' 되어있는가만 다루지, '왜' 그러한지는 다루지 않는다."라고 말합니다. 현대 우주론이 할 수 있는 역할에 대해 우주론 학자 피블스P. J. E. Peebles는 "빅뱅이론은 우리 우주가 어떻게 진화하는지 기술하지만, 그것이 어떻게 시작했는지는 말하지 않는다."라고 밝힙니다. 현대 우주론이 과학이라면 당연한 진술입니다.

비록 과학이 실제로 다룰 수 있는 내용에는 이런 한계가 있지만, 특히 우주론이 이런 한계에 갇힐 수는 없습니다. 러드니키는 "우주론이 여러 가지 왜라는 질문에 답할 수 없다면 즉각 무언가 부족하다고 느낄 것이다."라고 지적합니다.

궁극적 질문은 철학적이기에 과학자가 피해야 하는 것이 아닙니다. 말씀드렸듯이 우리는 이런 궁극적 질문을 자주 해야 합니다. 궁극적 질문이 아니라면 도대체 무엇이 처음에 과학도를 과학으로 이끌었겠습니까. 단지 그에 대한 답을 경험과 관찰이라는 과학의 방법으로 얻을 수 있으리라고 믿는 것은 순진한 오해라는 점을 지적하는 거지요.

아인슈타인은 "나는 신이 어떻게 이 세상을 창조했는지 알고 싶다. 나는 이것저것의 현상이나 이 혹은 저 원소의 스펙트럼에는 흥미가 없다. 나는 그의 생각을 알고 싶다. 나머지는 세부적인 것일 뿐이다."라고 말합니다. 호킹도 한마디 합니다. "내 목표는 단순하다. 그것은 우주에 대한 완전한 이해로, 그것이 왜 그러하며 왜 도대체 존재하는가 하는 것이다."

과학자는 끊임없이 과학의 포장을 한 채로 형이상학의 영역을 넘나들 겁니다. 푸앵카레는 "물리학자들이 긍정적 방법으로 도달할 수 없는 질문은 더 이상 관여하지 않고, 형이상학자들에게 넘겨줄 날이 아마 올 것이다. 하지만 그날이 아직 오지 않았다. 인간은 그리 쉽게 일들의 근본 원인에 영원히 무지한 채 남아있으려 하지 않는다."라고 간파합니다.

궁극이론의 운명

최근 일단의 물리학에서 지금 물리학이 상정하는 네 가지 힘을 하나의 체계(이론, 모형)로 설명하는 궁극의 이론을 추구하는 시도가 각광을 받고 있습니다. 중력 이외의 힘인 전자기력과 두 가지 핵력은 양자역학으로 기술되니 중력과 양자역학을 합치려는 시도입니다. 초기 우주로 가며 물질 사이의 간격은 줄지만 중력이 강해집니다. 이 상태를 다루기 위해서는 양자중력이 필요하지만, 아직 알려진 이론은 없습니다.

자연에 대한 모형이라면 경험적 안내 없이 이런 시도가 성공하기 어렵습니다. 성공하더라도 결과는 과학이 아니라 철학이 될 수밖에 없습니다. 윌리엄 제임스는 "많은 사상가는 모든 사물에 대한 과학이 하나밖에 없으며, 모든 것이 알려질 때까지는 완전히 알 수 없다는 믿음을 바탕에 가지고 있다. 그러한 과학은 실현된다고 하더라도 철학이 될 것이다."라고 말합니다.

멀리 갈 필요 없이 지금도 아인슈타인 중력이나 이를 고친 이론이 우리가 보는 우주와 그 너머의 현상을 설명할 수 있는지 아닌지에 대한 우주론의 논의는, 경험적 증거가 나타나기 전까지는, 이미 철학의 영역에 접어든 셈입니다. 관측으로 모형이 검증되는 경우에조차, 모형은 실재와 다르기에, 실용성 여부를 떠나 이런 이론이 자연에 실재하는지에 대한 논의는, 비록 다양한 믿음이 서로 겨루겠지만, 결코 실험과 관찰로 판가름할 수 없는 철학의 영역으로 남습니다.

근대 과학의 성립 자체가, 단순화시킨 모형에서 얻은 결과가 무진하며 얽혀있는 (그마저 인간이나 기계의 감각기관으로 여과되고 변형된) 실제 자연 현상을 설명하리라는 강한 철학적 믿음 위에 서있는 거지요. 근대 과학의 방법론에 뿌리 깊이 자리 잡은 철학적 가정들은 『물질』과 『과학』에서 상세히 논의합니다. 이 엄중한 철학적 가정들로 인해 과학은 자연을 대하는 상당히 안목이 좁고 치우친 지식이 됩니다.

한마디로 요약한다면, 과학은 유물론 철학입니다. 널리 알려진 강력한 쓸모와 무관하게 지식 자체의 성격이 그렇다는 겁니다. 이런 철학이 틀렸다는 지적이 아닙니다. 자연을 대하는 여러 철학 중 하나의 사조일뿐인 점에 유의하자는 거지요. 문제라면 세상을 분절하고 단순화시키는 하나의 철학 사조가 근대를 규정짓고 압도하는 시대 상황입니다. 지적 편향과 불균형을 말하는 건데요, 특히 생명과학으로 가면 문제가 자못 심각해지지만 물리과학에서도 감추어져 있을 뿐 자연과의 괴리는 상당합니다. (『생명』과 『물질』에서 자세히 논의합니다.)

우주의 미래

우주의 시작만이 아니라 끝도 시인의 관심을 비껴가지 않습니다. 세상의 끝이라면, 프로스트Robert Frost의 「불과 얼음」은 시인의 망설임을 보여줍니다.

> 어떤 이는 세상이 불로 끝나리라 하고,
> 어떤 이는 얼음이라 한다.
> 내가 맛본 욕망으로부터라면
> 불을 선호하는 이들 편.
> 하지만 만일 두 번 소멸할 수 있다면,
> 나는 증오에 대해 충분히 알기에
> 얼음으로 파괴되어도
> 거룩하고
> 만족할 만하리라고.

엘리엇T. S. Elliot은 「공허한 인간The Hollow Men」에서 애석해합니다.

이것이 세상이 끝나는 방식이다
이것이 세상이 끝나는 방식이다
이것이 세상이 끝나는 방식이다
당당함이 아니라 단지 꺼져갈 뿐.

우주론 학사인 스타로빈스키A. A. Starobinsky는 "과학의 다른 분야에서와 마찬가지로, [우주론에서도] 명확한 예측은 (비록 길기는 하겠지만) 유한한 미래에 대해서만 가능하다. 우리 우주의 미래는 그저 많이 복잡한 정도가 아니라 무한하게 복잡할 것이다."라고 말합니다. 저도 그러리라 기대합니다.

우주의 이해 가능성

우주를 이해할 가능성에 대해 괴테Johann Wolfgang von Goethe는 "인간은 우주의 문제들을 풀기 위해 태어나지 않았다. 도리어 어디에서 문제가 시작되는지 알아내고 이해 가능한 범위 안으로 자신을 제한하는 것이 [그의 임무다]."라고 말합니다.

19세기 사상가 칼라일Thomas Carlyle은 "나는 우주를 이해한 척하지 않는다. 그것은 나보다 엄청 크다."라며 현명하게 비껴갑니다. 유전학자 할데인J. B. S. Haldane의 다음 말도 유명합니다. "나는 실제에서 미래가 내가 상상할 수 있는 것보다 훨씬 더 놀라우리라는 점을 의심치 않는다. 내가 생각하기에 우주는 우리가 상상하는 것보다 더 이상한 정도가 아니라, 우리가 상상할 수 있는 것보다 더 이상하다."

칼 세이건은 "우주의 크기와 나이는 보통 사람의 이해를 넘어선다. 우리의 집인 조그마한 행성은 무한과 영원 사이 어딘가에 길을 잃고 놓여있다."라고 말하고, 파스칼은『팡세』에서 "인간은 그가 출현한 무와 결국 그를 삼켜버린 영원을 이해할 수 없다."라고 고백합니다.

13

우주의 의미, 목적, 무심함

우주의 의미와 목적

스티븐 와인버그는 물리 우주론 교양서 『처음 3분간』을 다음 문장으로 마칩니다. "우주가 더 잘 이해되는 듯싶을수록, 더 의미가 없는 것처럼 느껴진다." 이 감상적인 언급은 꽤 유명세를 얻었고, 많은 논의가 있었습니다.

제가 보기에 답은 이미 백 년 전에 사회학자 막스 베버Max Weber가 『직업으로서 학문』이라는 강연에서 지적한 바 있습니다. 그는 근대 과학의 시작에 대해 먼저 "여기에서 과학은 어떻게 (간접적으로나마) 개신교의 교리와 청교도주의의 영향으로부터 자신의 역할을 인식했는지 알 수 있습니다. 과학은 신으로 향한 길을 찾는 것이었습니다."라고 지적하지만, 과학의 실상에 대해 "자연과학에서 아직도 볼 수 있는 애어른들을 제외한다면 오늘날 도대체 누가 천문학이나 생물학, 물리학 혹은 화학의 지식이 세상의 의미에 대해 조금이라도 말해줄 것으로 싱싱하겠습니까? 그런 것이 있다고 한들 우리가 어떻게 감히 그러한 '의미'를 추적해 갈 수 있겠습니까? 자연과학이 지금과 같은 식으로 나아간다면 그것은 세상이 '의미'를 가진다는 믿음을 뿌리부터 송두리째 시들게 하는 역할을 확고히 앞장서서 할 가능성이 큽니다!"라고 개탄합니다.

의도적 제거

과학, 특히 물리과학은 스스로 의도적으로 의미와 목적을 제거했습니다. 지금도 과학자들이 틈틈이 제거하는 것이 아니라 계몽주의 시절인 18-19세기에 과학의 객관성과 가치중립성의 신화를 구축하며 어느 틈엔가 제거되었고 지금 과학자들은 아무 부담 없이 이를 당연시합니다.

철학자 아도르노Theodor W. Adorno는 "근대 과학으로 진행하는 행보에서 인간은 의미를 제거해 버렸다. 의미라는 개념은 공식으로 대체되었고, 원인은 법칙과 확률로 대체되었다."라고 지적합니다.

철학자 카시러Ernst Cassirer는 "위대한 과학적 발견들은 발견자 개개인 마음의 도장을 간직하는 것이 사실이다. 과학적 사고의 주된 목적 중 하나가 모든 개인적이거나 인간적인 요소를 제거하는 것이기에, 과학의 객관적 내용에서 이런 개인의 특징은 잊히거나 지워 없어진다."라고 밝힙니다. 과학의 객관성을 부각하기 위해 가치와 의미를 일부러 제거한 겁니다. 과학의 가치와 의미를 높이기 위해 과학에서 나온 결과의 가치와 의미를 없앤 셈이니 역설적입니다.

사상가 멈포드Lewis Mumford는 "가치를 없애버릴 수 있다는 믿음이 새로운 가치의 체계를 구성했다."라고 지적합니다. 따라서 지금 과학의 관점에서 보면 인간이 우주의 목적이나 의미와 관련된 어떠한 측면도 발견할 수 없음이 당연합니다. 사실은 과학이 일부러 제거해 놓고 지금은 당연히 그렇다고 믿는 겁니다. 그러면서 우주의 의미가 없는 것 같다고 의아해하는 상황이 우습기도 합니다.

의미와 맥락

에머슨은 "만물은 도덕적moral(교훈적)이다."라고 말합니다. 그가 진정 만물이 도덕적이라고 한 건지 만물을 인식하는 인간이 도덕적이기에 인식을 통해 존재가 드러날 수밖에 없는 만물에 도덕성을 부여한 건지 불확실하지만 이 둘은 동일합니다. 인식을 통하지 않고 존재가 드러날 방법은 없으며, 인간은 도덕적인 동물이기 때문이지요.

작가 루이스 케롤Lewis Carroll의 『이상한 나라의 엘리스』에서는 좀 더 이해하기 쉽게 표현합니다. "모든 것에는 교훈moral(의미, 도덕)이 있다, 우리가 찾을 수만 있다면." 의미는 우리가 만들어내고 부여하는 겁니다. 컴퓨터과학자인 바이첸바움Joseph Weizenbaum은 "의미란 그것을 읽고, 인지하고, 받아들이는 사람이 생성하는 겁니다."라고 지적합니다.

컴퓨터과학자 재론 레니어Jaron Lanier는 의미란 맥락에서 나옴을 강조합니다. "의미는 오직 맥락에서만 의미가 있다." 과학은 대상의 개성뿐 아니라 맥락도 무시합니다. 맥락은 단순화를 위해 고립화하는 과정에서 배제됩니다. 모형에서는 맥락이 생략됩니다. 의미는 이 지점에서 사라지는 거지요. 제거된 겁니다.

의미란 우리가 부여하는 것인데 스스로 의미를 제거해 놓고 결과에서 의미가 없음을 발견하고 의아해한다면 순환논리이거나 우스꽝스러운 자기기만으로 보입니다. 과학은 대상을 고립시키고 부분에 집중하는 자체의 방법론적 한계 때문에 스스로 맥락을 무시했으면서 대상의 의미가 없다고 주장하는 셈입니다. 의미가 있고 없음은 과학적 주장이 될 수 없다는 겁니다.

작가 루이스C. S. Lewis는 우주에 의미가 없더라도 그러함을 알 수 없는 인간의 한계를 지적합니다. "만약 우주 전체가 의미가 없다면 우리는 결코 그것이 의미가 없다는 것을 발견할 수 없어야만 한다. 그것은 마치, 만약 우주에 빛이 없었다면, 따라서 눈을 가진 생물이 없었을 테고, 우리는 [우주가] 어둡다는 사실을 알지 못해야 하는 것과 같다. 어두움은 의미가 없게 된다."

심리학자 칼 융Carl Gustav Jung은 삶에서 의미와 가치의 연결점을 알려줍니다. "의미 없는 가장 위대한 일보다 의미를 지닌 가장 사소한 것이 삶에서 더 가치가 있다. [왜냐하면] 모든 것은 사물 자체가 어떤지가 아니라, 우리가 그 사물을 어떻게 보는가에 의존하기 때문이다." 사물에 대한 지식은 인식 주체와 분리되지 않습니다.

우주의 무심함 여부

칼 세이건은 그의 유명한 책 『코스모스』에서 "우주는 인자하지도 적대적이지도 않고, 단지 우리와 같은 하찮은 피조물들에게 무심할 뿐이다."라고 말합니다. 우주는 무심하다는 말 자체가 화자의 도덕적 판단이지요. 『노자老子』에도 "천지는 인하지 않다天地不仁."라는 말이 있지만, 인仁하지 않다는 것이 무심하다는 뜻은 아닙니다.

겸허를 가장한 과학자들의 이런 주장은 이처럼 종종 인간에 대한 자기 비하로까지 이어집니다. 호킹의 다음 말은 꽤 유명합니다. "인류는 천억 개의 은하 중 하나의 외곽 교외에 있는 그저 평균적인 별 주위를 도는 중규모 행성의 화학 쓰레기에 불과하다. 우리의 중요성은 정말 하찮아서 우주 전체가 우리의 이익을 위해 존재한다고는 믿을 수 없다. 그것은 내가 눈 감으면 그대가 사라진다고 말하는 것과 같다." 인간이 스스로를 고귀하게 생각하는 태도가 우주가 인간을 위해 존재한다는 주장과 무슨 관련이 있기나 한지 논리의 비약도 상당하지만, 인간에 대한 막말입니다.

물리과학에서 유래한, 근거를 제시하지 않는 이러한 발상이 생물학으로 넘어가며 인간에 대한 비하는 마치 과학적 지지를 받는 양 포장되어 더 격화됩니다. 인간 도덕성을 이기적 기만으로 매도하고 자유의지의 부정으로까지 이어지지요. 이런 자기 비하의 문제점은 그에 대한 합당한 근거도 제시되지 않고 그저 시대적으로 당연시되며, 더구나 과학이 앞장선다는 점입니다. 유물론이라는 근대의 주류 사상에 근거한 인간의 추락은 근대의 세계관으로까지 자리 잡았습니다. 유물론은 근대의 사상이고 여기에 근거하여 과학이 구축되었을 뿐 과학이 유물론의 근거를 제시한 것이 아닙니다.

생명과 인간을 기계로 혹은 물질 덩어리로 보는 태도는 엄중한 함의를 가집니다. 우리가 누구인지, 우리가 어떤 행동을 할지는 우리가 스스로 누구라고 생각하는 데 달려있기 때문이지요. 뉴턴의 기계론적 세계관이 급기야 결정론적 사고방식과 자유의지의 부정으로 이어지는 사태는 과학이라기보다는 사회현상입니다. 과학이 유포한 근대의 미신입니다.

이런 엄중한 이데올로기적인 견해를 증거조차 제시하지 않으며 퍼트리는 건 과학답지 않은 태도입니다. 비록 논문이나 학술 저서에서 발설한 내용은 아니더라도 과학자가 자신의 명성을 이용해 교양 과학서나 인터뷰에서 일반인에게 이런 개인적인 믿음에 불과한 내용을 과학에 근거를 둔 양 설파하는 행동은 심각한 피해를 불러옵니다. 한 시민으로서 과학자 자신의 견해가 마치 과학에 근거한 듯이 비치기 때문입니다. 생물학에서의 상황은 퍽 심각한데 『생명』에서 살펴보겠습니다.

저는 우주가 무심한지 어떤지 알지 못합니다. 하지만 세이건이 과학에 근거해 우주의 무심함을 말했다면, 이것은 과학의 능력에 대한 과장된 믿음이 유발한 세계관이라 하겠습니다. 더욱이 인간이 하찮은지 어떤지에 대해서라면 과학은 아무것도 말해주지 않습니다! 인간이 하찮다고 규정한 것은 화자인 세이건일 뿐입니다. 이런 세계관은 더 확장해 삶의 무의미함으로 이어질 수도 있겠지요.

인간이 하찮은지뿐 아니라 우주가 무심한지도 과학으로 결론을 내릴 수 있는 사안이 아닙니다. 왜냐하면 과학은 우주의 무심함을 단지 '가정'으로 받아들였을 뿐이기 때문입니다. 과학은 방법론적으로 단순한 계를 다룰 수밖에 없기에 맥락을 무시하여야 하고 이에 따라 의미와 가치가 사라지며 나타난 '가정에 따른' 귀결일 뿐임에도, 이 세계관에 갇힌 사람은 이것이 세계의 진실이라고 착각하는 거지요.

삶에서 의미의 중요성

무심함조차도 꼭 무의미로 이어지는 것은 아닙니다. 영화감독 스탠리 큐브릭Stanley Kubrick은 한 인터뷰에서 말합니다. "우주에 관해 가장 경악할 만한 사실은 그것이 적대적이 아니라 무심하다는 것이다. 하지만 이런 무심함을 이해하고 죽음이라는 한계 안에 놓인 삶의 도전들을 받아들이면 — 인간이 그것을 얼마나 바꿀 수 있든지 — 우리가 하나의 종으로 존재하는 것에 진정한 의미와 충만함을 가질 수 있다. 어두움이 아무리 광대하더라도 우리는 우리 자신의 빛을 들어야 한다." "삶의 무의미함이야말로 인간 스스로 의미를 창조하도록 강요한다."

이런 '삶의 무의미함'이라는 심리적 상태를 과학이 부추긴다면 확대 적용의 오류일 뿐입니다. 우주의 무의미함은 그 진실성 여부와 상관없이 과학이 내릴 수 있는 결론이 아닙니다. 그럼에도 과학이 앞장서 이런 과장된 주장을 하는 상황에 경각심을 가져야 합니다.

자격이 있고 없고를 떠나 우리 사회에서 의미를 제거하는 데 과학이 앞장서는 태도는 심각하게 우려할 만합니다. 인간은 삶을 위해 의미를 요구하기 때문인데, 까뮈Albert Camus는 『시지포스의 신화』에서 밝힙니다.

> 정말로 심각한 철학적 문제는 단 하나뿐이며 그것은 자살이다. 삶이 살 가치가 있는지 아닌지를 판단하는 것은 철학의 근본적인 질문에 대답하는 것이다. 세계가 3차원인지, 마음이 9가지 범주인지 아니면 12가지 범주인지 따위는 부차적인 문제로 유치한 장난일 뿐이다. 우리는 먼저 대답해야 한다.
> 이 질문이 저 질문보다 더 시급하다고 판단하는 기준을 스스로에게 물어보면, 나의 대답은 이렇다. 나는 질문이 유발하는 행동으로 판단한다. 나는 존재론적 논증을 위해 죽었다는 사람을 본 적이 없다. 아주 중대한 과학적 진실을 간직했던 갈릴레오는 자신의 생명이 위협당하자마자 가장 손쉽게 믿음을 포기했다. 어떤 의미에서 그의 행동

은 옳았다. 그 진실은 목숨을 걸 만한 가치가 없었다. 지구가 도는지 태양이 도는지는 정말 별 차이 없는 문제다. 진실을 말하자면, 그것은 무의미한 질문이다. 다른 한편으로, 나는 많은 사람이 인생이 살 가치가 없다고 판단하기 때문에 죽는 것을 본다. 역설적으로 나는 사람들에게 삶의 이유를 주는 생각이나 환상 때문에 죽는 것도 본다(살아야 할 이유는 또한 죽을 좋은 이유이기도 하다). 그러므로 나는 삶의 의미야말로 가장 시급한 질문이라고 결론짓는다.

심리학자 셀리그만Martin E. P. Seligman은 "의미는 우리보다 더 거대한 무엇인가에 우리를 연결하는 것에서 나온다."라고 말합니다. 그는 방법도 알려줍니다. "자신이 신뢰하며 연결할 수 있는 대상이 클수록 삶의 의미도 커진다. 나는 우리가 도덕적인 동물이고 생물학적으로 의미를 요구한다고 믿는다."

까뮈의 『이방인』에서 자신의 삶과 주변인에 내내 무심했고 그이유가 더해져 사형을 언도받은 주인공은 어두운 밤하늘의 침묵을 다르게 받아들입니다. "온갖 징조와 별이 반짝이는 어두운 하늘을 쳐다보면서 처음으로 나는 우주의 온화한benign, tendre 무관심에 내 마음을 열었다."

우주의 의미, 무의미 논쟁 앞에서 칼 융의 지적을 말씀드립니다. "분별할 수 있는 한도 내에서 인간 존재의 유일한 목적은 단순한 존재에 불과한 어두움 속에서 빛을 비추어야 한다는 것이다." 그는 방법도 지시합니다. "무의식이 우리에게 영향을 미치는 것처럼, 의식의 증가가 무의식에 영향을 준다고 가정할 수 있다."

화이트헤드는 "모든 궁극적인 근거는 가치를 목적으로 삼는 데 있다. 죽은 자연은 아무것도 목적으로 삼지 않는다. 생명의 본질은 고

유한 가치를 획득하며 자신을 위해 존재하는 것이다."라고 말합니다.

우주 그리고 자연이 드러내는 의미, 목적성, 무심함 여부는 인간의 삶에서 중요한 의미를 갖지만 물리 우주론이나 과학이 결정할 사항이 아니라는 점을 지적해 둡니다.

14

시간과 공간의 유-무한성

그럼, 우주에 대한 질문이라면 누구나 가장 궁금해할 우주의 시간적, 공간적 유-무한성에 대해서 현대 우주론은 어떤 답을 내놓을까요? 과학적 주장은 경험적 근거를 가져야 한다는 점을 고려한다면 제가 보기에 지금 현대 우주론은 이 질문들에 상당히 명백한 답을 합니다. 이러한 답을 할 수 있다는 점은 경험적 지식의 한 분과로서 현대 과학의 위대한 성취입니다. 먼저 2500년 전의 상황부터 알아보겠습니다.

붓다의 14 무기

붓다Gautama Buddha가 침묵을 지킨 우주론과 관련된 두 가지 질문은 '우주가 시간적으로 유한한지 무한한지'와 '우주가 공간적으로 유한한지 무한한지'에 대한 의문입니다. 이는 붓다가 답변이 불가능한 형이상학적 문제로 일체의 말을 삼간 채 수행자가 관심을 두지 않기를 권한 14가지 문제(14 무기無記, fourteen unanswerable questions) 중 여덟 개에 해당합니다. 여덟 개라고 한 이유는 당시의 논리에 따라, 예를 들면, 공간에 대해 '유한하다', '무한하다', '유한하기도 하며 무한하기도 하다', '유한하지도 않고 무한하지도 않다'라는 네 가지 가능성을 염두에 둔 겁니다. 시간에 대해서도 그렇습니다. 붓다는 이 질문들을 해탈과 열반의 성취와 무관한, 답변이 불가능한 형이상학인 추측으로 간주해 일체의 말을 삼간 채 수행자가 시간과 노력을 낭비하지 않기를 권하였습니다.

어떤 이는 붓다의 말을 "진리를 추구하는 데 몇 가지 중요하지 않은 질문이 있다. 우주는 어떤 물질로 구성되는가? 우주는 영원한가? 우주에 끝이 있는가, 없는가? … 어떤 사람이 이런 질문에 답이 주어지기까지 깨달음을 얻기 위한 추구와 수행을 미룬다면, 그는 길을 찾기 전에 죽을 것이다."라고 요약합니다.

붓다의 언행을 기록한 『빨리 대장경Pāli Canon』의 '독화살의 비유'에 담긴 내용입니다. "그럼으로, 말룽키아풋따여, 내가 설說하지 않은 것은 설하지 않은 것으로, 내가 설한 것은 설한 것으로 기억하라. 내가 설하지 않은 것은 무엇인가? '우주가 영원한지' 여부는 내가 설하지 않았다. '우주가 영원하지 않은지' 여부는 내가 설하지 않았다. '우주가 유한한지' … '우주가 무한한지' … 왜 내가 설하지 않았는가? 우리의 목표와 관련이 없고, 신성한 삶에 근본적이지 않기 때문이다. 그것을 추구해도 미몽에서 깨어남disenchantment, 냉정dispassion, 멈춤cessation, 평온calming, 진정한 지식direct knowledge, 자각self-awakening, 속박에서 벗어남unbinding에 이르지 못한다. 이것이 내가 설하지 않은 이유다."

14무기의 남은 두 가지도 흥미롭습니다. 그중 하나는 여래Tathagata, Buddha의 사후 존재 여부를 앞의 네 가지 방식으로 묻습니다. 마지막 하나는 두 가지 양식으로 묻는데 자아self와 몸body이 동일한지 다른지 여부입니다. 우주론적 질문이 답을 할 수 없는 형이상학의 바다에 빠지듯이, 붓다의 이 무기가 지금 한창 진행 중인 뇌(인지)과학에 던지는 함의가 엄중하리라 기대합니다.

소크라테스의 지적

고전학자 라이트M. R. Wright는 『고대의 우주론』에서 현대 우주론이 관심을 가진 문제들이 새삼스러운 것이 아님을 알려줍니다. "오늘날 풀이를 기다리는 많은 문제는 2000년도 더 전 고대 그리스의 철학자들과 수학적 천문학자들이 토론했던 수수께끼의 조금 세련된 형태에 불과하다. 그들 또한 시간과 공간의 한계, 전체를 구성하는 원소들, 어떻게 (혹은 진정) 우주가 시작되었는지, 우주적 사건들이 임의적인지 의미가 있는지, 혼란인지 혹은 균형과 질서로 유지되었는지를 고민하였다. 소크라테스는 당시 사람들 대부분과 달리, 전문가들이 소위 코스모스라고 말하는 것과 하늘의 모든 일이 왜 그러한지 따위의, 모든 것의 본성을 논의하는 데 시간을 보내지 않았다. 그와는 반대로, 그는 그러한 문제에 집착하는 사람들의 어리석음을 지적하였다."

소크라테스에 관한 내용은 그의 친구이자 제자인 크세노폰Xenophone이 전하는 말입니다. "그는 다른 화자들이 선호하는 주제인 '우주의 본성'에 대해서는 언급조차 하지 않았으며, 박식한자들이 즐겨 논하는 소위 '코스모스'에 대해 그것이 어떻게 작용하는지, 그리고 천상의 현상을 지배하는 법칙에 대해 추측하는 일을 피했다. 실제로 그는 그러한 문제로 마음을 괴롭히는 것은 순전히 어리석은 일이라고 주장했다. 먼저, 그는 이러한 사상가들이 인간 문제에 대한 지식이 너무 완벽하여 그들의 두뇌를 행사하기 위해 새로운 분야를 찾으려는 것인지, 아니면 인간 문제를 무시하고 단지 신성한 일들이야말로 자신들의 의무라고 생각하는 것인지 궁금해했다. 더욱이 그는 이 문제들에 대해 가장 자부심을 가진 사람들조차, 서로 간의 이론에 동의하지 못하고 마치 미친 사람처럼 행동했기 때문에, 인간이 이런 수수께끼를 풀 수 없다는 사실을 그들이 전혀 보지 못하는 점에 놀라워했다. 다른 사람들은 두려워할 것이 없는 곳마저도 두려워하는데도 미친 사람들이 위험에 대한 두려움이 없는 것처럼 어떤 사람들은 부끄러움 없이 군중 속에서 아무 말이나 행동을 하고, 다른 사람들은 많은 사람과 함께하기도 꺼리며 돌이나 나무, 짐승에 대해서조차 경건하게 대함에도 어떤 사람들은 성전이나 제단, 다른 성스러운 것들조차 존중하지 않는 것처럼, '보편적 자연'에 대해 걱정하는 사람들도 [미친 사람과] 마찬가지라고 간주했다."

소크라테스가 지칭하는 광인의 의미는 같은 맥락에서 뒤에 다시 등장합니다.

현대 우주론의 명확한 답

우주의 시간적 공간적 한계 유무에 대한 의문들은 얼핏 사실 관계에 관한 내용이어서 과학으로 충분히 답할 수 있어 보입니다. 그럼 이 오래된 문제에 대해 지금 현대 우주론이 제공하는 답은 무엇일까요? 말씀드렸듯이 우주의 시간적, 공간적 유-무한성에 관하여 현대 우주론이 제공하는 답은 상당히 명확합니다. 바로 답할 수 없다는 것입니다. 현대 과학의 많은 발전과 모색이 있었지만 붓다 이후 2500여 년이 지난 지금까지 이 질문들의 답이 과학의 영역에서 오리무중임은 시사하는 바가 큽니다. 현대 우주론의 관점에서 이런 질문의 답은 현실적으로 규명하기 어려운 정도가 아니라 원리적으로조차 답변이 불가능합니다. 그 이유를 말씀드리지요.

위 질문에 대한 답은 과학으로 추구할 수 있는 관찰과 실험이 미치는 영역 너머에 있습니다. 과학이 찾아낸 답이 그렇다는 겁니다. 공간적 유-무한성은 우주가 아주 작지 않다면 우주가 팽창하는 동안 빛이 간 거리인 호라이즌 너머에 속한 내용일 가능성이 높습니다. 따라서 경험과 관찰에 기반을 둔 과학이라면 답할 수 없습니다. 시간적 유-무한성은 초기 우주로 가면서 높아지는 에너지가 곧 실험이 도달할 수 있는 규모를 넘어서기에 시작은 알 수 없고, 미래는 아직 오지 않았기에 답할 수 없습니다.

모형(이론)을 정하면 그에 따른 답이 나옵니다. 하지만 바로 그 모형이 맞는지 검증할 방법이 없다는 거지요. 시간의 시작과 끝? 이것은 지금의 과학이 답할 수 있는 성질의 질문이 아닙니다. 다중우주를 추구하는 과학자들이 어떤 답을 내어놓든 그것은 단지 그분들의 믿음입니다. 결국은 검증될 수 없는 가정으로 귀결되지요. 증거가 믿음뿐이라면 그런 주장은 과학으로 포장한 신앙입니다.

빛의 속도가 유한하다는 과학의 놀라운 발견 그리고 우주가 팽창하고 있으며 이로부터 팽창의 시작이 유추된 점은 근대 과학이 알아낸 중요한 결과입니다. 이 두 사실로부터 우리에게 정보가 도달한 영역이 유한하며, 따라서 우리와 영향을 주고받을 수 있는 영역에 한계가 있다는 사실이 당연하게 유추되지요. 우주가 이 영역보다 작지는 않아 보인다는 점도 물리 우주론이 말해 주는 가능성입니다. 따라서 우주의 시간적 공간적 유-무한성, 즉 우주의 기원과 미래 그리고 전체 규모와 양상에 대한 과학의 답은 모른다는 겁니다. 과학이 모형을 관찰과 실험으로 검증하는 탐구라면 그러합니다. 모른다는 것은 결점이 아닙니다. 반대로 무엇을 알고 무엇을 모르는지 분명히 하는 앎이야말로 진정한 앎입니다.

우주가 무엇으로 구성되어 있는지에 대한 질문으로 오면 상황은 더 심각합니다. 고대 그리스 시절에는 물, 불, 공기, 흙 따위 4원소 혹은 5원소로, 비록 의견은 갈렸어도 지지자에 따라 우주가 무엇으로 구성되어 있는지는 알았습니다. 하지만 지금은 그나마 미궁으로 빠지고 말았지요. 암흑에너지나 암흑물질처럼 도대체 있는지 여부조차 불확실한 존재 없이는 현대 우주론의 우주관은 지탱될 수 없습니다. 여기에서도 과거에 비한다면 현대 우주론은 그나마 모른다는 걸 안다는 점에서 스스로 위안받을 수 있겠지만, 이 모든 상황이 특수하게 단순화시킨 모형에 기반을 둔다는 점도 잊어서는 안 됩니다.

아인슈타인의 답

현대 우주론의 관점에서 보면, 시공의 유-무한성에 대한 답은 근본적으로 관측이나 실험의 범위를 넘어선 형이상학의 영역에 속한다고 보입니다. 하지만 이것은 과학에 기반을 둔 현대 우주론이 지금 보여주는 전망이지 우주에 대한 과학의 이해가 지금 궁극에 이르렀다고 볼 근거는 어디에도 없습니다. 과학이 이런 질문을 추구할 수 있는 옳은 길인지조차 알 수 없습니다. 우리가 보는 우주는 단 하나이고, 더하여 우주의 공간과 시간 규모로 보자면, 우리는 단지 한 장소에서 한순간을 관찰했을 뿐입니다. 이를 돌이켜보면 인간의 과학으로 우주에 대해 원리상 답하기 불가능한 문제가 있다는 것은 하등 이상하지 않습니다.

앞에서 소개해 드린 1917년 3월 드지터에게 보낸 편지에서 아인슈타인은 다음과 같이 말합니다. "우리는 … 그것이 무한하게 확장되는지 또는 유한한 크기를 갖는지에 대해 철학적으로 생각해 볼 수 있습니다. 하이네Heinrich Heine는 한 시에서 답을 제공했지요. "그리고 바보는 대답을 기다린다네." 따라서 이만 만족하고 답을 기대하지는 마십시다." 견해가 분명하지요! 백 년이 지난 지금도 변한 바는 없습니다. 과학이 진정 검증을 무시하지 않는다면 앞으로도 없을 겁니다.

진정한 앎이란?

무지는 앎의 한 형태이며, '무지에 대한 앎(인지)'은 앎의 중대한 국면으로 볼 수 있습니다. 이점은 동서양의 현인이 한결같이 강조합니다.

소크라테스는 "진정한 지혜는 지혜에 한계가 있다는 것을 아는 것이다."라고 말합니다.

『논어』에는 공자가 제자인 자로에게 말한 앎에 대한 경구가 있습니다. "유야, 너에게 안다는 것이 무엇인지 가르쳐 주랴? 우리가 아는 것을 안다고 하고, 모르는 것을 모른다고 하는 것, 이것이 아는 것이다知之爲知之, 不知爲不知, 是知也.."

『노자』에는 "알지 못한다는 것을 아는 것이 최고이고, 이 앎(알지 못함)을 알지 못하는 (즉, 알지 못하며 안다고 여기는) 것은 병이다. 知不知, 上 不知知, 病.."라고 적혀있습니다.

유지된 우주의 신비

이렇게 우주에 대한 인간의 지식에 근본적 한계가 있음을 애석하게만 생각할 필요는 없는데, 다음 아리스토텔레스의 통찰에서 위안을 얻을 수 있습니다. "천상에 대한 연구가 매혹적이고 중요한 것은 단지 그에 대한 우리의 지식이 불완전하다는 사실로 유지된다."

90년 전 천체물리학자 진즈James Jeans는 다음과 같이 밝힙니다. "천문학과 물리과학에서 얻은 새로운 지식이 우주에 대한 우리의 전망과 인간 삶의 중요성에 대한 우리의 관점에 큰 변화를 줄 수밖에 없다는 믿음이 넓게 퍼져있다. 이러한 사안들이 발생시키는 질문들은 궁극적으로 철학적인 논의가 되어야 한다." 그는 단서를 답니다. "하지만 철학자가 답할 권리를 갖기 전에 과학이 먼저 확신하는 사실들과 잠정적인 가정에 대해 모두 답하도록 요청되어야 한다. 오직 그 다음에야 논의가 철학의 영역으로 정당하게 넘어갈 수 있다."

철학의 관심은 과학의 결과가 아니라 결과에 이르기 위해 사용한 과학의 가정과 그에 따른 한계에 있음을 기억하십시오.

라이트는 현대 우주론에 대해 "우주론 자체는, 다른 모든 예술이나 과학과 마찬가지로, 인간의 재능이 만들어낸 것으로, 사회적이거나 언어적 제약과 애매한 의사소통 수단에 영향을 받는다."라고 지적합니다. 이 당연한 말이 의아하고 의심스럽게 들리신다면 단순화를 위해 맥락을 무시한 모형에서 얻은 결과를 한계를 무시하며 일반화하는 과학의 현란한 수사에 취했기 때문인지 모릅니다.

근대 과학의 위대한 성취

현대 우주론이 제시하는 우주관은 100년 전과만 비교해도 많이 다르지만, 우주에 대한 근원적 질문은 여전히 답하지 못한 채로 남아있습니다. 현대 우주론은 도리어 이런 질문에 원리상 답할 수 없다며 자신의 한계를 드러냅니다. 우리가 변화하는 우주에 산다는 새로운 우주관의 제시는 여전히 20세기 과학이 발견한 가장 놀라운 업적 중 하나입니다. 과학은 근원적인 질문에 원리상 답할 수 없다는 사실을 분명히 밝힌 점도 근대 과학의 위대한 성취입니다.

지식보다도 지식의 한계를 안다는, 따라서 모른다는 점을 인지한다는 사실이야말로 지식을 완전하고 가치 있게 해줍니다. 현대 우주론의 절대적 한계에 대한 인식은 인간 지성사에서 위대한 성취로 볼 수 있습니다. 이점에서 다중우주나 우주의 시작과 미래에 대한 수학적 탐구의 결과를 진실이라 믿고 있는 사람들의 생각은 아쉽게도 저와 좀 다릅니다.

우리가 택할만한 태도는 이겁니다. 화이트헤드는 "과학의 목적은 복잡한 사실로부터 가장 단순한 설명을 찾는 것이다. 우리는 추구의 목적이 단순함이기에 사실 자체가 단순하다고 생각하는 오류에 쉽게 빠질 수 있다. 모든 자연철학자의 삶의 좌우명은 '단순함을 찾지만 믿지는 말라'가 되어야 한다."라고 권고합니다. 이런 태도를 갖는 것은 어렵지 않고 이상하지도 않습니다. 아리스토텔레스는 "교육받은 정신의 징표는, 받아들이지는 않으면서도 생각을 유지하는 것이다."라며 이런 유연한 태도는 당연하다고 말합니다.

한계의 인지에서 얻은 자유

한계를 인지하는 상황의 위대성은 수학 체계의 불완전성을 증명한 괴델Kurt Gödel 정리에서 찾을 수 있습니다. 20세기 가장 위대한 수학적 성취로 간주되는 괴델의 불완전성 정리는 인간 이성의 한계를 드러낸 셈이지만, 이 한계를 인간의 이성으로 보였다는 점에서 승리로 볼 수 있습니다. 수학이 자신의 무지를 깨달은 거지요. 더하여 수학의 한계를 여실히 보임으로써 그것의 잠재력을 자유롭게 하고, 고갈되지 않는 탐구의 가능성을 열어주게 됩니다. 인간이 구축한 체계로서 수학은 불완전하지만, 바로 그 이유 때문에 수학은 열린 체계가 되며 더 풍부해지는 겁니다.

일면 역설적으로 들리는 이 상황을 프리만 다이슨은 다음과 같이 표현합니다. "50년 전 … 커트 괴델은 순수한 수학의 세계는 고갈될 수 없다는 점을 증명했다. 어떠한 유한한 공리계와 추론 규칙도 수학 전체를 포괄할 수 없다. 유한한 공리계가 주어지면 그 공리계가 답을 주지 못하는, 수학적으로 의미 있는 질문을 항상 찾을 수 있다. 괴델의 이 발견은 처음에는 많은 수학자에게 반갑지 않은 충격을 주었다. 그것은 어떤 수학적 진술의 진실 또는 거짓을 결정하는 문제를 체계적인 절차로 해결할 수 있다는 희망을 단번에 파괴했다. 초기 충격이 지난 후 수학자들은 괴델의 정리가 모든 질문을 해결할 수 있는 보편적인 알고리즘의 가능성을 부정함으로써 수학이 결코 죽지 않는다고 보장한다는 점을 깨달았다. 아무리 멀리 수학이 발전하고 얼마나 많은 문제가 해결되더라도 괴델 덕분에 항상 새로운 질문을 하고 신선한 아이디어를 발견할 수 있게 되었다."

괴델보다 전시대 수학자인 칸토르Georg Cantor는 "수학의 정수는 정확히 자유에 있다."라고 밝힙니다. 한계의 인지가 자유를 준다는 점은 역설적으로 들리지만, 다이슨의 표현에서 보듯 여기에는 진실이 담겨 있습니다. 우주론에서 과학이 발견한 한계는 우주의 한계가 아닌 과학이라는 근대 인간의 발명품이 가진 방법론적 한계에 따른 겁니다. 수학에서와 마찬가지로 과학도 인간 지성이 구축한 한계가 지워진 시대의 산물임을 인지하면, 수학이 말하는 한계에 따른 자유를 과학과 현대 우주론도 동일하게 누릴 수 있습니다.

칸토르는 "수학에서 질문을 제기하는 기예가 문제를 푸는 것보다 더 소중하다."라고 말합니다. 자유는 여기에서 나옵니다.

우주와 생명

생명은 우주의 기원과 진화에 대한 고려 없이 이해될 수 없고, 우주도 마찬가지로 그 안에 사는 생명에 대한 탐구 없이는 이해될 수 없습니다. 우리 우주는 생명이 사는 우주이고 또한 생명에는 우주의 역사가 담겨 있습니다. 이 명백한 사실이 무엇을 말해 주는지, 여기에서 어떤 의미를 찾을 수 있을지는 앞으로 탐구되어야 합니다. 우리의 존재에 대해서도 마찬가지입니다. 이 관점은 아직 현대 우주론의 적극적 관심사는 아닐지라도 우리의 세계관을 구성하는 데 더없이 중요합니다.

하지만 이를 위해서는 물질과 생명에 대한 이해가 옳아야 한다는 단서가 필요합니다. 이것은 쉽지 않은 조건입니다. 왜냐하면 인간의 시선은 필연적으로 인간의 욕망에 얽혀있기 때문입니다. 과학도 마찬가지입니다. 차이라면 과학 지식은 이런 인간적 편견에 무관하다고 스스로 주장함으로써 이 지식을 도리어 위험한 지식으로 만든다는 점입니다. 즉 한계가 있는 반쪽짜리 지식을 온전하다고 착각하여 위험을 초래한다는 거지요. 우주론에서는 위험이 그다지 드러나 보이지 않지요. 같은 과학이 생명으로 가면서 상황이 심각하게 달라집니다.

성 아우구스티누스는 "우주는 완전히 형성되지 않은 상태로 나타났지만, 자신을 변화시켜 고르게 분포한 물질로부터 진정 놀라운 수준의 구조와 생명 현상을 출현시킬 능력을 갖추었다."라고 말합니다.

그러나 물리과학의 관점에서 보자면 생명은 이해할 수 없는 기적일 뿐입니다. 생명은 유물론의 시선에는 잡히지 않습니다. 유물론에 잡힌 생명은 이미 죽어있습니다. 이 점은 생물학과 물리과학의 실상을 함께 비교하며 살펴보아야 파악할 수 있습니다. 『생명』과 『물질』에서 그 실상을 탐구하기에 앞서, 먼저 우주에서 생명의 가능성을 알아보겠습니다.

우주생물학:
미래와의 조우

1

우리는 어디로 가는가?

21세기를 살고 있는 우리는 지금 지구 생명의 역사, 더 나아가 어쩌면 우주의 역사에서 이정표가 될 수 있는 변화를 만드는 중입니다. 역설은 인간이 이를 의도하지 않았다는 점인데요. 왜냐하면 이 변화는 필연적으로 인간의 추락을 동반할 가능성이 크기 때문입니다. 설마 사태가 그런 지경까지 되겠냐는 안이한 생각에 젖어서일 수도 있겠고, 장기적 결말은 우려할 만하다고 인정하더라도 단기적 이익을 생각하면 자발적으로 멈추기가 쉽지 않겠지요. 문제는 장기적이라고 미루었는데 어느새 우리 앞에 다가온 겁니다.

데우스 엑스 마키나

우려는 이제 새롭지 않습니다. 제2차 세계대전 당시 암호해독을 위한 최초의 컴퓨터 개발에 관여했던 수학자 어빙 구드Irving John Good

는 1965년 초지능 기계의 가능성을 처음 논의합니다. 그의 글에는 중요한 단서들이 담겨 있습니다. "인간의 생존은 초지능 기계의 빠른 완성에 달려있다. … 그 후 모든 기계는 초지능 기계가 설계하게 되는데, 그들이 어떤 원리를 고안해 낼지 내가 어떻게 상상이나 할 수 있겠는가? 그럼에도 아마도 인간은 자신의 형상을 따라 데우스 엑스 마키나를 만들 것이다. … 최초의 초지능을 가진 기계가 인간이 만들 마지막 발명품이다."

인간의 생존을 위한 초지능 기계의 필연적 출현을 논의한 구드는 위 문장 뒤에 다음과 같은 단서를 붙입니다. "단 그 기계가 우리에게 자신을 어떻게 통제할 수 있을지 알려줄 정도로 순종적인 경우에 그러하다."

'데우스 엑스 마키나*deus ex machina*'는 고전 연극이나 문학작품에서 풀기 어려운 갈등을 해소하거나 결말을 짓기 위해 뜬금없이 도입한 극적 장면전환 장치로 '기계장치로 (무대에) 내려온 신'이라고 합니다. '기계 신*god from the machine*'입니다! 세월이 흐른 후 구드의 이 의구심은 결국 절망으로 바뀌게 되는데 뒤에 말씀드리겠습니다.

왜 미래는 우리를 필요로 하지 않는가?

2000년 컴퓨터 공학자 빌 조이*Bill Joy*는 「미래가 우리를 필요로 하지 않는 이유」라는 글에서 우려합니다. "20세기 우리의 가장 강력한 기술 ― 로봇, 유전, 나노 공학 ― 은 인류를 멸종위기에 처한 종으로 몰아간다. 우리가 아직 잘 인식하지 못하는 사실은, 이 기술은 이제까지 우리가 알던 기술과 전적으로 다른 차원의 위험을 초래한다는 점이다. 로봇, 유전공학의 산물, 나노 로봇은 폭발적 위험 요인을 공유하는데, 그들은 자기복제가 가능하고, 곧이어 [인간의] 통제를 벗어난다."

그 후 사태는 더 빠르게 변했고, 급기야 2014년 물리학자 스테판 호킹과 동료들은 경고합니다. "AI(Artificial Intelligence, 인공지능) 창조에 성공한다면 이는 인간의 역사에서 가장 중요한 사건이다. 하지만 함께 따라오는 위험을 피할 방법을 알아내지 못한다면 불행히도 이것이 마지막일 수도 있다. AI가 초래할 충격은 단기적으로 누가 그것을 장악하느냐에 달렸지만, 장기적으로 그것이 도대체 통제될 수 있는가에 달려있다."

포스트휴먼 미래의 가능성

이런 최근 기술의 변화 추세는 그 영향과 속도 측면에서 인간의 역사에서 유례를 찾을 수 없을 정도입니다. 예상되는 규모가 현생인류의 추락을 동반할 정도이니 현생인류의 출현 이후 가장 엄중한 사태로 기록될지 모릅니다. 의도하지 않았더라도 인간 스스로 '인간 이후Posthuman'의 역사를 열 가능성이 제기된 가공할 형국입니다.

문제는 이 진행이 인간의 삶과 미래를 고려하지 않고 상업적이며 군사적인 효용에 초점이 맞추어져서 군비 경쟁의 양상을 띠며 가속되는 점입니다. 디지털 기술의 발전이 세계의 불균형과 인간의 경제적 불평등을 심화시킨다는 근거가 있으며 인공지능을 둘러싼 국가와 기업의 사활을 건 무한 경쟁은 지금 전쟁 시기가 아님에도 상황을 더욱 악화시킬 가능성이 있습니다. 인간의 몸과 마음, 사회제도가 기술이 초래한 변화에 적응하기에 벅찬 상황이 전개되는 건데, 이 무책임한 도박판에 인간종의 명운이 걸린 셈이지요.

오늘날 인간의 기술은 기술의 창조자인 인간 자신에게 미증유의 위험을 초래할 수 있는 수준에 도달했습니다. 이제 누구도 결말을 낙관하기 어려운 실정이지요. 문제는 이러한 우려가 현실화될 시점이 수백 년 후가 아니라 금세기, 그것도 단지 앞으로 수십 년 후일 수 있다는 지적입니다. 금세기는 독자의 세기입니다.

상황은 통제 가능한가

과학이 상황을 이해하고 통제하고 있다는 인상을 독자께 드렸다면 실상은 다릅니다. 도리어 과학은 인간이 자연을 이해하고 있다고 장담하며 지금 긴히 필요한 우리의 대응 의지를 마비시키는 역할을 하는 측면이 있습니다. 그래서 저는 우주론에서부터 어디까지가 자연이 말해 주는 것이고 어디부터가 제한된 인간의 이해를 일반화한 추측인가를 구별하려 노력하였습니다. 구별은 쉽지 않습니다. 근대 인간의 자연 이해는 근대라는 시대상에 단단히 얽혀있는 거지요. 과학은 모형을 다루고 모형의 구축에는 가정들이 쓰입니다. 가정의 적용에는 한계가 있습니다. 따라서 인간의 자연 이해에는 엄중한 한계가 있습니다. 그리고 그 한계는 그다지 멀리 있지 않습니다.

지금 인간을 직접 위협하는 것은 군비 경쟁식으로 진행 중인 첨단기술의 가속적인 변화입니다. 지금의 세계 체제에서 첨단기술이 기업의 이윤과 국가의 야심에 봉사하도록 구성된 점은 부인할 수 없습니다. 불균형하고 불평등한 작금의 세계 체제와 이를 더 심화시키고 있는 기술의 방향 설정 모두에 문제가 있음은 분명하지요. 하지만 저는 세계 체제에 저항할 의사가 없고 기술에 대항할 생각도 없습니다. 지금 기술의 발전 방향과 속도에 문제가 있지만, 기술 자체에는 문제가 없습니다. 기술은 인간 정체성의 일부이기도 하고, 기술의 전개 방향은 사회가 설정하기에 그렇습니다.

과학과 기술의 구별

결국 문제의 본질로 돌아와야 하겠지만 저는 과학의 자연 이해에 관심이 있습니다. 과학의 방법론과 방향 설정에 문제가 있는지 살펴보려 합니다.

먼저 과학과 기술은 다릅니다. 저는 과학과 기술을 명백하게 구분합니다. 그 이유 중 하나는 과학과 기술 종사자에게 정체성을 물으면 거의 대부분 자신이 과학자인지 기술자인지 소속을 분명하게 밝힌다는 사실입니다. 두 가지 일을 모두 하는 학자조차 경계를 명백히 구별하는데, 더 나아가 두 분야는 이데올로기 자체가 다릅니다.

항공 공학자이자 물리학자인 폰 카르만Theodore Von Kármán은 "과학자는 존재하는 무엇인가를 연구하는 반면, 엔지니어는 결코 없었던 것을 만든다."고 말합니다. 공학자로서 정체성과 자부심이 느껴지지요.

구분에 대한 혼란은 과학은 공학적 성취를 과학의 성과로 포장하여 내세우기를 원하고 공학은 장인적 성취의 배경에 과학의 이해가 뒷받침하고 있다는 든든한 인상을 원하기 때문인지 모릅니다. 하지만 둘은 명백히 다릅니다. 과학자가 이론에 안주한다면 공학자는 현실과 마주합니다. 이 현실에는 단지 제품의 우수성만이 아니라 소비자의 변덕과 기호도 작용합니다. 이에 비하면 모형과 자연의 일치만을 지상과제로 삼는 과학은 처지가 편한 셈입니다. 공학자에게는 작동하면 됐지 진실인지 여부는 관심 밖입니다. 과학에 집중하는 제 논의는 과학과 기술을 혼동하는 애매한 연결고리를 끊어야 사태가 제대로 파악됩니다.

인간의 정체성은 기술과 분리해서 생각할 수 없습니다. 인간을 지금 문명을 이룬 인간이도록 만든 것이 바로 기술이지요. 호모 사피엔스의 출현은 구석기라는 기술로 특징 지워집니다. 언어학자 월터 옹Walter J. Ong은 구술에서 쓰기로 넘어가며 일어난 기술적 변화가 초래한 인간의식의 심화(물론 잃은 것도 있습니다!)를 논의하며 기술에 대해 "기술의 사용은 인간의 마음을 풍요롭게 하고, 인간의 정신을 넓히며, 내적인 삶을 강화할 수 있다."라고 지적합니다. 쓰기는 인쇄로 넘어가고 지금은 컴퓨터로 이어지며 변화는 심각하게 복잡해졌지요.

앞에서 저는 첨단기술이 초래할 위험을 나열했지 첨단과학을 문제 삼지는 않았지요. 해결책으로는 반대로 저는 첨단기술이 아니라 과학의 태도를 문제 삼습니다. 그 이유는 다음과 같습니다. 기술에는 인간을 위한 기술이라는 표현이 가능하고 실제로 이를 앞세우기도 하지요. 기술은 사회의 방향설정을 원하고 기대합니다. 기술과는 대조적으로 과학에서는 언제부터인지 과학 스스로 과학지식의 객관성과 보편성, 진실성을 내세우고 이런 태도가 사회적으로 용인되며 인간성을 상실했습니다. 과학은 인간과 무관하게 자연에 이미 존재하는 진실만을 다룬다고 주장하며 인간을 위한 과학이라는 말이 모순처럼 들리게 되었지요. 하지만 과학만이 아니라 인간의 모든 지식은 인간의 관심과 인간의 욕망에 얽혀있습니다.

근대사회에서 과학은 자연에 대한 지식을 독점하는 지위를 누립니다. 문제는 이 지식을 내비게이터로 기술의 방향설정에 중요한 조언을 주는 역할을 할 수 있고 해야만 함에도, 과학은 상업적 효용과 권력의 의지에 쉽게 조정될 수 있는 기술에 대해 비판과 방향설정보다는 마치 한 몸처럼 이를 정당화하는 역할을 하는 지경에 이르렀다는 점인데, 『과학』에서 더 자세히 다루겠습니다.

과학은 자연에 대한 인간의 이해, 즉 이론입니다. 이론은 모형입니다. 자연의 실재나 진실과는 다른 개념적인 거지요. 특수한 목적을 가지고 인간의 창의력으로 구성된 모형이기에 객관적이라는 표현은 수사일 뿐 내용 없는 허구입니다. 자연의 전망에서 저는 자연에 대한 근대인의 세계관을 구성하는 과학에서 우리의 당면 문제를 푸는 실마리가 있는지 찾아보려 합니다. 과학이 객관적 사실을 드러내는 지식이라거나 아니면 적어도 '인간을 위한' 지식이라면 좋겠지만 실제는 그렇지 않고 역사적으로도 그래왔습니다.

무지에 대한 무지

저는 자연의 실상은 알지 못합니다. 하지만 과학의 실상에 대해서는 19세기 작가인 사무엘 버틀러Samuel Butler가 핵심을 짚었다고 봅니다. "과학이란, 사실 우리 자신의 무지에 대해 무지하다는 표현에 불과하다."

과연 과학은 주장의 한계에 주의를 기울이지 않습니다. 과학의 무지에 대한 무지란 한계에 대한 무지입니다. 한계 너머야 모르는 것이 당연하지만 그 한계(무지)를 분명히 하지 않는 태도를 말합니다. 주장이 어디까지 적용되는지 모르니, 자신이 무얼 모르는지 모르는 거지요.

예를 들면, 한계가 있음이 분명함에도 뉴턴의 중력이론을 만유인력이라고 하지요. 한계는 말하지 않고 틀린 점이 밝혀지기 전까지는 맞는다고 간주하겠다는 자세를 견지합니다. 목적 지향적이고 목적을 위해 이치에 맞게 효율성을 추구하는 소위 합리적인 사고인데, 과학의 전형적인 태도입니다. 먼지 모형(원리)을 징하고 여기에 맞추어 연역적으로 모형의 세부 사항을 자연과 맞추어갑니다.

합리적 사고는 효율을 우선에 둔 전문가적 사고 혹은 관료적 사고입니다. 상황을 반성적으로 돌아보는 비판적 사고와 대비되지요. 흥미롭게도 이 점은 널리 다르게 알려져 있습니다. 현실의 과학은 합리적 사고를 하지 비판적 사고를 권하지 않습니다. 비판을 하더라도 뚜렷이 주어진 한도 안에서만 비판적입니다. 모형을 성립시킨 근본 가정은 감추어져 있고, 비판하지 않습니다. 요컨대 과학은 모형의 테두리 안에서 합리성을 적용하는 거지요.

화이트헤드는 "무지가 아니라, 무지에 대한 무지가 지식의 죽음이다."라고 진단하며 버나드 쇼George Bernard Shaw는 "잘못된 지식을 조심하라. 그것은 무지보다 더 위험하다."라고 경고합니다.

예컨대 복용안내서에 한계를 명시하지 않으면 경우에 따라서는 치명적인 결과를 유발할 수 있고 법적 제재를 받게 됩니다. 지도나 여행안내서, 네비게이터도 마찬가지일 수 있습니다. 과학은 자연에 관한한 근대세계가 신뢰하는 지식의 생산, 관리, 배포에 독점적인 지위를 보장받고 있다는 점에서 그 중요성과 한계에 대한 책임을 가늠해볼 수 있습니다.

앞에서 '우주의 본성'과 '보편적 자연'을 염려하는 사람을 소크라테스가 미친 사람이라고 매도했지요. 크세노폰은 소크라테스의 의견을 분명히 전합니다. "그에 따르면, 광기는 지혜의 반대였다. 그럼에도 그는 광기와 무지를 같다고 보지는 않았다. 하지만 자신은 알지 못하면서 자신이 모르는 일에 대해 알고 있다고 생각하는 사람은 광기 옆에 두었다." 소크라테스에게 무지에 대한 무지는 광기에 가깝습니다. 그는 단순한 무지는 문제 삼지 않습니다. "그들이 알아야 할 것을 모르는 사람은, 그것을 알고 있는 사람으로부터 배우면 된다."

과학의 숨겨진 보완책

하지만 과학에는 무지에 대한 무지라는 심각한 약점을 가려주는 한 가지 흥미로는 장점이 있습니다. 자연과의 비교가 아닙니다! 대신할 모형이 나오고 대세가 기울어지면 언제 그랬냐는 듯이 새 걸로 갈아타는 거지요. 지나간 이론이 지배했던 상황을 부끄러워하거나 사과하지 않습니다. 보통 이런 과정을 (사안이 크다면) 과학혁명이라고 하며 도리어 자랑스러워합니다. 모든 과학자의 숨겨진 로망일 겁니다. 버려진 이론과 지금은 분명해진 가정과 한계를 무시했던 지난 시절을 비웃기도 하지요. 새로운 모형이 더 낫거나 옳을 필요는 없습니다. 더 많은 연구생산물을 보장하느냐가 중요합니다. 제 표현이 어떻게 들리든 종종 일어나는 모형의 세대교체는 역사적으로 드러난 과학이 가진 중요한 장점입니다. 특히 종교와 비교하면 장점이 두드러집니다.

문제는 딱히 갈아탈 만한 모형이 등장하기 전에는 기존 모형에 완고한 보수성을 드러낸다는 점입니다. 그러다가 새로운 모형으로 바꿔 탄 후에는 이 새로운 모형에 무한 신뢰를 보내며 무지에 대한 무지를 다시 시연합니다. 가정이나 한계에는 신경을 끄고 모형에 대한 신앙심에 가까운 신념을 보입니다. 이 정상과학의 단계에서 과학자의 태도는 종교에서와 유사합니다. 가정이니 한계니 하는 말은 철학적 관심이라며 듣기도 싫어합니다.

과학자 사회에서 흔히 볼 수 있는 독특한 관습은 상대편의 과학을 기혹하게 폄하하기 위해 칠학이라며 매도하는 방식입니다. 철학이라는 단어의 특이한 용법이지요. 철학의 주장은 증명할 수 없다는 의미에서 쓰인 것 같지만, 저는 이런 용법에 동의하지 않습니다. 모형은 실재와는 다르고 자연과의 비교로는 일관성만을 확인할 뿐 증명할 수 없다는 점에서 과학의 처지도 철학과 크게 다르지 않습니다.

전문가로서 얻은 지식의 의미를 철학적으로 사유해야 마땅한데 이상하게도 작금 과학에서 과학자는 과학전문가로 남기를 자처하고 장려하는 분위기입니다. 『과학』에서 자세히 말씀드리겠지만 이건 교육의 문제이기도 합니다. 과학자의 교육에서 과학사와 과학철학은 철저히 배제됩니다. 과학사와 과학철학은 심지어 인문학에서 다루어지는데, 이 점은 세계 공통입니다. 과학과 인문학의 오랜 반목은 제법 드러나 있지요. 과학계는 과학 자체를 연구 대상으로 삼고 관심을 보이는 이 두 분야를 배척하고 우주론에서 보았듯이 적대감을 드러내기까지 합니다.

과학의 무지, 기계의 발호, 인간의 추락

"동물의 정신이 식물의 것과 다르듯이 현재 알려진 모든 형식과 다른 새로운 형식의 정신단계가 출현하지 말라는 이유가 있는가? 아직은 기계가 의식이 거의 없다는 사실 때문에 기계에서 궁극적으로 출현하게 될 정신에 대항해 안전을 확보할 방법은 없다.

나는 지금 존재하는 기계들 중 어느 것도 두려워하지 않는다는 점을 다시 강조한다. 내가 두려워하는 지점은 그들이 지금 존재하는 것과는 매우 다른 무언가로 변하고 있는 범상치 않은 속도다. 과거 어느 때에 어떤 종류의 존재도 그렇게 빨리 변화하지 않았다. 우리가 계속 확인할 수 있는 동안만이라도 그 변화가 빈틈없이 감시되어야 하지 않을까?

지금 이 시간에도 기계에 속박된 상태에 사는 사람이 얼마나 많은가? 얼마나 많은 사람들이, 요람에서 무덤까지, 온종일 밤낮으로 기계를 돌보는 데 일생을 소모하는가? 기계에 노예처럼 묶여있는 사람들과 기계 왕국의 발전에 온 영혼을 바치는 사람들의 수가 점점 늘어나는 것을 생각할 때 기계가 우리 위에 올라타고 있는 상황이 분명하지 않은가?

우리 스스로 지구의 최상위를 차지할 후계자를 창조하고 있지는 않은가? 결국 사람의 삶과 기계의 삶의 차이는 종류가 아닌 정도의 차이일 뿐이다. 그렇다면 지금은 기계적 에너지를 생산할 수 없는 존재[인간]가 하자는 대로 따라하는 유아기 단계인 기계가 미래에 활력을 갖는 데 대해 어떻게 반대할 수 있는가? 인간이 기계에 작용하고 기계를 만들 듯이 기계도 인간에 작용하고 그를 인간으로 만든다.

우리가 선택하지 않으면 … 우리는 우리가 창조한 피조물에 의해 점차 대체될 것이다. 결국 우리와 그들을 비교하는 것이 들판의 짐승과 우리를 비교하는 것보다 덜하지 않을 때까지.”

사무엘 버틀러의 유토피아/디스토피아 소설 『에레혼Erewhon』의 내용입니다. 요즘이 아니라 150년 전인 1872년 증기기관의 전진을 보며 미래를 내다본 이야기입니다.

버틀러는 기계의 발호와 그에 따른 인간의 몰락을 처음으로 예견했던 사람이기도 합니다. ‘과학의 무지’, ‘기계의 발호’, ‘인간의 추락’ 이 세 가지가 서로 연관이 있는 건데요. 1863년에 쓴 글에서 그는 기계의 발호와 인간의 추락에 대해 말합니다. “인류의 자리를 이을 자는 누구인가? 이에 대한 답은: 우리가 우리의 후계자를 창조한다는 것이다. 결국 [미래에] 인간을 기계와 비교하는 것은 [현재] 말이나 개를 인간과 비교하는 것과 같게 될 것이다; 결론은 기계들이 생명을 갖게 된다는 것이다." "기계들이 우리에게 근거를 확보하고 있다; 하루하루 우리는 차츰 그들의 보조가 되어간다."

한계를 무시하는 태도의 위험성

모르면서도 안다고 믿으면 큰 위험을 초래할 수 있습니다. 왜 그런지는 굳이 설명이 필요치 않을 겁니다. 그런데 문제는 과학이 바로 그런 주장을 하는 지식의 전형처럼 보인다는 점입니다. 과학은 주장의 적용 한계에 관심을 기울이지 않기에 그렇습니다. 인위적이고 특수한 상황에서 얻은 결과임에도 맹목적 일반화가 일상화되어 있지요.

그럼 과학이 정말 자연을 잘 모르면서 안다고 주장할까요? 제 글의 많은 논의가 이 점에 초점을 맞춥니다. 한계를 인지하면 그 너머에 대한 무지를 인정하게 됩니다. 무지를 인정하면 대상을 통제할 수 없음을 받아들이게 되지요. 이는 대상에 대한 두려움 혹은 경외감으로 이어집니다. 따라서 함부로 대하면 안 된다는 조심스러운 행동으로 이어질 수 있지요.

제론 레니어는 "우리는 우리가 실재에 대해 안다고 생각하는 것보다 적게 안다는 가정을 하는 편이 가장 좋다는 관점에서 시작하여야 합니다. … 아마도 실재에는 우리 생각보다 훨씬 많은 것이 있을 겁니다."라고 말합니다.

저는 안이한 마음으로 위험 시대의 심연을 향해 멋모르며 달려가는 우리에게 지금 진정 필요한 일이 이런 살얼음 위를 걷는 듯한 '조심스러운 태도와 행동'이라고 강조하려 합니다. 기술 변화의 속도를 조절하며 생각하고 적응할 시간을 벌어야 합니다.

과학의 역할

과학은 자연을 대하는 근대 인간의 창 역할을 합니다. 국가적으로 공인되었고 사회적으로 신뢰받고 있습니다. 과학이 한계를 인지한다면, 맹목적으로 이윤과 권력 추구에 동원된 기술 발전을 제어하고 성찰하며 인간을 위한 기술로 방향을 설정하는데 일정한 역할을 할 수 있으리라 기대합니다. 모르면서 함부로 행동하면 위험하다고 경고하겠지요. 인간의 사회가 가능한 변화를 인지하고 적응할 시간을 벌도록 속도를 늦추자고 할 것입니다. 지금 우리는 기술에 관해 판단하고 방향을 설정할 시간을 벌어야 합니다. 하지만 현실의 과학은 반대로 단기적 이익의 원천으로서 가공할 기술 발전을 앞에 두고도 도리어 사람들에게 안심해도 된다는 립 서비스를 제공하고 보증하는 역할을 나서서 수행하는 형국입니다.

이제는 과학 스스로도 권력을 위한 기술 발전에 직접 참여하고 일조할 수 있다고까지 앞장서 주장하는 형편이지요. 예를 들어, 유전 공학에서 장기적 부작용은 겪어보아야만 알 수 있지만, 전문가들은 과학을 내세워 자신들이 사태를 이해하며 통제한다는 인상을 주기 위해 노력합니다. 더하여 인공지능 연구나 유전공학을 포함한 첨단 기술에는 큰 금전적 이해관계가 걸려있는 경우가 많습니다. 이해관계가 있는 사람이 솔직하며 공정하리라 기대하기는 힘듭니다.

문제는 과학이 오늘날 자연을 대하는 공인된 세계관을 제공하면서도 그에 걸맞은 책임과 역할을 저버린 채, 지금 인간이 확보한 미증유의 기술과 과학의 한계에 무지한 태도를 결합하여, 인간을 존재론적 위험으로 몰아가는 점입니다. 근대의 세계관으로서 과학이 모르면서도 안다고 주장하며 인간종의 최후를 선시할지 모르는 위협으로부터 인간의 눈을 가리는 역할을 하는 셈입니다. 근대 사회에서 의도치 않게 과학이 이런 역할을 하고 있는 거지요. 자연의 전망 전체에 걸친 주제입니다.

기술 문명의 미래를 보여주는 우주의 상황

한편, 이런 전대미문의 기술 변화가 인간을 추락시키더라도 지구 생명의 '인간 이후' 행로가 우주적 사태로까지 비화할 가능성은 적다는 우주적 증거가 있습니다. 이번 장의 주제입니다. 우주의 나이에 비해 지구와 지구 생명의 역사는 한참 후발 주자에 해당하는데 막상 인간이 경험한 우주는 뜻밖에 조용하다는 사실입니다. 우리 은하 안에만 별이 수천억 개 있으며 그중 오래된 별의 나이는 우주의 나이와 맞먹습니다. 우주의 역사에서 지구보다 훨씬 앞서 다른 행성에서 출현한 생명의 전개가 지구에서처럼 '인간 이후'를 지향했다 하더라도 그들이 우주 문명으로 확산된 조짐이 지구까지 전해지지 않았다는 건데요. 지구 기술 문명의 미래를 보여줄 수도 있었던 그들은 자신의 보금자리에서 어떤 운명을 맞이했을까요?

외계 문명과의 조우는 인간이나 지구 문명의 미래와 조우하는 셈입니다. 그럼 지구 기술 문명의 미래와 운명은 어떻게 되는 걸까요? 우주의 이 거대한 침묵은 인간 혹은 미래 지구 생명의 기술 문명 발전에 성간 여행과 교신을 가로막는 일정한 제약이 있음을 암시합니다. 우리는 지구에 갇혀있는 거지요. 그들도 자신들의 행성에 고립되어 있을까요? 생명이 그들을 탄생시킨 행성을 떠나 우주로 진출하는데 필요한 기술이 그 기술 문명이 탄생한 행성을 전복시킬 만한 수준이라는 점도 눈길을 끕니다. 우주의 상황은 작금 진행 중인 인간 기술 문명의 미래에 대해 호의적인 전망을 보여주지 않습니다. 우주생물학에서 다룰 엄중한 주제입니다.

2

우주와 생명

우리뿐인가?

"개인이 모임에서 혼자가 아니듯이, 사회에 속한 어떤 사람도 다른
이들로부터 혼자가 아니듯이, 인간은 우주에서 혼자가 아니다."

인류학자 레비-스트로스Claude Lévi-Strauss의 『슬픈 열대』 마지막 문단
의 시작입니다. 저도 같은 생각입니다. 그렇다고 지금 우리가 외계
생명의 존재에 대한 어떤 확실한 증거를 가지고 있지는 못합니다.

큰 기대

우주에 우리뿐인지는 아직 풀리지 않은 물음입니다. 외계에서 생
명을 기대하는 가장 오래된 기록은 기원전 4세기 키오스의 메트로도
루스Metrodorus of Chios가 한 말이라고 합니다. "무한한 공간에서 지구만

이 유일하게 살 수 있는 세상이라고 하는 것은 전체 들판에 기장 씨를 뿌린 후, 그중 단 하나의 씨앗만이 싹이 트리라고 주장하는 것만큼이나 어리석다." 13세기 수도사이며 주교였던 성 알베르투스 마그누스Saint Albertus Magnus는 "거기에 많은 세상이 있을까, 혹은 단지 하나뿐일까? 이것은 자연 탐구에서 가장 고결하고 고양된 질문 중 하나이다."라고 말합니다.

서양과 비교할 때 동양에는 외계 생명에 관한 사색이 현저히 드물지만, 없지는 않습니다. 같은 시기 동양에서는 탱무滕牧, Teng Mu가 지적합니다. "하늘과 땅이 크기는 하지만, 전체 공간에서 보면 그들은 단지 한 톨의 작은 쌀알에 불과하다. … 이는 마치 빈 공간 전체에 나무 하나만 있는 것처럼, 하늘과 지구가 단 하나의 열매라는 것과 같다. 빈 공간은 한 왕국과 같으며, 하늘과 땅은 그 왕국에 사는 한 개인에 지나지 않는다. 한 나무에는 많은 열매가 있고 한 왕국에는 많은 사람이 있다. 우리가 볼 수 있는 하늘과 땅 이외에는 다른 어떠한 하늘이나 어떠한 땅도 없다고 가정하는 것이 얼마나 어리석은가."

칸트는 유명한 책 『순수이성비판』에서 뜬금없이 태양계 안 외계 생명의 존재에 도박을 걸 정도로 열성을 보입니다. "만일 이 문제에 대해 어떠한 경험적인 검증이 가능하다면, 나는 우리가 보는 행성들 중 일부에 거주자가 있다는 내 믿음에 나의 모든 세속적인 재물을 걸겠다. 따라서 나는 다른 세계들 또한 거주자들이 있다는 관점이 단순한 견해인 정도가 아니라 (삶의 많은 장점을 걸 정도로 진실이라는) 굳은 믿음이라고 말하는 것이다." 200년도 더 지난 지금 결과는 어떨까요? 칸트가 내기에서 명백히 이기지는 못했지만, 그가 말한 거주자가 미생물 수준이어도 된다면 지지도 않았습니다. 문제의 성격상 상황은 항상 아슬아슬합니다.

실망과 다시 싹트는 기대

우주가 지적인 생명으로 충만하다는 믿음은 20세기 중반 인간이 우주에 직접 다가가면서 퇴보합니다. 외계 생명에 대한 우리의 믿음이 과학의 작은 행보에 크게 좌우되었던 건데, 그 전에 가졌던 외계 생명의 광범위한 존재에 대한 믿음이 근거가 있는 것이 아니었듯이, 인류가 달과 화성에 탐사선을 보내 일부 확인해 본 결과가 우주가 생명으로 충만하지 않다는 근거가 되는 것 또한 아닙니다.

20세기 말에 발견되기 시작한 지구 생명의 뜻밖의 다양한 적응 모습과 생명에 호의적으로 보이는 우주 환경에 대한 우리의 이해 그리고 외계 행성의 발견은 우주와 생명에 대한 우리의 믿음을 다시 한번 바꾸기 시작하고 있습니다. 우리가 이제껏 가져보지 못한 기술의 도래는 외계 생명에 대한 과학적인 접근을 가능하게 해줄 가능성을 보여줍니다. 같은 기술은 동시에 우리의 미래에 대한 불투명한 전망을 주기도 하는데, 이 점은 우주와 생명에 대한 우리의 전망과도 관련이 있습니다.

1996년 화성에서 날아온 운석에서 미생물을 닮은 흔적이 발견되었고, 이것이 화성 생명체의 화석이라는 주장이 발표되었습니다. 그후 무생물적 과정을 통해서도 비슷한 모양이 만들어질 수 있다는 주장이 제기되며 이를 화성 생명체의 명백한 증거로 볼 수는 없게 되었습니다. 이 문제는 지금 미해결 상태로 남아있습니다. 여기에 대해서는 "충격적 주장에는 충격적 증거가 필요하다."라는 말이 적절할 듯합니다. 칼 세이건이 UFO 목격담에 대하여 한 말로 보이지만 과학의 주장에 대해서도 마찬가지입니다. 과학이라면 더욱 주장에 맞는 엄격한 증거가 필요하지요. 이 에피소드는 앞으로도 외계 생명의 발견에 대한 합의가 그리 순조롭지만은 않을 것을 암시합니다. 그러나 증거를 요구하는 태도는 과학이라면 당연합니다.

당시 미국 대통령인 클린턴Bill Clinton이 직접 "만일 이 발견이 확증된다면 그것은 과학이 이제까지 우리 우주에 대해 밝혀낸 사실 중 가장 충격적인 통찰을 제공하는 것임이 틀림없습니다."라고 발표합니다. 외계 생명 발견의 중요성에 관한 이 표현은 지금도 유효합니다.

마틴 리스는 "증거의 부재가 없다는 증거는 아니다."라고 지적합니다. 이 점에서 외계 생명 탐사는 찾아질 때까지 결코 끝나지 않을 과제일 수 있습니다.

우주로 진출하는 인간의 미래에 한없는 희망을 보내는 프리만 다이슨은 말합니다. "앞으로 50년 안에 일어날 가장 큰 성취는 외계 생명체의 발견일 것이다. 우리는 과거 50년간 그것을 찾아 왔으며 아무 것도 발견하지 못했다. 이는 생명이 우리가 희망했던 것보다 드물다는 것을 증명하지만, 우주가 공허함을 증명하지는 않는다. 우리는, 가시광이나 전파 검출기와 자료처리 과정의 발전을 통해, 지금에야 효과적이고 멀리까지 찾을 수 있게 해주는 도구들을 갖추고 있다."

연구 대상부터 찾아야 하는 분야

하지만 아직 외계 생명의 명백한 증거가 없는 상태에서 우주생물학이라는 학문은 연구할 대상부터 찾아야 하는 분야라는 약점을 지적받기도 합니다. 저명한 고생물학자인 심슨George Gaylord Simpson은 1964년 당시 큰 주목을 받으며 떠오르던 외계생물학에 대한 학제적 관심을 신랄하게 비판합니다. "외계생물학이라고 하는 새로운 과학에 대한 인식이 높아지고 있지만, 그 전개에서 기이한 점은 이 '과학'이 아직 연구할 주제기 존재한다는 깃조차 보여주지 않았다는 사실이다. … 이것이 역사상 가장 불리한 확률의 도박이라는 사실을 보아야 한다. 그럼에도 도박을 계속하고 싶다면, 적어도 우리가 하고 있는 일이 냉정한 과학 프로그램이라기보다 한바탕 흥청거리는 행태와 비슷하다는 점을 알아야 한다." 이런 약점을 벗어나기 위해서인지 지금은 외계생물학보다는 우주생물학이라는 이름을 선호합니다. 여기에는 지구생물학이 포함됩니다.

그런데 발견되지 않은 대상을 발견하려는 일이 연구의 가장 큰 목적인 경우가 물리학이나 천문학에서는 흔합니다. 예를 들면, 우주론의 중요한 연구 주제인 암흑물질, 암흑에너지는 이론적으로 예측되었지만 아직 발견된 적이 없습니다. 2012년까지는 힉스Higgs 입자가 그랬고, 2016년까지는 중력파가 그랬지요. 이런 주제들은 추상화된 이론이 동원된 예측인 반면, 외계 생명은 항상 있다고 상상해온 존재입니다. 우주생물학도 외계 생명의 발견 자체가 충분히 중요한 목적인 주제로 볼 수 있습니다.

외계 생명을 발견하게 된다면 이는 과학 탐구를 넘어 의심할 여지없이 인간 탐구의 역사에서 가장 중대하고 충격적인 발견 중 하나가 될 것입니다. 외계생명의 발견은 목적의 달성으로 끝나지 않습니다. 반대로 우주생명 탐사의 새로운 시작이 될 것입니다.

아직 외계에서 생명을 확실하게 발견하지 못한 사실도 중대한 의미를 지니는데, 우리의 논의는 여기에서 시작됩니다. 이런 상황은 지금 인간 기술 문명의 단계에서 예상할 수 있는 사람들의 기대와 많이 다르기 때문입니다.

우연과 필연

외계 생명에 관한 생각에는 두 가지 극단이 동시에 존재합니다. 분자생물학자인 모노Jacques Monod는 "인간은 결국 거대하고 감정이 없는 우주에, 단지 우연으로 나타난, 홀로 떨어진 고독한 존재임을 깨닫게 되었다."라는 감상적인 말로 자신의 유물론적 믿음에 근거를 둔 1971년 저서『우연과 필연』을 마감합니다. 분자생물학을 개척한 그는 "우주는 생명을 잉태하지 않았으며, 생명권 또한 인간을 잉태하지 않았다."라고 단정합니다. 고생물학자 굴드Stephen Jay Gould도 비슷하게 말합니다. "우리는 복잡성을 향한 추구도 없었고 예측도 불가능한 과정에 따른 영광스러운 우연의 결과물이지, 자신의 필연적 출현을 이해할 수 있는 존재가 나타나도록 갈망하는 진화의 원리에서 예상할 수 있는 결과물이 아니다."

한편 생화학자 디두브Christian de Duve는 1996년『살아있는 티끌Vital dust』에서 모노와는 정 반대의 주장을 합니다. "우주는 생명을 잉태한 상태다. 생명은 우주의 필연이다! 생명은 어디서고 물리적 조건만 (지구와) 비슷하다면 거의 필연적으로 출현한다. 생명의 역사에 널리 퍼져있는 결정론과 제한된 우연성의 관점에서는 … 생명과 마음은 변덕스러운 우연의 결과가 아니라, 우주의 바탕에 짜여진, 물질의 자연스러운 발현이다." "우주는 물리학자들의 측정을 위해 그저 약간의 생명이 더해진 죽은 세계가 아니다. 우주는 필요한 기반이 갖추어진 생명이다. 우주는 먼저 그 밖의 우주에서 형성되고 유지되는 수조 개의 생명권으로 구성된다."

우주에서 생명이 필연적으로 광범위하게 출현하는지 혹은 우연에 의해 드물게 나타나는지는 외계에서 생명이 발견되기 전까지는 계속 논쟁거리로 남을 겁니다. 답이 우언이나 필연 두 극단 중 하나일 가능성은 적겠지요.

데모크리토스Democritus는 "우주에 존재하는 모든 것은 우연과 필연의 산물"이라고 말하고, 괴테는 "이 우주의 구조는 우연과 필연으로 짜여있다. 인간의 이성은 이것들 사이에 자신을 위치시키며, 필연을 자신 존재의 기반으로 간주하고 우연을 자신의 목적을 향하도록 용케 조정하면서, 그들을 어떻게 통제하는지 안다."라고 말합니다.

우연과 필연이라는 두 극단의 믿음이 함께 공존한다는 점은 우리가 지금 상황에 관하여 거의 완전히 무지함을 알려줍니다. '무지'는 자연의 전망 전체를 관통하는 주제입니다.

칼 융은 "알려진 사실이 적은 경우, 추측은 개인의 심리를 대변할 가능성이 높다."라고 지적합니다.

공간의 낭비

우주의 얼마나 많은 곳에 생명이 있을까요? 지금은 사라졌더라도 지금 인간 수준에 도달한 문명을 허락한 행성은 우리로부터 얼마나 가까이 있을까요? 문명은 어느 단계까지 발전할 수 있을까요?

칼라일의 지적은 의미심장합니다. "한 서글픈 광경. 만약 그곳에도 거주자가 있다면, 비참과 어리석음이 도대체 얼마나 넓게 퍼져있다는 말인가. 만약 살지 않는다면, 얼마나 많은 공간의 낭비인가."

외계에서 생명을 찾아내기는 쉽지 않겠지만, 의외로 쉽게 발견될 수도 있습니다. 이를테면 그들이 스스로 우리 앞에 출현할 수도 있습니다. 불행인지 다행인지 아직 이런 상황이 벌어지지는 않은 것으로 보입니다. 또한 태양계의 여러 천체에도 생명이 존재할 가능성이 있습니다. 지금 말이지요. 화성에도 현생 생명이 살고 있을 가능성을 보여주는 여러 증거가 있습니다.

우주생물학자 맥케이Christopher McKay는 "그들이 우리와 비슷하다면 찾기는 쉽겠지만 흥미롭지 않다. 우리와 다르다면 [찾기] 어렵겠지만 흥미롭다."라고 지적합니다. 지구 생명과 다른 외계 생명의 발견은 그만큼 생명에 대한 이해를 넓혀줄 수 있습니다.

새로운 관심

최근 우주생물학이 큰 관심을 받고 있습니다. 외계 생명에 관한 관심은 서구에서는 고대 그리스 시절 이후 계속되어왔지만, 지금은 우주에 생명이 보편적으로 존재할 가능성을 지지하는 몇 가지 이유가 새로 추가되었습니다.

먼저, 지구의 극한 환경에 서식하는 미생물들이 발견되었습니다. 예를 들면 아주 높거나 낮은 온도, 강한 압력이나 진공, 강한 소금기, 강한 산도나 알칼리도, 건조한 지역, 양분이 거의 없는 지역, 암석 속, 추운 사막의 암석 속, 중금속 함량이 높은 지역, 산소가 없는 환경, 극한 화학적 환경, 강한 복사나 방사선 따위의 가혹한 환경에서 생존하는 미생물들입니다. 이들은 대부분 단세포의 미생물입니다. 이 생명들은, 우리가 보기에 극한인 환경에서 그저 생존하는 것이 아니라, 이러한 환경이 아니면 생존할 수 없습니다.

높은 온도로는 섭씨 122도에서도 사는 생물이 알려져 있습니다. 압력이 높을 때 물의 끓는점이 높아지며, 심해저 열수구hydrothermal vent

근처에서는 섭씨 450도 정도에서도 물이 끓지 않는 액체 상태에 있습니다. 해저 열수공 근처에 사는 이런 미생물은 높은 온도에서 견디기만 하는 고통을 즐기는 괴짜가 아니라, 도리어 온도를 낮추면 살 수 없는 생물입니다. 이런 극한 환경에 사는 기이한 미생물들이 현생 지구 생명의 최초 조상에 가깝다는 사실을 알게 되면 진짜 괴짜는 그들이 아니라 그들 관점에서는 맹독성 기체인 산소환경에 노출되고서도 태연히 사는 우리 인간인지도 모릅니다. 극한 환경 미생물의 발견은 우주에 생명이 살 수 있는 영역을 극적으로 넓혀줍니다.

한편, 다양한 극한 환경에서 생명이 발견되고 있지만 액체 상태의 물이 없는 상황에서 주된 생명 활동을 하는 지구 생명은 아직 발견되지 않았습니다. 일부 박테리아는 물이 없는 상황에서 포자 상태로 살아남을 수 있지만, 포자벽이 세포 속의 액체를 유지하고 있습니다. 바이러스도 수분 없이 결정화된 상태로 살아남을 수 있지만, 다른 세포 안에서 액체 상태 물을 만나야 증식을 시작할 수 있습니다.

지구 생명의 기원에 대한 이해에 따르면, 생명의 특성과 지구에서 생명이 나타난 과정이 우주에서 드물거나 특이한 조건을 필요로 하진 않아 보입니다. 예를 들면, 생명을 구성하는 주요 원소가 우주적 규모에서 가장 흔한 원소들이라거나, 물이 우주에서 흔한 점, 생명의 기본 구성단위가 여러 환경에서 쉽게 만들어지고 운석 등 외계에서도 흔히 발견되는 점, 생명에 필요한 다양한 에너지원이 외계에 존재할 가능성, 지구에서 조건이 갖추어지자 곧 생명이 나타난 정황 증거 따위가 그렇습니다.

외계 행성의 발견

더하여, 1980년대 말 드디어 외계에서 행성이 발견되기 시작했지요. 그 수가 꾸준히 늘어나 2020년 7월 1일 확정된 수가 4281개를 넘어섰습니다. 날짜를 분명히 해야 할 정도로 바쁘게 증가하고 있지요. 지구 정도 크기를 가진 행성도 발견되었고, 은하 안의 별의 수를 훨씬 넘어선 행성이 별 주위에 있다고 추정됩니다. 흥미로운 점은 외계 행성계의 상황이 태양계와는 상당히 다르다는 사실입니다. 관측방법이 선호하기 때문이기는 하지만 목성보다 무거운 행성이 수성보다 더 별에 가까이 있는 경우도 많고, 궤도의 이심률이 원에서 많이 벗어난 행성도 다수 발견되고 있습니다. 외계 행성은 주로 행성의 공전에 대한 반동으로 전해진 별의 공전을 분광 도플러효과로 관찰하여 발견합니다. 지금 측정 가능한 도플러효과를 속도로 환산한다면 초당 약 1m의 움직임을 감지할 수 있습니다. 지구의 공전으로 해가 움직이는 속도는 초당 9㎝, 목성 때문에 움직이는 속도는 초당 12.7m이고 공전주기는 11.8년입니다.

칼 세이건은 "우리의 시대는 다른 세계로 탐험을 시작한 시기로 기억될 것"이라고 말합니다.

이런 학술적 이유 말고도 빼놓을 수 없이 중요한 점은, 우주 시대의 도래와 외계인에 대한 일반인의 지속적인 관심입니다.

우주에 생명이 어떤 양상으로 분포하고 우리로부터 얼마나 가까이 있는지는 이제 인간의 기술력이 가까스로 탐색해 볼 수 있는 수준에 이르고 있습니다. 문제는 사실상 동일한 기술을 인간이 감당하기 어려울 수 있다는 우려입니다. 먼저 지구 생명에 대한 우리의 이해를 살펴보겠습니다.

3

생명이란 무엇인가?

멘델레프Dmitri Mendeleev의 주기율표를 아무리 들여다보아도 우리는 생명의 가능성을 볼 수 없습니다. 어떠한 조짐도 찾을 수 없습니다. 그렇다고 과학은 생명을 구성하는 물질이 물리-화학의 법칙을 뛰어 넘는 무언가에 지배받고 있다고 보지는 않지요. 즉, 생명은 물리-화학법칙으로 설명할 수 있지만, 다체계에서 물리-화학법칙이 허용하는 자발적으로 발생한 출현emergent 현상의 하나일 거라고 간주합니다. 하지만 이런 표현은 앞으로 어떻게 되겠지 하며 우리를 안심시키는 역할을 할지는 모르지만, 물질과 생명 사이에 어떠한 연결점도 제공하지 못합니다.

이러한 안주는 도리어 이 연결고리를 찾으려는 시도를 막는 효과를 낼 수 있습니다. 생명이 원자로 구성되어 있다는 사실이 원자에 대한 물리-화학의 탐구가 생명을 규명하는데 충분하다는 주장으로 이어지지 않습니다. 둘 사이에 놓인 무지의 심연에 대해서는 『물질』 과 『생명』에서 더 자세히 탐색합니다.

생화학자 오파린Alexander Oparin은 "지구 생명이란 우주에서 물질이 진화하는 과정에서 이르게 되는 여러 질서의 수준들의 하나에 지나지 않는다."라고 말합니다. 이 지적은 생명이란 물리나 화학의 관점에서 별거 아니라는 인상을 주지만 다른 한편으로 우리 우주에서 허용하는 물질의 진화가 어느 단계까지 이를 수 있는지, 그리고 지금 지구에서 벌어진 생명의 수준은 어느 단계에 해당할지에 대한 상상을 자극합니다.

생명의 정의

생명이 무엇인지에 대한 정의는 우주생물학에서 중요합니다. 생물학자는 생명이 무엇인지 규정하지 않고도 이미 존재하는 생명을 탐구할 수 있겠지만, 우주생물학자라면 우리가 무엇을 찾는지는 알아야겠지요. 먼저 예상하지 않으면, 즉 생명에 대한 모형이 없으면, 보고도 지나칠 수 있습니다. 물론 반대일 수도 있지요. 생명은 어때야 한다는 선입관(모형)으로 인해 생명과 조우하고도 이를 무시할 수 있습니다. 우주생물학 외에 생명의 기원과 인공생명에 대한 탐구에서도 생명의 정의가 중요하다고 알려져 있습니다.

생명은 보면 쉽게 알 것도 같지만, 뜻밖에도, 생명을 정의하기는 그리 쉽지 않습니다. 그 이유는 곧 밝히겠습니다만, 브리타니카 백과사전을 보면 생리physiological, 대사metabolic, 유전genetic, 생화학biochemical, 열역학thermodynamic이라는 다섯 가지 기준에 따라 생명을 정의합니다.

생리는 기능적인 면에서 생명 현상을 말합니다. 대사는 생명이 주변과 물질을 교환하며 특정 분자를 특정 산물로 변환시키는 화학반응을 통해 에너지를 교환하는 과정입니다. 유전은 자신과 비슷하지만 약간 다른 자손을 낳는 것이고, 생화학은 생명을 구성하는 화학물질과 그들이 하는 역할의 통일성에 대한 것입니다.

열역학 2법칙은 고립계의 총 엔트로피(무질서도)는 항상 증가한다는 선언이지만 생명은 엔트로피를 감소시키고 있습니다. 생명을 포함하는 고립계의 총 엔트로피는 증가하므로 모순은 없다고 주장하지만, 생명에 관한 한 열역학 2법칙은 생명은 고립계가 아니기에 모순되지 않는다고만 강조할 뿐 부분적으로라도 어떻게 엔트로피가 감소할 수 있는지에 대해선 할 말을 잃고 맙니다. 지구 생명에 관한 한, 생명의 기원이 다른 별에서 시작되어서 온 것이 아니라면, 태양계 전체로 본다면 당분간 고립계로 근사할 수 있을 것입니다. 중요한 점은 생명은 내부적으로 엔트로피를 감소시키고 있으며 주변 환경이 열역학적 평형에서 벗어나 있어야 합니다. 열역학적 평형은 생명의 죽음을 뜻합니다.

이런 백과사전의 정의들은 생명을 구분해 낼 수 있는 단편적인 기준을 제공하지만, 그것만으로 생명을 정확하게 정의하기는 어렵습니다. 위의 모든 정의는 예외와 한계가 있습니다. 예를 들면 불도 대사와 복제를 하며, 수정은 자기 정돈(엔트로피 감소)과 복제를 하고, 바이메탈 온도유지계는 환경에 반응하지만 우리는 이들을 생명이라고 보지 않습니다. 우리가 아는 생명도 위 정의에 따르면 생명이 아니게 되는 예가 허다합니다.

보면 안다?

종종 미국의 대법관인 스튜어트Potter Stewart가 외설의 기준에 대한 판결에서 이야기했다는 "보면 안다."라고 생각할 수도 있겠지만, 실은 그것조차 사람들의 가치 기준에 따라 다른 결론이 나올 수 있습니다. 즉, 봐도 모르거나 선입관에 따라 다르게 보이는 거지요. 아는 만큼만 볼 수 있다 보니, 기대하지 않던 미지의 존재와 조우했을 때 보고도 지나칠 가능성이 충분히 있습니다.

우주탐사와 관련한 한 보고서는 "미국의 우주탐사에서 외계 생명과 조우하고도 오염 때문이거나 석절한 도구와 과학적 준비가 없기 때문에 그것을 알아보지 못하는 것보다 더 최악의 상황은 없다."라며 주의를 환기합니다.

생명의 정의가 어려운 이유는 우리가 알고 있는 생명이란 지구 생명뿐이라는 특수성 때문일 가능성이 있습니다. 즉 우리는 생명을 가능하게 하는 보편적인 특성을 알지 못하고 있습니다. 게다가, 뒤에서 보듯이, 지구 생명은 단 한 가지 종류에 불과한 것으로 보입니다. 우리는 지구 생명으로부터 생명이 무엇을 필요로 하는지, 무엇을 하는지는 알 수 있지만, 생명이 무엇인지, 그리고 어디에 있는지는 알기 어렵습니다. 이 점에서 우주생물학을 통한 외계 생명의 발견이나 통찰이 우리의 생명 자체에 대한 이해를 더 높은 수준으로 이끌 수 있을 것입니다.

예컨대, 비교문화인류학이 한 문화의 특성을 더 잘 이해하게 해주고, 비교행성학comparative planetology이 지구의 특성에 대한 더 넓은 전망을 가능하게 합니다. 마찬가지로 우주생물학에 대한 탐구는 생명 자체에 대한 더 깊은 이해를 동반할 겁니다. 이해는 비교를 통한다고 했지요.

물리-화학법칙은 우주에 공통된다고 생각하지만, 생명의 경우에는 지구 생명 이외에는 아직 알려진 바가 없습니다. 즉 우리가 알고 있는 생물학은 지구생물학입니다. 이 점에서 외계에서 발견된 생명체는 지구생물학을 우주적 혹은 보편적인 차원으로 끌어올릴 전망을 제공할 수 있습니다. 생명이 무엇인지 알기 위해서는 생명의 우주적 맥락이 중요할 수 있으며 이 점에서 우주생물학은 지구 생명에 갇힌 과학의 생명에 대한 이해를 한 차원 높일 수 있습니다.

지구 생명의 특성

생명은 고도로 조직화되어 있으며, 외부에너지를 쓸 수 있는 내부에너지로 변화시킬 수 있어야 합니다. 생명은 자라며, 자손을 낳고, 환경에 반응하며 적응합니다. 우리를 포함한 모든 현생 지구 생명이 가지고 있는 유전정보는 최후의 공통조상last common ancestor에 해당하는 생명에서부터 한 번도 끊어지지 않고 이어져 왔습니다. 생명을 결정짓는 근본적인 특징 중 하나는 그것이 가지고 있는 정보라고도 할 수 있습니다. 즉, 생명은 그 모습이나 구성 성분보다는 그 구성 자체에 담긴 정보가 더 중요해 보입니다. 우리가 생명을 구별하기 위해서는, 생명이 무엇인지 알아야 하기보다는 생명이 무엇을 하는지를 파악하는 것이 현실적으로 더 중요할 수 있습니다.

한편 지속되고 있는 생명은 하나의 개체이거나 하나의 종이 아니라 여러 종이 군집을 이룬 생태계입니다. 이러한 계에는 에너지를 만드는 생물과 이를 다시 자연으로 돌려보내는 생물이 있어서 에너지와 화학물질들의 순환을 원활하게 하며 조절할 수 있습니다. 또한 이러한 생태계는 수명이 다한 다음에도 독특한 화학물질(광물)이나 물리적인 외형(퇴적 구조)을 오랜 기간 남기게 됩니다. 물론 이 모든 내용이 지구 생명에서 얻은 편견일 수도 있습니다.

지구 생명의 단일성

생화학 관점에서 보면 지구 생명의 단일성이 두드러져 보입니다. 지구 생명은 단 하나의 종류입니다. 첫 번째로, 현생 지구 생명은 모두 같은 다섯 개의 염기nucleotide base를 유전 단위로 사용하여 정보를 담아냅니다. 핵산nucleic acid DNA(데옥시리보핵산)는 아데닌A, 구아닌G, 시토신C, 티민T 네 종류의 뉴클레오티드 염기 사이에 A-T, C-G로 상보적 염기쌍을 이루어 이중나선을 형성하고 있고, 핵산 RNA(리보핵산)는 티민 대신 우라실U로 구성되며 단선을 이룹니다. 흥미로운 점은 이러한 분자들이 좌우대칭이 아닌 경우 지구 생명은 당을 이루는 분자가 모두 한쪽 형태만으로 되어있다는 점입니다. 인간에겐 세포마다 30억 쌍 정도의 DNA 염기서열이 있으며 2만에서 2만5천 개 정도의 유전자를 포함하고 있습니다.

두 번째로, 몸을 구성하고 효소작용을 하는 단백질은 현생 지구 생명의 경우 모두 같은 기본 아미노산 20가지(22가지까지 발견)로 구성되어 있습니다. 이 중 글리신glycine 이외에는 모두 좌우형이 다른데 생명에서 쓰는 거의 모든 아미노산은 왼손형으로만 구성되며, 일부 박테리아의 세포벽이 오른손형 아미노산을 함유하고 있습니다. 단백질은 50~1,000개의 아미노산으로 구성되어 있으며 그 3차원 구조가 생명 활동에서 중요한 역할을 한다고 알려져 있습니다. 생명에서 일어나는 화학반응은 단백질의 효소작용으로 일반 화학반응보다 매우 빠르게 진행되는데, 가능한 단백질의 개수가 20^{1000}으로 거의 무한한 데 비해 생명에서 쓰이는 단백질 종류는 10만 개 정도로 알려져 있습니다.

세 번째로, 현생 지구 생명의 대부분은 같은 에너지 전달물질(대표적으로는 ATP(아데노신 삼인산))을 사용하고 있는데 이는 지구의 생명 대부분이 공통 화폐를 사용하는 것과 같습니다.

세포 안의 작동 시스템도 동일한데 DNA는 RNA를 만들고 RNA는 단백질을 만듭니다. 유전자 코드는 세 개의 연속된 염기가 하나의 아미노산을 지정하는데 이 방법과 아미노산을 지정하는 사전도 모든 지구 생명에서 공통입니다. 비록 지구 생명의 모습은 아주 다양하지만, 생화학적 구성과 과정의 공통점은 현생 지구 생명이 공통 조상의 자손임을 강하게 암시합니다.

지구 생명은 아마도 효과적인 생명 활동을 유지하기 위하여 거의 무한히 다양하게 존재하는 유기분자 중 아주 작은 부분들만을 활용하기로 하고 생화학을 통일한 것으로 보입니다. 환경이 많이 다른 외계에서도 지구에서와 같은 종류의 분자들만으로 생명을 구성할지, 즉 지구 생명이 우주적인 보편성이 있는지, 혹은 다른 분자들의 조합으로 지구 생명과는 전혀 다른 성질의 생명이라는 미지의 복잡성을 추구할지 흥미롭습니다.

생명의 분류

20세기 후반 분자생물학의 출현은 생물학 전반에 뚜렷한 영향을 미치고 있으며, 지구 생명의 계통분류에도 영향을 주게 됩니다. 기존의 형태를 이용한 분류에 따르면 지구 생명은 대략 동물animalia, 식물plantae, 균류fungi, 박테리아bacteria, 원생생물protoctista이라는 5개의 왕국kingdoms으로 구분되는데, 이중 박테리아만이 DNA가 세포에 퍼져있는 원핵생물이고 나머지는 DNA가 핵 안에 있는 진핵생물입니다.

1970년대 후반에 미생물학자 우즈Carl Richard Woese는 세포 내 특정 기능을 담당하는 분자의 염기서열을 이용하여 현생 지구 생명을 진핵생물eukarya, 박테리아bacteria, 아키아archaea라는 세 가지 도메인domain으로 분류합니다. 형태학적인 다섯 왕국 분류와 비교한다면, 박테리아를 제외한 네 가지 왕국이 진핵생물 도메인 하나에 속하며, 하나의 왕국에 불과하던 박테리아가 박테리아와 아키아라는 두 도메인으로 구분됩니다. 아키아와 박테리아는 거의 모두 원핵 단세포생물로 외형으로는 서로 뚜렷하게 구별되지 않지만, 분자생물학적으로 본다면 진핵생물과의 차이만큼이나 서로 다릅니다. 형태학적인 다섯 왕국 분류가 지구 생명의 외면적인 다양성을 보여준다면 세 가지 도메인 분류는 지구 생명의 구성상의 연결성, 통일성, 단일성을 분자 수준에서 부각하여 보여줍니다.

세 도메인으로 분류된 생명은 모두 현생 생명으로, 진화상의 경로를 보여주는 것은 아닙니다. 하지만 이러한 분류에 기초하여 공통조상에 가장 가까운 생명을 추정해 볼 수 있는데 이들은 심해 열수구 근처의 뜨거운 물에 사는 아키아나 박테리아에 가깝다고 알려져 있습니다. 물론 이 미생물들이 원래부터 그곳에 살았는지는 알 수 없습니다. 이 분류에서 흥미로운 점은 진핵생물들이 우리가 흔히 알던 박테리아보다 아키아에 더 가깝다는 점입니다.

이러한 계통도로 진화를 추적하기 어려운 점, 생물들 사이에 수백에서 수만 개 정도의 염기들이 서로 다른 종 사이에 치환되는 유전자 수평이동horizontal gene transfer 현상이 흔하게 일어난다는 점입니다. 특히 진핵생물의 유전체에서 두드러진 이런 혼합 현상은 생명의 진화에 중대한 영향을 미쳤을 겁니다. 이런 유전자와 유전체 혼합 현상은 생물 간의 상호 협력과 획득형질의 유전으로 해석될 수 있습니다.

생명은 대단히 많은 정보를 담고 있는 물질의 상태입니다. 엔트로피의 관점에서 보면 조직화되어 있고 정보가 많으면 낮은 엔트로피에 해당합니다. 생명은 발생과 성장, 대사를 통해 엔트로피를 줄이는 메커니즘을 가지고 있는 거지요. 물리학으로는 상상도 할 수 없는 현상입니다.

세포는 생명의 기본단위이며 혼자 살 수 있는 모든 생명은 세포로 이루어져 있습니다. 세포는 막으로 싸여있어 안과 밖이 구별되고 세포벽은 물질들을 통과시키거나 조절합니다. 세포는 그 자체로 에너지 대사를 하고 스스로 분열할 수 있습니다. 인간은 200여 개 이상의 종류를 가진 세포 약 60조 개로 이루어진 세포 공동체입니다. 생명에 대한 정보와 청사진은 DNA에 담겨 있습니다.

세포질에는 각각 산소호흡과 광합성을 담당하는 미토콘드리아mitochondria와 엽록체chloroplasts가 있으며, 이들은 각기 독립적인 DNA를 일부 가지고 있고 크기가 박테리아 정도 되어 원래는 따로 살던 박테리아들이 세포 안으로 들어온 것으로 보입니다. 이 내부공생endosymbiosism도 독립된 생물 간의 협동과 획득형질 유전의 한 형태입니다. 핵막이 없는 원핵세포는 모양이 단순한 데 반해, 진핵세포는 다양한 형태를 이루고 있고 두 가지 성을 가지며 다세포 생명을 이루기도 합니다.

생명의 한계

물질과 생명의 경계가 어디인지는 풀리지 않은 수수께끼입니다. 유물론의 과학으로는 이 질문에 답을 할 수 없어 보이는데, 『물질』과 『생명』에서 이 점을 깊이 탐구하려 합니다. 원핵생물은 크기가 작은 것은 0.1∼0.2μm, 큰 것은 50μm 정도 되며, 진핵생물 세포의 크기는 2∼200μm 정도로 원핵세포보다 훨씬 큽니다. 크기가 작을수록 물질대사와 증식이 더 빠르게 일어나는데, 이는 세포가 작을수록 세포의 표면적과 부피의 비가 커지기 때문입니다. 따라서 작은 세포일수록 더 빠르게 증식하며 개체 수를 불리게 되는데 이로써 미생물은 짧은 시간 안에도 생태계에 중대한 영향을 미칠 수 있습니다.

나노박테리아nanobacteria라는 0.1μm보다 더 작은 미생물도 있다는 주장이 있지만, 아직 학계에서 확실히 생명과 관련이 있는 것으로 받아들여지지 않고 있습니다. 화성에서 온 운석 안에서 발견된 미확인 생명체의 크기가 이 정도입니다. 반대 측에서는, 0.1μm보다 작은 공간은 생화학적 분자들이 충분하게 들어가기 어려울 것으로 봅니다. 단백질 껍질 안에 DNA만을 가지고 있는 바이러스는, 20nm에서 400nm 정도로, 이보다 더 작지만 다른 세포 안에서만 증식이 가능하므로 혼자 살 수 있는 생명이라고 볼 수 없습니다.

생명의 존재가 가능한 물리-화학적 한계 상황이 무엇인지는 지구 생명뿐 아니라 우주 생명과 관련하여서도 관심이 가는 질문입니다.

4

지구 생명의 존재 조건

태양계를 살펴보면 명백하게 생명이 살고 있는 천체는 지구뿐입니다. 지구의 어떤 조건이 생명의 삶을 허용하는지 생각해 보겠습니다.

생명의 필수 요소

먼저 지구 생명에 필요한 요소를 정리해 보면, 첫째 유기물이 필요합니다. 지구 생명에 필요한 유기물을 이루는데 필수적인 원소는 탄소C, 수소H, 산소O, 질소N, 황S 그리고 인P이며 그 밖에도 20여 가지 원소가 쓰이고 있습니다. 두 번째는 에너지원으로 주로 빛에너지와 화학에너지가 있습니다. 생명이 활용할 수 있기 위해서는 에너지가 평형에서 벗어난 상황에 있어야 합니다. 세 번째는 액체 상태의 물인데, 이제까지 알려진 모든 지구 생명은 액체 상태의 물이 외부에 존재하는 환경에서 살고 있습니다. 한 가지를 더 추가한다면 생명이 탄생하고 진화하는 것을 허용할 만한 안정된 환경이 필요할 수도 있습니다.

지구 바깥의 상황을 보면, 액체 상태의 물 외에 나머지 요소는 태양계 안이나 우주에 흔하다는 것을 알 수 있습니다. 따라서 태양계에서 생명 탐사는 액체 상태의 물이 있는 지역 탐사와 같다고 받아들여집니다. 한편 우주의 평균 원소 함량을 보면 우주에는 물이 암석이나 철 따위의 다른 중원소들보다 월등하게 많다는 점을 알 수 있습니다. 문제는 그것이 액체 상태여야만 한다는 건데, 여기에는 적당한 에너지원이 필요합니다.

탄소는 위 다섯 가지 원자들과 결합하여 매우 다양한 유기화합물을 만듭니다. 분자들을 결합하는 탄소의 능력은 독보적입니다. 탄소에 기초한 복잡한 화합물의 수와 탄소를 포함하지 않은 경우의 수는 비교가 되지 않을 정도로 전자가 많다고 합니다. 탄소는 네 개의 전자결합이 가능하여 긴 분자들을 만들 수 있으며, 탄소가 들어간 화학을 유기화학이라고 할 정도로 아주 다양한 화학반응을 보입니다.

탄소와 비교해서 주기율표상 바로 아래 위치한 규소Si(실리콘)는 상온에서는 중합체 사슬을 쉽게 만들지 않고, 이산화탄소보다 훨씬 강하게 산소와 반응하여 이산화규소를 만들어 상온에서 기체 상태로 존재하기 어렵습니다. 규소 아래에는 게르마늄Ge이 있습니다. 지구 생명의 유기물 진화로 나타난 인간이 실리콘과 게르마늄으로 생명의 새로운 양상을 창조해낼 가능성이 지금 열리고 있는 상황이지요.

외계의 가능성

생명에 필요한 기본 원소는 지구뿐 아니라 우주에 풍부하다고 알려져 있습니다. 이 점을 다른 관점에서 본다면, 지구 생명은 우주에서 희귀한 원소로 어렵게 만들어진 것이 아니라 주변에서 가장 흔하고 풍부한 원소들을 사용하여 구성되었다고도 볼 수 있습니다. 한편 이러한 원소들이 우주 규모에서도 풍부하다는 사실을 고려한다면, 구성 원소만으로 보면 지구 생명은 우주 규모에서도 보편적일 가능성이 있습니다.

사람과 박테리아의 구성 원소가 거의 비슷하며 이 점은 지구 생명 모두가 마찬가지입니다. 박테리아와 비교할 때 인간은 뼈를 구성하는 데 칼슘$_{Ca}$이 추가된 정도입니다. 인간과 박테리아 모두 구성 원소가 바닷물의 원소 구성과 비슷한 점도 주목할 만합니다. 이것은 생명이 바다에서 기원하였음을 암시하는데, 실제로 고생물학으로 재구성한 생명의 역사는 생명이 바다에서 육지로 진출했음을 보여줍니다.

혜성에서는 다양한 유기분자가 발견되었는데 여기에는 지구 생명과 관련이 있거나 생명의 기원에 필요한 물질들이 여럿 포함되어 있습니다. 탄소를 함유한 운석에서는 아미노산들이 발견되었으며, 이 중에는 지구 생명이 쓰는 아미노산도 있습니다. 지구 생명의 경우에는 아미노산이 왼손형만 쓰이지만, 운석에서 발견된 아미노산은 인공 합성에서 만들어진 것과 같이 오른손형과 왼손형이 절반씩 나옵니다. 운석에서 발견된 아미노산은 주로 1969년 오스트레일리아 머치슨$_{Murchison}$에 떨어진 운석에서 나왔는데, 14,000개의 분자와 74종의 아미노산이 발견되었습니다. 그중 8개는 지구 생명에 쓰이고 55종은 지구에 드뭅니다. 1997년 과학자들이 이 운석을 다시 조사한 바에 따르면 왼손형이 약간 우세하다는 보고도 있습니다.

왜 지구 생명은 왼손형 아미노산만을 쓰는지는 생명의 기원과 진화에서 아직 풀리지 않은 중대한 문제입니다. 생명의 기원에 필요한 물과 유기물은 초기 지구에 혜성이 운반했을 것으로 보는데, 태양계를 만든 성간분자 구름에서 왼손형 아미노산을 선호하는 화학작용이 일어나서 기원부터 그러했을 수도 있고, 혹은 초기 지구 생명에는 오른손형과 왼손형 아미노산을 사용하는 생명이 모두 있었지만 진화 과정에서 우연히 혹은 아직 알려지지 않은 과정을 통해 한쪽으로 통일되었을 수도 있습니다. 따라서 왼손형 아미노산에 기반을 둔 지구 생명이 지구만의 특수한 경우일 수도 있고, 우주에 보편적인 현상일 수도 있는 상황입니다. 외계 생명의 발견이 여기에서 중요한 역할을 할 수 있습니다.

별 사이 공간에서도 다양한 고분자들이 발견됩니다. 전파망원경으로 분자 흡수선을 통해 발견한 이러한 분자들은 유기화학에서 중요한 분자들을 포함합니다. 성간분자 구름에서 가장 간단한 아미노산인 글리신$_{glycine}$이 발견되었다는 보고도 있었습니다. 성간에서 발견된 원소들에 자외선을 쬐어주면 유기화합물이 쉽게 만들어진다는 실험 결과도 알려져 있습니다. 따라서 지구 바깥이나 별 사이 공간에도 생명에 필요한 기본 원자와 분자들은 풍부하다고 보이며, 이러한 지역이 생명에 그리 적대적인 상황은 아니라고 보입니다. 물론, 성간 공간에서 생명에 필요한 아미노산 따위의 고분자가 발견되었다는 사실이 생명의 존재와 직결되지는 않습니다.

생명의 알파벳을 이루는 기본 분자인 아미노산이나 염기 분자가 존재하는 사실과 지구 생명의 기본단위인 세포가 존재하는 사실 사이에는 아직 우리가 알지 못하는 생명의 기원에 대한 거대한 장벽이 있습니다. 과학이 답하지 못하는 물질과 생명 사이의 무지의 심연이지요.

에너지원

지구 생명에 중요한 에너지원은 햇빛과 화학에너지입니다. 지구상 생명이 만드는 에너지 대부분은 햇빛에너지를 이용한 광합성에 의한 것이며, 화학에너지를 이용한 화학합성에 따른 생산량은 광합성의 1%도 안 됩니다. 지구상에서 광합성에 의존하지 않는 독립영양생물은 모두 박테리아 수준입니다. 광합성은 열역학적으로 효과적인 햇빛을 매우 복잡한 화학 기작을 통해 유기물과 ATP로 바꾸지만, 초기 지구에서 생명이 등장한 이후 바로 출현한 것으로 보입니다.

열역학적으로 광합성은 해와 광합성 생물 사이에 열역학적 비평형상태가 있기에 가능합니다. 해는 절대온도 5800도, 생명은 300도 근처에 있고, 열은 높은 곳에서 낮은 곳으로 흐르지요. 물론 광합성 이전에는 이보다 간단한 화학합성을 하는 생명이 있었을 것으로 추정하며, 지금도 햇빛에너지가 없는 환경에서 화학합성에 의존한 생명과 이를 1차 생산자로 한 생태계가 존재합니다.

우주생물학과 관련하여 광합성에서 특이한 점은 엽록소가 햇빛에너지를 충분히 활용하지 않고 있다는 점인데, 이러한 결과가 초기 생명이 벌인 다양한 분자생물공학 실험의 필연적인 산물이라면 우주와 생명에 대해서 시사해 주는 바가 큽니다. 특히 엽록소에서 적외선 영역으로 넘어가며 보이는 강한 반사 영역인 레드엣지Red edge는 외계 행성의 대기 분광을 통해 광합성의 증거를 직접 볼 기회를 제공합니다.

한편, 지구상 어떠한 생명도 온도 차에서 기본 에너지를 구하지 않습니다. 외계에서는 어떨지 모르지만, 전자기에너지, 운동에너지, 방사능, 중력에서 에너지를 얻는 생명체도 아직 지구에서 발견되지 않았습니다.

액체 상태의 물

지구의 아주 혹독한 지역에서도 생명이 발견되고 있지만 지구 생명은 액체 상태의 물이 없는 지역에서는 발견되지 않습니다. 예를 들어, 얼음 상태의 물을 활용하는 생명은 발견되지 않았으며, 눈snow에 사는 조류algae도 외부 작용으로 얼음을 녹인 물을 이용하지 생물 자신의 대사 과정으로 얼음을 녹여 활용하는 경우는 알려지지 않았습니다. 이끼와 일부 조류는 습도가 높은 경우 수증기에서 물을 얻습니다. 활동 중인 생명은 50~95%가 물로 이루어져 있습니다.

물은 액체 상태로 존재할 수 있는 다른 화합물과 비교해서 수십여 가지나 되는 특이한 성질을 가지고 있다고 합니다. 이러한 물의 특성으로는 얼음이 물에 뜨는 성질, 열용량이 아주 큰 성질, 증발할 때 많은 열을 가져가는 성질, 용해도가 큰 성질, 강한 표면장력 등이 있으며, 이외에도 점성, 잠열, 투명도 등에서 다른 액체들과 비교할 때 특이한 성질을 가집니다. 극성 액체인 물은 지구상 생명 활동에서도 매우 중요한 역할을 하는데, 생화학 작용이 일어나는 용매 역할뿐 아니라, 생화학 물질에 영향을 주며 직접 작용하기도 합니다. 물이 어는 온도보다 낮은 온도에서 사는 생명은 세포 사이에 있는 소금이나 용액이 있어서 어는점을 낮추며, 높은 온도에서 사는 미생물들은 단백질의 구조가 더 강하게 결합되어 있습니다.

여기에서 물이 액체 상태에서 고체 상태가 되며 밀도가 낮아지는 특이한 현상은 지구 생명의 지속적인 생존에 중요한 역할을 합니다. 물이 얼 때 표면부터 온도가 차가워지며 얼음으로 변한다는 사실을 우리는 잘 알고 있지요. 만약 얼음이 밀도가 더 높다면 표면에서 언 얼음은 바닥으로 가라앉고 표면에 액체 상태의 물이 다시 노출되어 얼게 되는 과정이 반복되어, 한번 추위가 오면 물 전체가 얼어버릴 겁니다. 하지만 물의 경우 얼음이 밀도가 낮아 표면에 만들어진 얼음이 그 밑에 있는 액체 상태의 물을 얼지 않게 보호하는 기능을 합니다. 지구의 역사를 살펴보면 과거에 여러 차례 빙하기가 있었음을 알 수 있는데, 만약 얼음의 밀도가 액체 상태의 물보다 높았다면, 빙하기가 한번 닥쳐오면 지구 표면의 모든 물이 얼어붙어 생명은 아주 가혹하거나 거의 치명적인 상황을 맞이했을 겁니다. 고체 상태에서 밀도가 더 낮아지는 성질은 물이 가진 예외적 특성입니다. 우연으로 보이지 않지요.

물은 1기압 하에서 섭씨 0도에서 100도 사이에 액체 상태로 존재합니다. 이는 다른 액체들과 비교해 볼 때 온도 범위가 넓은데, 실제로 지구에서 물이 액체로 존재하는 범위는 더 넓어서, 소금이 있는 경우 −60도에서도 얼지 않고, 심해 열수공 근처의 높은 압력에서는 450도에서도 끓지 않습니다. 또한 물은 온도조절장치 역할도 하는데 증발할 때 열을 흡수하고 액화할 때 열을 방출합니다.

생명과 관련하여 더 중요한 측면은 물이 액체로 존재하는 온도 범위가 유기분자들의 화학 활동이 적절하게 일어날 수 있는 영역이라는 점입니다. 온도가 낮아지면 화학반응이 둔화됩니다. 세포 안에서 일어나는 반응들은 효소 단백질의 촉매작용으로 일반 화학반응보다 훨씬 빠르게 진행되지만, 온도가 낮아지면 이 역시 둔화됩니다.

토성의 위성인 타이탄의 경우 온도가 메탄이나 에탄의 삼중점(고체, 액체, 기체가 균형을 이루는 상태에서 압력과 온도) 근처에 있어 이들이 만드는 바다와 강, 호수, 눈, 비, 안개, 얼음, 빙하 따위가 있을 것으로 예상됩니다. 한편, 타이탄에 메탄이나 에탄의 빙하가 존재한다면 이들은 물과 달리 바닷속에 가라앉아 있을 겁니다.

우주에 다량으로 존재하며 용매 역할을 할 수 있는 액체로는 물 이외에도 탄화수소, 암모니아, 황화수소가 있는데, 탄화수소는 비극성이고, 암모니아는 물과 같이 극성을 띠지만 물보다 약하고 황화수소는 더 약한데, 이러한 액체들이 용매로 작용하는 생명이 가능할지는 예측하기 어렵습니다. 사실 이는 물에 대해서도 마찬가지인데, 우리가 알고 있는 생명조차 화학적으로 예측할 수 있는 상황은 아닙니다.

화학자 필립 볼Philip Ball은 "물이 정말 무엇인지는 아무도 모른다." 라고 고백합니다. 물이 가진 수많은 특이성과 우리의 무지는 『물질』에서 더 자세하게 살펴봅니다. 물이라는 간단한 분자가 드러내는 과학의 한계는 자연의 경이 앞에 겸허의 감정을 불러일으킵니다. 인류학자 로렌 아이슬리Loren Eiseley는 "만일 이 행성에 마법이 있다면, 그것은 물에 담겨있다."라고 말합니다.

비소 박테리아 주장

비소As, Arsenic는 원소 주기율표에서 인P, Phosphorus 바로 아래 위치합니다. 그 위에는 질소N가 있습니다. 인과 질소는 생명에서 중요한 역할을 하지만 비소는 독성이 강한 원소입니다. 2010년, 나사NASA는 외계 생명에 관한 중대 발표를 예고합니다. 막상 발표한 내용은 고염도 알카리성인 모노Mono 호수에서 극한 환경 박테리아를 채집하여 인이 없는 환경에 배양하자 인의 일부를 비소로 대체하여 성장했다는 내용입니다. 비소가 인을 대신할 수 있는 생명이 등장한다면 외계 생명을 떠나 지구생물학에 상당한 변화를 줄 수 있는 중대한 발견입니다. 이 연구팀은 예고했던 기자회견을 통해 이 발견이 외계 생명 탐사에 중대한 함의가 있다고 주장하지만, 다른 후속 연구들에시는 DNA에서 비소를 발견하지 못합니다. 지금은 이 박테리아는 비소에 저항성이 있지만 인에 의존하는 생명으로 정리된 상황입니다.

이런 식으로 기존에 알려진 지구 생명의 생존 범위를 벗어난 생물의 발견은 즉각 외계 생명의 존재 가능성을 높여주는 역할을 합니다.

한편, 인의 경우 우주나 지구 환경과 비교할 때 생명에 있는 인 함량에서 특이한 점을 지적할 수 있습니다. 지구 생명에 중요한 다섯 가지 원소 함량(개수)의 우선순위로 보자면 수소, 산소, 탄소, 질소, 인, 황 순서입니다. 불활성 원소를 제외한다면 수소, 산소, 탄소, 질소의 함량 순서는 우주와 생명에서 같습니다. 해, 지각, 바닷물에서 인의 순위는 각각 17, 11, 19위이며, 실제 함량으로 보자면 우주, 지각, 바닷물, 인간에서의 함량은 7, 1,000, 0.07, 11,000(단위 ppb, ppb는 10억 분의 일)로, 인간을 포함한 생명에서 인의 함량이 주위 환경보다 월등하게 높다고 알려져 있습니다. 생명이 필요로 하는 인의 무생물적 공급원이 무엇인지 잘 알려지지 않았다는 건데요. 우주에서 생명이 모든 점에서 쉽고 자연스럽게 조율되어 있지는 않다는 점을 보여줍니다.

천문학자 선 궉Sun Kwok은 "인체에서 인의 상대적 비율은 열일곱 번째로 많은 원소일 뿐인 태양계보다 십의 몇 제곱 배나 더 크다. 그렇다면 인은 어떻게 지구에 집중되었고 결국 우리의 일부가 되었는가?"라고 묻습니다.

지구의 특수성

지구 생명은 지구 규모의 현상입니다. 우리는 생명을 빼고는 지구의 표면 환경을 이해할 수 없습니다. 태양계의 다른 지역에 생명이 있다면 숨어있는 형편인 데 반해, 지구에서는 지구 규모에서 생명이 살고 있다고 광고하고 있는 상황입니다. 생명이 출현한 이후 지구 표면은 생명에 의해 끊임없이 바뀌어왔습니다. 지구는 생명과 함께 진화해 온 거지요. 적어도 표면은 그렇습니다.

태양계 안의 지구급 행성들과 비교하면 살아있는 지구라는 표현이 과히 틀리지 않은데, 지구 내부가 아직 식지 않았고 표면이 판구조론으로 움직이고 있는 것도 생명의 존속과 무관하지 않습니다. 자연재해의 원인이 한편으로는 우리가 생존할 수 있게 해준 겁니다.

지각이 맨틀 위에 떠다니는 판구조 작용은 이산화탄소의 순환에 중요한 역할을 합니다. 지각이 움직이지 않았다면 지구 생명이 행성 규모에서 번성하는 상황은 불가능했을 겁니다. 대기 중 이산화탄소는 광합성을 통해 지구 생명에 중요한 역할을 하는 탄소를 공급하는데, 이산화탄소는 바닷물에 녹아 암석으로 흡수되어 바다 밑바닥으로 가라앉습니다. 이것으로 끝난다면 대기 중 이산화탄소는 고갈되는데, 판 이동에 의해 해양지각이 대륙지각 밑으로 들어가고 이렇게 들어간 이산화탄소는 화산활동으로 다시 대기 중으로 순환하여 나오게 됩니다. 이로써 지구 표면에서 탄소의 물리-화학적 순환이 완성됩니다. 판구조 작용으로 중원소를 많이 가지고 환원성 환경을 가진 맨틀이 산화성 환경을 가진 지표면과 주기적으로 접촉하며 화학적으로 평형에서 벗어난 환경을 조성하여 생명의 에너지 수요를 더 원활하게 도와주고 있습니다.

행성에 생명이 존재할 조건으로 유체 상태 물이 존재하고 유기화학 반응이 활발할 수 있는 온도를 위해 별로부터 적절히 떨어진 거리를 강조하지만, 행성 내부가 오래 식지 않고 대기를 유지할 정도로 큰 크기도 중요할 수 있습니다.

하지만 잊지 말아야 할 점은 우리가 아는 유일한 생명이 지구에 살다 보니, 지구의 여러 조건은 생명의 탄생과 존속에 필요할 수도 있고 필요하지 않을 수도 있다는 실상입니다.

5

지구 생명의 기원과 진화

지금 우리가 알고 있는 유일한 생명은 지구 생명입니다. 지구 생명이 외형적인 다양성을 보이지만, 우리는 생화학적 수준에서 보이는 생명의 구성과 연결성 그리고 작동 방식에서 지구 생명이 단 하나의 종류라는 결론을 내릴 수 있습니다. 한 공통조상의 자손이라는 거지요. 이 점은 우리가 아는 생명이 특수한 한 가지 경우에 지나지 않으므로 우주생물학이라는 관점에서는 제약조건이 될 수 있습니다. 우리가 외계에서 지구에서와 비슷한 생명을 찾아야 하는 건지, 관점을 넓힌다면 어떻게 해야 할지 알 수 없습니다.

먼저 지구 생명이 초기 지구의 격렬하게 변화하는 환경에서 어떻게 나타났는지 정황을 살펴보겠습니다.

생명의 기원

인간은 모든 것의 기원에 관심을 갖습니다. 플라톤은 "각 사물의 원인을 아는 것은 나에게 탁월하게 훌륭해 보인다. 각 사물이 생겨난 원인과 그것이 사라지는 원인, 그리고 그 사물이 존재하는 원인은 무엇인가?"라고 말합니다.

오파린은 생명의 기원을 과학으로 설명하고자 처음 시도합니다. "이제 생명의 기원이 '기대하지 못한 반가운 사건'이 아니라 우리 행성의 전체적인 진화적 발달에 내재된 완전히 일반적인 현상이라고 볼 많은 이유가 있다. 따라서 지구 너머에서 생명을 찾는 일은 우주에서 생명의 기원이라는 과학이 마주한 더 일반적인 질문의 한 부분이다. 생명의 기원은 … 물질진화에서 필연적 단계라는 점이 이제는 상당히 분명하게 되었다. 생명의 기원은 우주의 발달, 특히 지구 발달의 일반적 과정에서 떼어낼 수 없는 부분이다."

그러나 생명이 지구에서 어떻게 출현했는지는 여전히 수수께끼입니다. 이론생물학자 스튜어트 카우프만Stuart A. Kauffman은 "누군가 그대에게 34.5억 년 전 황량한 지구에서 어떻게 생명이 시작되었는지 안다고 말한다면 그는 멍청하거나 부정직한 사람이다."라고 말합니다.

사실 생명 현상이나 생명의 출현은 물리나 화학으로는 상상조차 할 수 없는 사태입니다. 상상할 수 있다는 주장은 믿음이거나 착각일 뿐 아무런 근거가 없습니다. 지금 과학의 상태가 그렇습니다.

화이트헤드는 "단지 녹아있는 물질 덩어리였던 이 지구에서 지금까지 나타난 것과 같은 형태의 생명이 나타나리라고는 누가 감히 꿈이라도 꾸었겠습니까?"라며 경이로워합니다.

이 점은 우주와 생명에 대한 저의 탐구의 한 결론이기도 합니다.

생명이 원자로 이루어져 있고 원자는 물리 – 화학으로 다룰 수 있다며 생명 현상을 마치 아무것도 아닌 것처럼 간주하려는 태도가 만연하지만, 그건 과학의 자기도취일 뿐 그렇게 간주한다고 생명이 물리-화학으로 포섭되지는 않습니다. 적어도 지금 상황은 그러합니다.

우주의 역사는 이전에 존재하지 않던 새로움의 출현으로 점철되어 있습니다. 화이트헤드는 "지구가 차츰 식어가며 바다가 나타나고 한참 시간이 흐른 후 식물과 동물이 나타났어요. 자연의 방식은 새로움의 출현, 모종의 전혀 예상치 못한 창안의 전기로 이루어진 것으로 보입니다."라고 말합니다.

지구 생명의 기원과 진화는 안정한 계에서 일어난 사건이 아니라 우주의 기원과 역사에 밀접하게 연관되며, 살아있는 지구라는 역동적으로 변화하는 환경에서 일어난 사건입니다. 그 후에도 지구 생명의 생존은 지금까지도 역동성을 유지하며 변화하는 지구 상황과 관련이 있고, 생명은 자신이 사는 환경에 중대한 영향을 미쳤을 겁니다. 지구 생명의 출현과 번성은 변화하는 우주에서 일어난 현상입니다. 생명의 출현으로 인해 우주에서 새로움의 발현이 새로운 차원에서 전개되기 시작한 겁니다.

초기 지구의 상황

지구는 원시 태양계를 만들고 있는 원반에서 충돌이나 병합을 통해 만들어졌다고 추정합니다. 따라서 초기 지구에는 격심한 충돌이 자주 있었다고 보는데, 충돌은 중력에너지의 상당 부분을 열 따위의 파괴적인 에너지로 변환시킵니다. 지름이 350에서 400km 정도 되는 천체가 지구와 충돌하면 지표 전체가 약 섭씨 2,000도까지 가열될 수 있다고 합니다. 현재와 같은 바다가 있었더라도 이를 모두 증발시키고 지표 아래 상당한 깊이까지 바싹 구워버릴 수 있습니다. 그전에 생명이 출현했더라도 전멸했을 가능성이 있지요. 지름이 150에서 200㎞ 정도 되면 그 에너지로 바다 표면 200m 정도까지 증발할 수 있는데, 현재 이 지역은 빛이 드는 지역photic zone이라고 하며 대부분의 해양 생명이 여기에 살고 있습니다.

충돌이 언제 어느 수준으로 일어났는지는 태양계 안 다른 천체들의 충돌 흔적을 이용해서 확률로 추정하는데, 달에서 가져온 암석들을 분석한다면 약 39~40억 년 전을 전후해서 충돌률이 잦아듭니다. 비록 비율은 잦아들었지만, 충돌은 지금까지도 지구 생명의 진화에 중대한 영향을 미치고 있습니다. 이 점은 『생명』에서 더 자세히 살펴보겠습니다.

온도가 높은 극한 환경에 사는 아키아들이 최초로 생겨난 생물들에 가까우리라는 것은, 분자생물학으로 추정한 계통도 외에도, 생명의 기원과 그 당시 충돌이 잦았던 지구의 상황을 통해 짐작해 볼 수 있습니다. 격심한 충돌로 지표나 해양 표면에 살던 생명은 전멸했을 가능성이 높아 그나마 해저 깊숙한 곳이 안전했을 겁니다. 지구 생명은 단일조상을 가지고 있고, 특수하고 가혹한 환경이 생명의 기원과 관련이 있다면 이 점은 여러 가능성을 말해줍니다.

첫째는 우리가 아직 이해하고 있지 못하지만 이러한 환경이 생명의 기원에 필연적으로 중요할 가능성이고, 둘째는 지구 생명의 현재 상황은 단지 우연 때문으로 기원과는 필연적인 관련이 없다는 가능성이며, 셋째는 다른 기원을 가진 생명도 많이 있었지만 외부에서 날아온 천체들과의 잦은 충돌로 모두 죽고 그나마 가장 안전했던 현생 생명 최후의 공통조상만이 운 좋게 살아남았다는 가능성입니다. 이 마지막 가능성도 당시에 심해 열수구 근처에 살던 생명이 그곳에서 기원했는지 아니면 다른 곳에서 탄생한 후 그곳에 우연히 정착했는지는 또 다른 가능성으로 남습니다.

고생물학적인 증거들을 보면, 생명은 초기 지구에서 그것이 존재할 수 있는 조건이 갖추어지자 곧 출현했다고 여겨집니다. 수화, 풍화작용으로 지구 초기의 암석들은 보이지 않는데, 이제까지 발견된 가장 오래된 암석(40억 년 전)과 비슷한 38.5억 년 전 암석에서 이미 생명의 화학적인 흔적을 볼 수 있습니다.

자연에 있는 안정한 탄소의 동위원소 비와 비교할 때, 생명 활동을 거친 잔해에서는 ^{12}C의 비율이 ^{13}C에 비해 약간 높습니다. 광합성은 자연에 많은 동위원소인 ^{12}C를 선호해서 그 비율을 2% 정도 높이는데, 38억 년 전 암석에 포함된 이 두 동위원소의 비율에서 생명 활동을 거친 것과 비슷한 결과를 얻은 거지요. 하지만 무생물 과정으로도 비슷한 결과를 얻을 수 있기에 아직 불확실하다고 합니다.

가장 오래된 생명의 화석은 34.6억 년 전 스트로마톨라이트 stromatolites에서 발견된 미생물 화석으로, 그 생김새가 현생의 광합성 박테리아의 군집과 같은 모습을 보여줍니다. 스트로마톨라이트는 미생물들이 군집을 이루고 매트의 형태로 펼쳐져 살며 만드는 암석으로, 표면에는 광합성을 하는 생명들이 위치하며 나무의 나이테처럼 그 위에 새로운 층의 생명들이 쌓이며 규모가 점점 커집니다.

이 스트로마톨라이트의 기원을 포함하여 최초의 생명화석 증거에 대한 논의는, 그 기원이 확실히 생명과 관련된 것인지에 대해, 아직 논란이 있습니다. 위 증거들을 받아들인다면 지구가 물리적으로 생명을 허용하기 시작한 시기와 최초의 생명화석 증거가 발견된 시기 사이 기간이 수억 년으로 그리 길지 않습니다. 지구에서는 이 동안에 화학진화chemical evolution를 거쳐 최초의 생명이 출현한 것으로 보입니다.

생명이 만든 것이 확실하다고 보는 광합성 박테리아 화석과 스트로마톨라이트는 27억 년 전 정도로, 이를 최초의 생명화석 증거로 본다면 화학진화 기간이 10억 년 이상으로 상당히 늘어나게 됩니다. 우주론에서 강조했듯이 이렇게 논란이 분분한 상황은 앞으로 새롭게 밝혀질 사태가 많을 테니 학계로서는 좋은 겁니다. 한편, 가장 오래된 진핵생물 화석은 17억 년 전 것이라고 합니다.

미해결 수수께끼

지구 생명의 기원은 아직 풀리지 않은 과학의 근본적인 미해결 문제입니다. 생명의 기원은 많은 사람의 관심을 사로잡는 문제이기에 수많은 제안이 있었지만, 이 모든 과정은 추측일 뿐 물질이 어떻게 생명으로 변신하게 되었는지는 알려진 바가 없습니다.

화학물질이 생명으로 전환되는 과정을 화학진화라고 합니다. 용어는 쉽지만 바로 여기에 과학이 풀지 못한 수수께끼가 놓여 있습니다. 저는 유물론적 과학으로는 이 문제를 풀 수 없다고 봅니다. 하지만 그 이유는 『물질』과 『생명』에서 이에 대한 과학의 접근과 방법론적 한계에 관하여 자세한 논의를 거쳐야 합니다. 정당한 근거가 필요하지요.

물리학에서 규정된 물질에서는 생명의 조짐이 나타나는 것이 불가능하다는 점이 밝혀집니다. 죽어있는 물질이 많이 모인다고 생명이 저절로 출현emergence하지 않습니다. 물리학이 채택한 물질에 대한 모형으로는 바로 이 가능성이 막혀 있습니다. 따라서 생명이 이런 죽은 물질로 구성되어 있다면 과학이 내릴 수 있는 선택은 생명마저 죽어있다는 결론뿐입니다. 일단의 생물학(특정 진화론, 사회생물학, 유전공학)에서는 이렇게 생명의 생명성(살아있음)을 부인하는 논의가 진행 중이지만(생명을 기계나 분자의 꼭두각시로 보는 겁니다), 보통 이렇게까지 심하게 연결 짓지는 않고 그저 어떻게 해결되려니 하고 근거 없는 희망으로 문제를 덮어놓고 있는 수준으로 보입니다.

죽은 물질과 살아있는 생명을 연결 짓는데 쓴 '출현'이라는 표현은 모른다는 걸 아무것도 아닌 것처럼 감추는 용어에 불과합니다. 제가 보기에 자연에 존재하는 실제 물질은 물리학이 규정한 그 물질(유물론에 기반을 둔 개념, 즉 모형입니다!)과 다른데, 지금 살펴보고 있는 지구와 생명의 진화 과정이 드러내는 새로움의 출현이 이를 반증합니다. 자세한 논의는 『물질』과 『생명』으로 남깁니다.

모든 것의 기원을 아는 것이 쉽지 않듯이, 생명의 기원 또한 이미 지나가 버린 사건이며, 지구 현생 생명의 경우에는 단 한 번 일어난 사건이기에 추적이 쉽지 않습니다. 생명의 기원에 대한 정보는 여러 곳에 담겨있을지 모릅니다. 첫째는 고생물학적인 물리적 기록이고, 둘째는 생명이 가지고 있는 유전자에 담긴 정보, 셋째는 생물의 대사 과정에 담긴 기록 그리고 넷째는 실험실 상황에서 생명의 기원을 다시 실현시켜 보는 것입니다. 그 밖에 생명에 필요한 더 작은 단위로 원시세포막의 기원, 에너지를 얻는 대사의 기원, 그리고 자기복제의 기원을 알아낼 필요가 있습니다.

우리는 생명의 기원이 방향성 있는 과정의 결과인지, 혹은 우연에 따른 무작위적 과정의 결과인지 모릅니다. 유물론적 과학에서는 후자의 과정으로 그 기원을 추적하려 합니다. 생명의 기원을 알기가 쉽지 않은 이유는 지구 생명은 단일한 종류이며, 생명의 기원이 여러 번 일어나지 않았고 지금은 더 이상 일어나지 않는 과거의 일이기 때문입니다. 바로 이 점 때문에 우리가 알고 있는 지구 생명이 보편적인 것인지 특수한 것인지조차 알 수 없고, 이는 결국 생명이 무엇인지 정의 자체를 아직 정확하게 할 수 없게 만드는 이유이기도 합니다. 이 점에서 외계 생명에 대한 탐구와 발견은 지구 생명의 기원과 생명 자체에 대한 이해를 도울 수 있습니다.

초기 생명

현생 생물에서는 생명에 대한 정보genotype와 구조phenotype를 각기 다른 분자가 담당하고 있습니다. 정보는 핵산(DNA나 RNA) 분자가 맡고 있고, 구조는 단백질이 맡고 있지요. 단백질은 효소의 역할도 하고 있는데, 단백질은 핵산의 지시로 만들어지고 핵산은 단백질이 촉매로서 돕지 않으면 기능을 할 수 없습니다.

예전에는 이들 중 어느 것이 먼저 출현하였는가를 밝히는 것이 생명의 기원에서 중요한 의문이었지만, 정보 저장과 촉매 역할을 함께 하는 리보자임ribozymes 분자가 발견되면서 생명의 초기 단계에서는 원시적인 RNA가 촉매작용과 자기복제를 함께 하는 최소한의 역할을 맡았을 것으로 보고 있습니다. 이 당시를 RNA 세상RNA world이라고 합니다. 물론 이 RNA가 어떻게 생겨났는지는 알지 못합니다. 현생 바이러스 중에도 RNA에 정보를 담고 있는 것들이 많고, 핵산은 전혀 없으면서도 세포 안에서 자가 증식할 수 있는 프리온prion이라는 단백질도 알려져 있습니다. RNA도 만들기가 쉽지 않은 분자이므로 그 이전에 더 단순하게 복제를 수행하던 분자가 있었을지 모릅니다.

생명을 이루는 기본적인 화합물들은 의외로 쉽게 만들어진다고 알려져 있습니다. 1953년 당시 대학원 학생이던 화학자 밀러Stanley Miller는, 1924년 오파린이 화학진화에 의한 생명기원설에서 제안한, 환원성 대기를 가진 초기 지구의 상황을 실험으로 재현하였습니다. 수소와 질소가스, 이산화탄소, 물, 암모니아, 메탄을 유리관에 넣어 순환시키면서 번개 효과는 전기 방전으로 대신하였고, 가열하고 식히는 과정을 반복합니다. 며칠이 지난 후 생명의 기본단위인 아미노산이 생성되는 것을 발견하였고, 그 후 방전 대신 자외선을 이용하는 등 비슷한 실험들을 통해 지금은 20종류의 아미노산뿐 아니라 DNA, RNA의 염기와 당, ATP 등도 거의 모두 만들어지는 것으로 보고되었습니다.

이렇게 만들어진 아미노산은 오른손형과 왼손형이 절반씩 나타납니다. 또한 여러 종류의 아미노산을 가열하고 식히는 과정에서 고단위 단백질 분자들, 오파린이 코아세르베이트coacerbate라고 했던 원시 세포벽에 해당하는 구형 막도 쉽게 만들어진다고 알려져 있습니다. 따라서 생명의 기본요소들이 특별한 환경이 아니더라도 화학반응으로 쉽게 생겨나는 점이 밝혀진 셈입니다.

하지만 그 후 초기 지구 대기가 환원성이 아닐 가능성이 제안되었는데, 환원성 대기는 햇빛의 자외선으로 쉽게 파괴되고 가벼운 수소는 지구 대기권에서 탈출함에 따라, 이산화탄소, 일산화탄소, 질소, 물이 주성분이었을 가능성이 높습니다. 이런 결과는 별에 가까운 질량이 작은 행성에서는 피하기 어려운 상황입니다. 산화성 대기에서는 생명의 기본요소들이 잘 만들어지지 않는다고 합니다. 하지만,

생명의 기본요소들은 우주 환경에서 이미 만들어졌을 가능성이 크다고 알려져 있으며, 이들이 혜성이나 소행성 충돌로 인해 지구로 운반되면 곧장 중합체polymer 합성을 시작했을 가능성이 있습니다. 따라서 생명을 구성하는 원소들이 별에서 온 것일 뿐만 아니라, 생명의 기원도 별과 행성이 만들어진 분자 구름에서 시작됐을 수 있습니다.

생명이 탄생한 장소도 대기와 맞닿은 바다나 작은 물웅덩이보다는 심해저 열수구 근처일 가능성이 높습니다. 그 이유는, 앞으로 살펴보았듯이, 당시 잦은 충돌 때문에 이곳이 그나마 환경이 안정된 곳이었기 때문인지 모릅니다. 그렇다면 현생 생명의 최후의 공통조상이 지구에서 최초로 탄생한 생물일 이유는 없지요. 현생 지구 생명의 최후의 공통조상은 외계에서 날아온 뜻밖의 재해로부터 살아남을 수 있는 곳에 살던 단지 억세게 운 좋은 생물들에서 출발했을지 모릅니다. 당시의 환경 변화에서 살아남지 못한 생명들은 현생 지구 생명들과 많이 달랐을 수 있습니다. 지구 생명의 기원에서부터 자연이 요구하는 필연보다는 운이 작용한 듯한데, 비슷한 상황을 지구 생명의 진화 과정에서도 자주 보게 됩니다.

생명이 이미 지구 곳곳을 장악하고 있고 산화성 대기를 갖춘 지금 지구에서 무생물로부터 생명이 탄생하는 과정은 일어나지 않습니다. 지구에서 자가 증식을 하는 세포를 탄생시킨 화학적 진화는 증거를 남기지 않고 끝났습니다.

생명의 진화

캄브리아기 이전은 대체로 미생물의 시대이지만 오랜 기간에 걸쳐 다양한 생명공학적 실험이 일어난 시기이기도 합니다.

광합성을 하는 시아노박테리아가 노폐물로 발생시킨 산소는 철광석 따위를 산화시킨 후 바닷속을 포화시킵니다. 산소는 화학적 결합력이 세기 때문에 기존의 초기 생물에게는 유독가스로 작용하여 대규모의 미생물 절멸 사태를 유발하였을 겁니다. 이를 최초이자 최대의 환경오염 사태로 보기도 합니다. 산소는 반응성이 매우 강하기 때문에 지구의 생명들은 산소로부터 자기를 보호하는 장비를 갖춘 후 이를 이용해 더 복잡한 생명으로 나가는 길을 발견하였지만, 그 위험성이 완전히 제거된 것은 아닙니다.

산소에 대한 방어 기능을 개발한 생명들이 나타나고 이들이 산소를 자신의 물질대사에 이용하며 더 큰 에너지 효율을 얻을 수 있게 되었고, 이를 통해 진핵세포와 성이 출현하고 다세포 생명으로 나아갈 수 있었을 것입니다. 산소호흡은 불이나 철이 녹스는 과정과 동일하지만 생명은 이를 서서히 조절하면서 진행합니다.

한편, 산소가 가진 유독한 측면이 최근 차츰 밝혀지고 있지만, 산소의 도움 없이는 현재 지구 생명의 다양성과 복잡성은 나타나지 않았을 것입니다. 산소는 20억 년쯤 전부터 대기 중에 누적되어 갑니다. 대기 상층부의 산소가 햇빛의 자외선으로 오존층을 형성하여 자외선이 지표에 도달하는 것을 차단하자, 그 이후에야 바다에서 진화해온 생명들이 본격적으로 육지로 상륙할 수 있게 됩니다.

5억 4천 백만 년 전 캄브리아기가 시작되며 화석으로 남아있는 생명의 폭발적인 증가가 일어납니다. 그 이유는 밝혀지지 않았는데, 현생 생물의 몸 형태body plan에 대한 가문 대부분이 이때 출현했다고 합니다. 그 전에는 진화가 상대적으로 정체되었다고 하기보다는 캄브리아기가 되며 화석으로 남기 쉬운 생명들이 폭발적으로 증가했을 가능성이 있습니다.

2억 9천만 년이나 되는 고생대 기간 동안 생명들은 바다에서 육지까지 생존 공간을 넓힙니다. 2억 5천만 년 전, 페름기 말에 지구 생명의 역사에서 전무후무한 대량멸종이 일어나는데, 특히 바다 생물 대부분을 절멸시킨 이 사태의 원인은 잘 알려지지 않았습니다. 천체와의 충돌 같은 외부적 요인의 가능성도 있지만, 시베리아에서 80만 년간 일어난 대규모 화산 폭발로 유독가스가 분출되고 화산재가 해를 가려 기온이 낮아지면서 빙하가 많아지고 해수면이 낮아졌기 때문일 수도 있습니다. 마침, 당시 모든 대륙이 판게아Pangaea라는 하나의 초대륙을 만들며 대륙 내부는 기온 차가 심해지고, 대륙붕이 줄어드는 따위의 환경 변화가 복합적으로 역할을 하였을 겁니다. 캄브리아기 이후 생명이 살기에 가장 비참했을 이 시기를 거치면서, 종의 90%가 사라지며 고생대가 마감되고 중생대가 시작됩니다.

이후 지구 생명의 진화에 대해서는 『생명』에서 더 자세하게 살펴보겠습니다. 지금 우리의 관심은 외계 생명입니다.

6

태양계 탐색

지구는 우주에서 생명이 존재한다고 밝혀진 유일한 행성입니다. 외계 생명이 우리가 알고 있는 지구 생물의 속성을 따라야 할 이유는 없으며, 지구에서와는 전혀 다른 가능성을 추구했을 수도 있지만, 지구 생명을 구성하는 물질들이 우주 규모에서 보편성을 가진다는 사실, 성간 구름과 운석에서 생화학적 분자들의 분포, 그리고 지구에서 생명의 빠른 기원 정황을 고려하면, 다른 세계의 생명도 우리와 비슷한 생화학에 기초를 둘 가능성이 높아진 셈입니다. 지구 생명이 단일한 종류임에도 환경에 적응하는 진화 과정에 따라 매우 다양한 형태를 갖춘 것을 고려한다면 외계에서는 더 다양한 형태의 생물들을 기대할 수 있습니다. 같은 생화학에 기초하고도 환경의 차이에 따라서 다른 측면을 개척했을 수도 있을 겁니다.

생명 지표

지구 생명은 행성 규모의 현상이라는 점과 지구 표면에 심대한 영향을 남겼다는 사실을 살펴보았습니다. 태양계 안에서 생명 탐사는 지구 생명에서 알아낸 생명에 필요한 환경과 비슷한 지역을 탐색하는 것과 같은데, 이는 먼저 현재나 과거에 액체 상태의 물이 있는 지역을 찾는 탐사와 거의 동일합니다. 그만큼 액체 상태의 물은 지구 생명에 공통되며, 열원만 있다면 우주적으로도 풍부하기 때문입니다. 액체 상태의 물이 가능한 온도에서는 생화학 반응도 활발합니다. 태양계 안에도 여러 가능성이 알려져 있습니다.

생명을 찾기 위해서는 생명에 대한 모형이 필요합니다. 먼저 지구 생명과 비슷한 생명을 찾으려 하는 데는 이해할 만한 점도 있습니다. 인간이 전혀 경험하지 못한 생명을 상상하는 데는 한계가 있기에, 일단 우리가 아는 생명을 찾아보는 거지요.

태양계에서 생명의 흔적을 찾는 작업에 고생물학자들이 캄브리아기 이전의 고 미생물을 연구하는 데 활용하는 미생물의 생명지표 biomarker가 도움이 될 수 있습니다. 원격으로 탐사하거나 현장에서 지질조사를 통해 사용할 수 있는 생명지표에는 여러 가지가 있는데, 세포 화석이나 스트로마톨라이트와 같은 생물 집단이 남긴 퇴적 구조, 생명 활동에서 나온 유기물질, 생명 활동에 영향을 받은 광물, 탄소동위원소의 비와 같이 생명 활동을 지지하는 안정된 동위원소 비율, 생명 활동을 지지하는 대기 조성 따위입니다. 물론 이러한 지표들은 지구 생명에 기반을 둔 것들임에 유의해야 하고, 이들이 무생물적인 작용으로도 일어날 수 있는지에도 항상 주의를 기울여야 합니다.

수성, 달, 금성

수성과 지구의 달은 대기가 거의 없고 운석 충돌 자국들이 많은데 액체가 흐른 흔적이 없습니다. 달은 형성되면서부터 메마른 상태였다고 보이며 과거에 물이 흐른 흔적도 없지요. 극 지역에 얼음 상태의 물이 있을 수 있지만, 압력과 온도 조건이 액체 상태를 허용하지 않습니다. 두 천체 모두 내부까지 전부 식은 것으로 보여 현생 생명을 기대하기는 어렵습니다. 하지만 탐사가 더 진행되며 우리의 이해가 어떻게 바뀔지는 알 수 없습니다. 태양계 탐사는 누구도 예상치 못한 놀라운 반전으로 가득합니다. 아는 사실에 기댄 기대가 막상 가보면 다른 거지요.

지구에서 생명이 나타난 정황을 보면 초기 태양계에서 꼭 지구에서만 생명이 탄생할 이유는 적어 보이고, 화성과 금성도 지구와 비슷한 진화를 겪었을 가능성이 큽니다. 생명이 나타나면 대기 중 이산화탄소를 제거하는 과정이 작동하게 됩니다. 지구보다 약간 작은 금성은 아마도 해와 더 가깝기 때문에 가열된 대기 상층부까지 수증기가 올라가 광분해되며 수소를 잃고 이산화탄소가 증가하여 온실효과를 촉진하는 과정이 걷잡을 수 없이 폭주한 것으로 간주되는데, 현재 금성의 표면 온도가 섭씨 450도라는 고온임을 보면 온실효과보다도 화산 폭발에서 나온 지열이 (지구 대기압의 92배인) 두꺼운 대기에 갇히며 일어난 상태인지도 모릅니다.

태양계가 만들어질 당시에는 해의 광도가 지금보다 30% 정도 낮았으므로 금성도 온도가 낮고 물이 존재했을 가능성이 있지만, 지금은 표면 근처에 생명은 물론이고 과거에 살았던 생명의 잔해조차 변형되어 찾기 어려울 겁니다. 금성의 상층 대기압이 0.5기압인 지역은 온도가 섭씨 25도이고 25%는 물, 75%는 부식성이 강한 황산으로 이루어진 산성 구름층인데, 지구에서는 구름층에서 사는 생명이 발견되지 않았음을 고려한다면 생명이 살 가능성은 적지만, 정말로 없는지는 모릅니다. 지구 대기의 구름층에는 물도 있고 햇빛도 충분히 들지만 생명이 살지 않는 것은 아마도 안정된 환경도 중요하기 때문인지 모릅니다.

화성 운하

아는 만큼 보인다는 말을 자주 인용했지요. 이론에 너무 치우친 일부 과학의 태도에 대한 경구였습니다. 물론 이론의 안내 없이 새로운 발견을 하기란 쉽지 않습니다. 그 한 예로, 갈릴레오는 목성의 위성을 발견하고 그의 반대자들을 설득하기 위해 여러 차례 공식 모임에서 망원경으로 보여주었지만 아무도 설득하지 못했다고 하지요. 그래서 그는 전략을 바꿉니다. 먼저 행성에 위성이 있을 수도 있다는 가능성을 설득하려 합니다.

요즘도 망원경을 처음 보는 분들은 무엇을 어떻게 보게 될지에 대한 안내자의 설득이 필요하곤 합니다. 저는 가을철 밤하늘에서 안드로메다은하를 쉽게 찾고 볼 수 있는데, 천문학을 공부하면서도 아직 본 적이 없는 분들에게 이 점을 설득하기가 쉽지 않습니다. 상황이 이쯤 되면 하늘이 아주 맑지 않은 경우에는 제가 보는 것이 실제 보는 건지 아니면 있다는 확신에 보인다고 믿는 건지 확실치 않습니다.

더 나아가 안다고 믿으면 없는 것도 보입니다. 그 좋은 예는 당시 최상의 망원경을 사설로 보유한 로웰Percival Lowell이 관측한 화성의 운하입니다. 그는 "알려준 경우에조차 모든 사람이 이러한 섬세한 특징들을 첫눈에 볼 수 있는 것은 아니다. 더 자세한 세부 사항을 인식하려면 최상의 조건에서 관찰하면서 훈련된 예리한 눈이 필요하다. … 이것이 화성의 운하다."라며 자신합니다. 지금 돌이켜보면 실제 그가 본 것이 무엇인지는 확실치 않습니다. 그가 그려놓은 다양한 운하를 지금은 찾을 수 없습니다.

인공위성을 이용한 직접적인 우주탐사가 시작되기 전인 1950년대까지만 해도 태양계 연구로 저명한 천문학자 카이퍼Gerard P. Kuiper는 화성 관측 결과를 "식생 때문이라는 가설은 … 다양한 그림자 형태와 그들의 계절과 시간에 따른 변화를 가장 잘 설명하는 것으로 보인다."라고 말합니다.

화성인뿐 아니라 광범위한 외계 생명의 존재를 믿었던 로웰은 베스토 슬라이퍼를 고용하여 당시 성운으로 알려진 납작한 원반 모양 천체들의 분광 관측을 지시합니다. 로웰은 지금은 은하로 알려진 그 성운들이 태양계가 만들어지는 초기 단계라고 생각했던 거지요. 앞으로 우주 망원경과 대형 망원경들이 외계 행성의 대기에서 관측하려는 걸 이미 100년 전에 시도한 겁니다. 슬라이퍼의 분광 관측은 산소나 오존을 발견하지는 못하지만 분광선들이 긴 파장 쪽으로 치우친다는 사실을 발견하고 이는 뒤에 우주의 팽창으로 해석됩니다. 허블과 르메트르가 사용한 은하의 적색이동 관측은 모두 슬라이퍼의 결과입니다. 최초의 우주생물학적 관측 시도가 현대 우주론의 시작으로 이어진 겁니다.

화성

"나는 화성의 지평선을 보여주는 첫 번째 착륙선 영상을 보고 그

자리에 못 박혔던 것을 기억한다. 내 생각에 이건 외계가 아니었다. 나는 콜로라도, 아리조나, 네바다에 이와 비슷한 곳들을 알고 있었다. 거기에는 지구의 어떠한 풍경과 같이 자연직이고 비자각적인 암석들, 모래가 날린 흔적 그리고 먼 언덕들이 있었다. 화성은 그저 하나의 장소였다. 내가 모래언덕의 뒤로부터 당나귀를 몰고 있는 회색빛의 채굴자를 보았다면 물론 놀랐겠지만 동시에 그런 생각이 적절해 보였다." 화성에 착륙한 두 대의 바이킹 탐사선 사진을 본 칼 세이건의 감상입니다.

지구의 절반 크기인 화성은 지구보다 먼저 식으니, 생명 출현에 적합한 환경을 지구보다 먼저 갖추었을 가능성이 있습니다. 생명이 나타날 조건만 갖추어지면 곧 출현한다면, 생명은 화성에서 먼저 출현했을 가능성이 있는 거지요. 생명이 운석을 타고 행성 사이를 이동할 수 있다는 점이 알려진 이상, 지구 생명이 화성에서 기원했을 가능성도 있는데, 미래에 화성 생명의 흔적이 논쟁의 여지 없이 발견된다면 더 명확해질 수 있습니다. 물론 발견된 화성 생명이나 화석을 지구 생명과 구별할 수 없다면 여러 가지 논쟁이 계속될 가능성도 있지요.

화성은 크기가 작다는 이유로 지구보다 먼저 식으며, 생명이 번창하던 시기도 먼저 끝났을지 모릅니다. 화성은 결국, 내부와 표면이 식어 액체 상태의 물을 지탱할 수 없는 등 물리적 환경의 변화로 생명이 행성 전체를 장악하는 것이 불가능해졌을 텐데, 이로써 화성 생명들은 전멸당하거나 일부 생존을 유지할 수 있는 지역으로 떠밀려서 지역적으로 고립되어 진화했을 가능성이 있습니다.

화성 표면에는 과거에 물이 흐른 흔적이 많고(바로 지금 흐른 자국도 있습니다!) 현재에도 토양 아래 많은 양의 물이 얼음 상태로 있다고 추정됩니다. 최근에 일어난 화산이나 지열을 시사해 주는 자료들이 있어 화성의 표면이나 표면 아래에 액체 상태 물이 존재할 가능성이 있는데, 이 경우 표면이나 토양 아래에 사는 현생 생명을 부정할 수 없습니다. 오아시스의 경우에는 보통 그 수명이 그리 길지 않아 생존을 위해서는 자주 이동해야 할 가능성도 있습니다.

2003년 화성 표면에서 일시적으로 메탄이 대규모로 검출되었는데, 화성 대기에서 메탄의 수명이 길지 않고 지구에서 메탄은 주로 메탄박테리아가 생성하기에 지표 아래 화성 생명의 생존 가능성이 대두되었습니다.

과거든 현생이든 화성 생명의 존재 가능성이 사라지면 인간의 화성 탐사 이유는 크게 줄어들게 됩니다. 저는 지금 화성에 생명이 살고 있다고 믿는데, 여러 정황상 그렇지 않을 이유가 없기 때문이지요. 상황은 언제나 아슬아슬합니다. 화성 생명은 우리가 가진 기기 분해능의 한계 바로 너머에 항상 대기하고 있는 듯합니다.

화성은 지금 외계 생명이 발견될 가능성이 가장 높은 지역입니다. 내일 당장이라도 모든 뉴스를 장식할 수 있습니다. 과학을 넘어 인간 발견의 역사에서 가장 중요한 사건이 되겠지만, 만일 단발성 발견이라면 당장은 온갖 뉴스로 도배되더라도 한두 주 정도의 흥분 기간이 지나면 일상으로 돌아갈지 모릅니다. 후속 보고가 계속 나오면 물론 지속될 수 있겠지요.

한 인터뷰에서 스탠리 큐브릭은 외계인과의 만남에 대해서조차 크게 기대하지 않습니다. "문화적 충격에 관한 한, 제 인상은 대부분 사람의 주의지속 시간이 매우 짧다는 점입니다. 신문과 텔레비전에서 한두 주일 정도의 엄청난 흥분과 과포화 후, 대중의 관심이 떨어지고 유엔이나 당시 우리가 가진 세계기구가 외계인과의 접촉에 나서겠지요."

우리의 기대를 고려한다면 화성에서 생명이 발견되지 않는 상황도 매우 중요합니다. 초기 화성은 지구보다 먼저 생명이 출현하기에 적합한 환경이 조성되었고, 지금 지구에서 생물이 살고 있는 극한 환경이 화성에도 있다고 보입니다. 화성 생명의 존재 여부는 과학의 관점에서는 우주에 생명이 얼마나 광범위하게 살고 있는지에 대한 시금석이 됩니다.

행성 개조

화성의 토양 아래에는 많은 양의 물이 얼음 상태로 있다고 알려져 있으며, 이를 녹여서 화성 대기를 지구화하려는 지구화 작업terraforming에 대한 논의가 있습니다. 가까운 미래에 유전공학으로 조작된 박테리아나 나노기계를 이용하여 기술적으로 가능하더라도, 효율성과 이로운 점이 어느 정도인지는 불확실합니다.

최근 민간 기업이 화성을 관광자원으로 개발하려는 움직임이 나타나고 있는데 윤리적 문제와 함께 신중한 접근이 필요합니다. 서구의 대항해시대를 거치며 나타난 식민지 개척도 먼저 민간의 형식을 빌려 진행되었는데 이는 윤리적 문제와 직접 결부되지 않으려는 국가의 의도와 함께 인권유린(이 정도가 아닙니다!)과 환경파괴 따위의 많은 부작용을 동반했습니다.

그럼에도 달과 화성 그리고 지구궤도에 작은 생태계들을 조성하여 인간과 지구 생명의 피난처를 마련해 두는 작업은 인간의 생존을 위해 꼭 필요합니다. 지구 자체가 충돌로 만들어졌으며 생명의 탄생과 진화 과정에서 충돌의 역할, 그리고 과거와 같이 앞으로도 태양계 천체와의 충돌이 지구에서 생명진화의 방향을 좌우할 경우 인간과 생명의 생존을 위한 대비입니다. 꼭 외계로부터의 위협만이 아니라 지구 내부의 위협적인 환경 변화에도 대비가 되겠지요. 인간종의 보존을 위한 최소한의 장치인 겁니다.

거대 행성

지구형 내행성이 있는 지역은 해와 가까워서 온도가 따뜻한 반면, 탄소를 포함한 유기물은 바깥쪽 행성에 많습니다. 목성과 같은 거대 행성의 경우 대기의 깊이에 따라 온도와 압력이 달라지는데, 대기라 하더라도 액체 상태와 유사한 지역이 있을 겁니다. 액체 상태의 물이 존재할 만한 깊은 지역에는 햇빛이 도달하지 않겠지만, 내부의 열 근원이 있을 수 있습니다. 이런 곳이나 대기 중에서 생겨나고 진화해온 생명은 지구 생명과는 많이 다를 겁니다. 문제는 거대 행성에는 유기물이 풍부하지만 단단한 표면이 없고, 지구에서는 구름층에 살 수 있도록 적응한 생명은 없다는 점입니다. 그러나 거대 기체 행성의 대기나 액체 상태의 지역에 생명이 살지 않을 것이라고 함부로 결론을 내리기에는 우리가 생명에 대해 아는 바가 없습니다.

유로파

거대 행성 자체보다 그들이 거느린 수많은 위성에 생명이 번성할 가능성이 있습니다. 이러한 위성 중 여러 개가 지구형 행성의 규모를 가지고 있고 액체 상태 물이 존재할 가능성이 있습니다. 생명의 가능성과 관련해서는 이들 중 유로파Europa가 큰 관심을 끕니다. 유로파는 달보다 약간 작고, 목성이 가진 네 개의 거대 위성 중 하나입니다. 위성사진을 보면 유로파는 얼음 표면을 가시고 있으며 충돌 자국이 거의 없고 표면이 최근에 형성된 모습을 보입니다. 표면은 수백 ㎞에 달하는 얼음이 흐른 자국과 균열이 간 얇은 얼음층으로 되어있는데, 위성 자료로 추정한 밀도 분포를 통해 얼음층 아래에 조석력으로 녹은 바다와 판구조 활동이 있다고 추정합니다.

얼음 표면에서는 유기물들의 혼합체로 보이는 갈색 얼룩들이 보이는데, 지구에서는 빛이 1% 정도 통과하는 얼음 아래 4m 정도에서도 광합성을 하는 미생물들이 있습니다. 물론 유로파의 얼음층은 이보다는 훨씬 두껍습니다. 중력과 자기장 분포로 추정해 보면 얼음 두께는 10~30㎞ 정도이고 그 밑에는 지구 바닷물의 두 배 정도 되는 액체 상태의 물이 있을 것으로 예상합니다. 유로파는 태양계에서 상대적으로 가장 거대한 바다를 가진 천체입니다. 지구의 열수구와 비슷한 지역에 화학에너지에 기반을 둔 생명들이 독자적인 생태계를 만들며 살고 있을 수 있는데, 특히 지구 생명의 기원이 심해저 열수구였다면 유로파에도 생명이 탄생했고 지금도 살고 있을 가능성이 큽니다.

유로파의 해양에 도달하기 위해서는 아주 두껍다고 추정하는 얼음층을 통과해야 합니다. 이를 위해 열을 발산하는 원자로를 내려보내면 가능하다는 제안이 있습니다. 미지의 생명을 탐사하기 위해 핵추진 가열기를 사용한다는 발상이 기술적으로 가능한 방법이더라도, 무언가 주객이 전도된 느낌이 듭니다. 지금 과학이 자연을 관찰하는 방법 자체가 자연에 위해를 가할 가능성에 대한 한 단면처럼 보입니다. 유로파의 바다를 탐색하기 위해 동원될 미래의 기술이 가진 방법상의 문제는 이미 지구에서도 드러나고 있습니다.

보스톡 호수

보스톡Vostok 호수는 남극에 있는 400여 개 빙하 밑 호수 중 가장 큽니다. 시추 지점에서 4㎞ 지하, 해발 -500m에 위치한 이 호수는 길이 250㎞, 폭 50㎞, 평균 깊이 432m로 알려져 있습니다. 이 호수는 1,500~2,500만 년 전에 고립되었다고 추정됩니다. 러시아가 수십 년에 걸쳐 산발적으로 시추를 진행하였는데 3,768m에 달하는 시추공에는 40만 년의 기후 기록이 담겨 있습니다. 최종 시추를 앞둔 시점에서 서방 기술자들의 문제 제기로 조사한 바로는 남극 빙하의 극한 저온에서 시추공이 얼지 않게 하기 위해 냉각수로 다량의 항공유를 채운 상태였습니다. 수백만 년간 외부로부터 고립되었던 청정 지역을 탐사하는 과정에서 탐사 방법상 먼저 호수를 대량의 오염물질로 오염시킬 가능성이 있는 거지요.

2012년 결국 러시아는 호수를 시추합니다. 사용한 기법은 시추공에서 호수의 물이 압력으로 바깥으로 나오기만 하는 방법이라고 하는데 이번에는 호수의 물이 시추에 동원된 물질들과 뒤섞여 시추되었다고 합니다. 러시아 측은 2015년 청정한 호수의 물을 시추하였다고 주장합니다. 발견된 여러 박테리아에 대한 보고는 시추공 상단부의 박테리아와 시추와 냉각용으로 사용된 석유 화합물에 의한 오염이 상당함을 보여줍니다. 러시아 측의 홍보와 무관하게 이러한 오염이 제거된 순수한 호수의 물을 얻기 전까지는 가치 있는 정보가 없다는 비평이 있습니다. 청정 지역에 대한 탐사 자체가 먼저 청정 지역을 훼손하고 기존 생명에 해를 끼칠 소지가 다분한 겁니다.

조석 열

해로부터 멀리 떨어진 유로파에 있는 액체 바다는 별 이외의 다른 열원이 가능함을 알려주는데, 목성과 그 자매 위성들이 가하는 조석력이 그 근원입니다. 목성의 차등 중력(행성의 목성 가까운 지점과 먼 지점이 받는 중력의 차이)으로 행성의 모양이 목성을 향해 길쭉하게 변형되고 고정되는데(달처럼 항상 같은 면이 목성을 향합니다), 여기에 다른 자매 위성들이 주기적으로 가까이 오며 목성이 아닌 자신들 쪽을 향하도록 힘을 가하여 행성 내부에 열이 발생합니다.

목성의 네 거대 위성인 이오, 유로파, 가니메데, 칼리스토 모두 자전주기와 공전주기가 같습니다. 그중 안쪽에 있는 세 위성의 공전주기는 신기하게도 1대 2대 4입니다. (그 이유는 중력의 영향으로 밝혀져 있습니다.) 이 정확한 상대적 주기성 때문에 차등 중력이 이오와 유로파에 지속적으로 열을 발생시킵니다. 가니메데는 태양계 위성 중 가장 거대합니다.

목성에 가장 가까운 이오는 조석 효과로 인해 태양계에서 화산활동이 가장 활발한 천체입니다. 이오의 화산활동은 보이저호가 목성에 도착하여 사진을 전송하기 며칠 전에 예측되었다고 합니다. 두 번째인 유로파는 표면 상황과 인공위성이 받는 중력으로 추정하면 내부에 상당량의 액체 바다가 있을 것으로 추정되며, 그 너머의 가니메데와 칼리스토에도 상당한 액체 상태 물의 바다가 지하에 있을 것으로 예상합니다.

수소와 산소는 우주에 아주 풍부하므로, 액체 상태의 물이 있으려면 온도만 맞으면 되는데, 천체 사이에 미치는 조석력이 쉽게 열의 근원이 될 수 있습니다. 이런 상황은 우주의 다른 천체들에서도 흔하게 일어날 수 있으며, 여기에는 열핵반응으로 빛을 내는 별이 필요하지 않습니다. 지구 생명, 특히 다세포를 이루는 진핵생물의 주 에너지원이 광합성임을 고려하면 액체 상태의 물과 열원은 있지만 별빛 에너지가 없는 곳에서 고등 생명으로 진화할 수 있을지는 알 수 없습니다.

타이탄

토성의 거대 위성인 타이탄Titan은 오렌지색의 짙은 환원성 대기를 가지고 있어서 오래전부터 생명의 존재와 관련하여 관심을 끌어왔습니다. 타이탄은 태양계에서 가장 큰 위성인 가니메데보다 약간 작지만, 수성보다 큽니다. 지구보다 대기압이 1.5배 높은 짙은 대기를 가지고 있고 대기는 생명의 기원이 되는 유기화학 물질이 풍부한, 자연적인 밀러의 실험실이라고 볼 수 있습니다. 온도만 높으면 쉽게 아미노산을 만들 수 있을 텐데 평균온도인 섭씨 영하 179도 정도에서는 화학반응이 아주 느리게 일어납니다. 온도로 보면 에탄과 메탄이 액체 상태를 유지할 수 있어 대기와 바다, 얼음이 가능합니다.

타이탄은 짙은 대기 때문에 인공위성으로는 표면을 볼 수 없는데, 2005년 1월 카시니 위성에서 분리된 호이겐스Huygens 탐사선이 착륙했습니다. 착륙선이 보내온 촬영에 따르면, 타이탄의 표면은 유체가 흐른 자국들은 있지만, 예상과는 달리 건조한 것으로 보입니다. 계절에 따른 온도변화 때문일 수도 있고, 짙은 구름은 종종 강한 폭우로 변할 수도 있습니다. 그 후 카시니 인공위성의 표면 레이다 관측에 따르면 액체 상태의 호수가 보이고, 충돌 자국이 드물며 판구조 작용의 효과나 강물이 흐른 흔적 따위가 보여 지질학적으로 활발한 것으로 추정됩니다. 타이탄도 초기에는 중력에너지로 따뜻했을 가능성이 있고, 종종 일어나는 충돌도 부분적으로 얼마간(수천 년) 따뜻한 환경을 만들었을 겁니다.

드문 지구 가설

한때 『드문 지구Rare Earth: 왜 복잡한 생명은 우주에 드문가』라는 제목의 책이 출간되며 우주에 미생물로 이루어진 생명권은 많더라도 지구처럼 인간에까지 이르는 행성은 드물다는 주장이 제기되었습니다. 인간이 존재하기 위해 필요한 온갖 조건을 나열하다 보면 우연한 기적에 기적이 거듭되어야만 한다는 건데요, 이런 사상의 바탕에 깔린 가정에는 물질과 생명에서 일체의 자율성을 박탈하는 유물론이 자리 잡고 있습니다. 과학이라면 당연하다고 생각하실지 모르지만, 가정으로서의 유물론은 과학의 관점에서는 엄격한 검증이 필요한 근대의 주류 사상입니다. 우리가 모를 뿐 과정이 복잡하다는 점이 결과가 드물다는 결론으로 이어지지는 않습니다. 우연이 필연을 배제하는 것도 아닙니다. 우리는 그저 모를 뿐이지요.

과학의 관점에서라면, 인간에 이르는 길은 접어두고서라도 무생물에서 생물에 이르는 길조차 기적 이외에는 설명할 길이 없습니다. 무생물에서 박테리아에 이르는 과정에 비하면 그 후 다세포 생물로의 진화는 그다지 복잡하고 험난한 과정이 아닐 수도 있습니다. 사실 지금 과학으로는 물질과 생명의 존재를 그저 무심히 다룰 뿐 그것이 무엇인가라는 질문에 대해서라면 할 말을 잊습니다. 마침 『드문 지구』의 저자 중 한 명이 지적 설계론(신에 의한 생명창조론)과 관련되었다는 지적이 있습니다. 『드문 지구』와 정반대의 주장을 하는 『생명은 모든 곳에Life Everywhere』라는 제목의 책도 있습니다. 두 상반된 주장의 공존은 외계 생명의 가능성에 대한 지금 과학의 완벽한 무지를 알려줍니다.

유물론으로는 생명을 다룰 수 없다고 말씀드렸는데, 『물질』과 『생명』에서 깊이 탐구합니다. 사실 우리는 생명이란 무엇인지 그 기능 이외에는 아는 바가 없는 셈입니다. 물질로 구성된 생명이 보여주는 살아있음과 창조성을 보면 물질에 대해서도 모르기는 마찬가지입니다.

드문 타이탄 가설

드문 지구 가설에 대한 풍자로 맥케이는 드문 타이탄Rare Titan 가설을 제기합니다. 이분의 강연에서 들은 내용인데 재미있어 소개합니다. 타이탄 과학자의 관점입니다. "타이탄의 과학자들이 지구라는 행성에서 액체 상태 물 발견! 하지만, 물은 극도의 부식성을 가진 물질로 지구에서 용액의 농도가 치사량에 가깝다. 지구의 고온 상태에서는 화학반응이 너무 빨라서 생명이 거의 하루 단위로 터무니없이 바쁘게 번식해야 한다. 물은 고체 상태가 액체 상태 위에 뜸으로서 극지방과 겨울 지역은 살 수 없고 아주 불안정한 기후변화를 유발한다. 지구 대기의 광화학 반응은 대기 중에 강한 독성을 띠는 산소분자를 방출하여 어떠한 [타이탄의] 생명도 살 수 없다. 결국 액체 상태의 메탄이 존재하는 타이탄의 안정된 환경과 적절한 온도는 생명의 탄생과 진화에 유일하게 적합하며, 맞춤형으로 지적 설계intelligent design되었음을 증명해 준다." 자신의 환경에서 얻은 관점에 따라 생명의 조건이 정반대로 해석될 가능성을 보여주며 지구 생명에 대한 맹목적 우월주의, 즉 편견의 가능성을 드러내고 있습니다.

지구 바깥 생명의 가능성에 대해서 우리는 사실 아무것도 모릅니다. 어디에 어떤 형태의 생명이 가능할지에 대해서는 열린 태도가 바람직합니다.

다량의 유기물을 함유하고 액체 상태의 에탄과 메탄으로 가득한 타이탄에 생물이 있다면 지구 생물과는 전혀 다를 겁니다. 우리가 무엇을 보게 될지는 알려지지 않았습니다. 타이탄에 사는 생명은 지구에서와는 완전히 다를 텐데, 타이탄 생명의 발견은 생명에 대한 새로운 이해를 가져다줄지 모릅니다. 문제는 우리가 타이탄의 생명과 마주하고도 생명으로 인지하지 못할 가능성이 충분히 있다는 것입니다. 낮은 온도에 생화학 반응이 너무 천천히 일어나 우리에게는 돌덩어리처럼 보일지 모릅니다. 그러나 타이탄의 생명에게 시간은 얼마든지 있습니다.

엔셀라두스

최근 카시니 위성 탐사로부터 토성의 작은 위성인 엔셀라두스 Enceladus가 표면 틈에서 나온 대기, 간단한 유기물과 물, 그리고 열원을 갖추고 있는 사실이 알려졌습니다. 엔셀라두스는 지름 500㎞로 달보다 7배 작고, 밀도는 물의 1.1배, 표면 반사도가 거의 100%이며 일부에는 많은 충돌 자국이 있지만 대부분 지역은 충돌 흔적이 없습니다. 위성 표면의 99.9%는 물로 이루어져 있으며 대기는 표면의 갈라진 틈들로부터 수백 ㎞까지 뿜어져 나온 후 흩어집니다. 주성분은 수증기로 얼음 표면 내부에 액체 상태의 물이 있을 것으로 추정됩니다. 이는 물 화산cryovolcanism이라고 할 만한 것으로 지구 이외에는 유일하며 그 규모도 거대합니다. 이 위성은 토성의 E고리와 연관되어있고 이를 유지해 주고 있는 것으로 추정됩니다.

가스의 스펙트럼에서 대부분이 아마도 메탄인 탄소와 수소 화합물들이 보이며 질소도 있는데 특히 표면의 갈라진 틈 사이에서 많이 관측됩니다. 이러한 원소들은 환원성 물질로 밀러의 실험에 쓰인 성분입니다. 표면 온도는 섭씨 −193도 정도이고 갈라진 틈에서는 −123도 정도입니다. 이러한 틈 사이에 미생물들이 살고 있을지 모릅니다. 엔셀라두스는 현생 생명이 발견될 가능성이 유로파나 화성보다도 더 높은 태양계 안의 천체로 떠올랐습니다.

열원으로 방사능 붕괴와 조석 효과를 지목하지만, 이 작은 위성이 지금까지 열을 유지하고 있는 이유는 알려지지 않았습니다. 최근 엔셀라두스 내부의 복잡하게 성긴 구조 사이를 액체 상태 물질이 자전으로 지나며 발생한 마찰력이 열원으로 가능하다는 가설이 제안되었습니다. 엔셀라두스는 동주기 자전을 하며 주기는 1.37일입니다. 열원이 어떻게 밝혀지든 이렇게 작은 천체가 별다른 조석력도 없이 열을 유지할 수 있다는 점은 전혀 예상치 못한 상황입니다. 우주에는 우리가 아는 것보다 다양한 열원이 가능하며 이에 따라 더 넓은 영역에서 생명이 존재할 가능성을 시사해 줍니다. 빛을 내는 별이 없는 지역에서도 미지의 열원이 가능한 겁니다.

다른 지역

태양계 안에 생명이 존재할 가능성이 있는 다른 지역들로는 이오 내부의 물이 있는 지역, 트리톤의 내부, 혜성이나 소행성의 표면 따위가 있습니다. 소행성은 큰 것은 지름이 1,000㎞ 정도이고 지름 1 ㎞보다 큰 것이 수만 개 있습니다. 공기나 액체 상태의 물을 가지고 있을 가능성은 적지만 탄소질 소행성은 유기물을 많이 지니고 있고 충돌을 통해 초기 지구에 유기물을 제공했을 가능성이 있으며 일부 는 열과 물로 변형된 흔적을 가진 경우가 있습니다. 혜성에는 유기 물뿐 아니라 물도 얼음 상태로 많이 있어 충돌을 통해 초기 지구에 물을 제공했을 가능성이 있습니다. 생명에 필요한 물과 유기물이 우 주로부터 공수된 셈이지요.

트리톤Triton은 달보다 작은 크기를 가진 해왕성의 위성입니다. 표 면은 섭씨 영하 235도라는 극저온이지만 옅은 연무가 관측되었습니 다. 섭씨 영하 210도와 영하 196도 사이에서 (1기압 하에서) 액체 상태로 존재하는 이질소(질소 분자)가 용매 역할을 하는 생명 활동 이 있을지 모릅니다. 이 경우 탄소 중심 생화학보다는 규소를 축으 로 하는 미지의 생화학이 가능할지도 모릅니다.

생명이 없던 지구에 생명이 나타나고 양상을 바꾸면서 지구와 함 께 진화해 왔다는 사실과 태양계에서 생명의 존재 가능성을 살펴보 았습니다. 지구가 생명이 나타나고 살 정도로 특별하기는 하겠지만, 지구 생명의 구성이나 별로서의 해와 행성으로서 지구의 조건을 보 면 우리 은하계 안에서 지구만이 특별한 이유는 찾기 어렵습니다. 태양계 안에서조차 다른 천체에 지구와 독립적인 생명권이 지금 존 재할 가능성이 충분히 있습니다.

그럼 다른 별에서의 상황은 어떨까요. 해의 나이가 우리 은하 안 에 있는 많은 별과 비교해서 수십 억 년 더 어릴 가능성을 생각해 보면, 그곳에서는 지구의 미래가 이미 과거에 펼쳐졌을 가능성도 있습니다. 그것도 아주 많은 곳에서 오래전에 말이지요.

후발 주자로서 우주 진출에 막 한발을 디딘 인류로서는 큰 희망을 품을 만합니다. 그러나 지금 우리는 이런 기대와는 많이 다른 의아한 상황과 마주합니다.

7

거대한 침묵

초문명의 가능성

외계에서 온 인공적 전파 신호를 수신하려는 세티SETI(외계지적생명체탐사Search for Extraterrestrial Intelligence) 계획은 외계에 지금 인류보다 더 발전된 문명이 있다고 가정합니다. 우주의 나이가 138억 년쯤 되고 수천억 개의 별로 이루어진 우리 은하의 나이도 그쯤 된다는 점과 비교한다면, 46억 년쯤 전에 탄생한 태양계는 우리 은하의 다른 별들에 비해 늦게 나타난 후발 주자임이 틀림없습니다. 별은 지금도 만들어지지만, 우리 은하 안의 많은 별은 태양계보다 훨씬 오래전에 만들어졌습니다. 우주와 우리 은하 안에서 우리보다 앞서 행성과 생명이 시작되었을 가능성이 없다고 할 수는 없습니다. 그럴 경우 우리보다 수십억 년 앞선 문명도 가능합니다. 지금 인간의 기술이 변하는 상황으로 보면 우리는 수만 년이 아니라 단 100년 후조차 예측하기 어렵습니다.

천문학자 카다쉐프Nikolai Kardashev는 1964년 초문명super-civilization의 분류를 제안합니다. 제Ⅰ형은 행성에 온 별빛을 모두 활용하는 문명입니다. 현재 인류가 쓰는 에너지는 지구에 도달한 태양에너지의 수천분의 일 수준입니다. 제Ⅱ형은 행성이 속한 별의 빛에너지를 모두 활용하는 수준의 문명으로 이는 Ⅰ형 문명보다 천억 배 정도 많은 에너지를 제어할 수 있습니다. 제Ⅲ형은 행성이 속한 은하의 빛에너지를 모두 활용하는 수준의 문명으로 이는 Ⅱ형 문명보다 다시 천억 배 정도 더 많은 에너지를 제어하는 수준입니다. 이런 분류에 무슨 근거가 있는 건 아닙니다. 무엇을 기대할 수 있는지에 대한 상상을 에너지 규모로 표현한 정도라고 볼 수 있습니다. 지금 상황에서 외계 문명에 대한 상상은 그저 우리의 기대를 반영하는 추측 수준일 수밖에 없습니다.

이제야 우주 탐색 기술의 문턱에 접어든 인류에게, 우주생물학에는 모든 가능성이 열려있습니다. 생물학자 포바Radu Popa는 "우주생물학에서는, 상식을 적용하고, 일반성을 가정하며, 명백한 것을 찾되, 예상치 못한 사태를 기대하라."라고 말합니다.

인류 문명의 미래가 꼭 어두워야만 할 이유가 없다면, 우리보다 수십억 년까지도 앞설 수 있는 외계 문명에서 무슨 일이 일어났는지는 흥미진진한 호기심거리입니다. 그들의 선례는 어쩌면 우주에서 허용된 생명과 문명의 미래, 즉 인류나 지구 생명의 성간 진출을 향한 미래를 미리 보여주리라 기대됩니다.

미래를 보여주는 수정 구슬

과학 저술가 스티븐 딕Steven J. Dick은 "만약 외계 지성이 풍부하다면 좋든 나쁘든 그 지성과의 조우는 우리의 운명이다."라고 기대합니다. 그런데 우리 문명의 미래인 우주 고등 초문명에서 도대체 무슨 일이 일어났을까요?

우주생물학이 지금 외계 생명에 대해 가진 유일한 증거는 우주는 아직 외계 생명에 대한 어떤 명확한 증거도 보여주지 않고 있다는 사실입니다. 여기에는 통신 감청뿐 아니라, 외계에서 방문한 고등 문명의 정찰선이나 길을 잃은 방랑자에 대한 증거도 포함됩니다. (UFO 주장은 주장의 규모에 비해 증거가 충분치 않기에 아쉽게도 우주생물학이라는 과학적 논의의 대상이 되지 못합니다. 증거가 제시된다면 이야기가 달라지겠지요.) 즉, 지구에 도달한 외계의 전령에 관하여 어떠한 충격적 증거도 없다는 건데, 지구가 우리 은하에서 후발 주자임을 생각해 보면 정말 이상합니다. 지금 막 우주로 진출하려는 우리의 문명 수준에서 본다면, 또 기술 문명의 미래가 밝다면, 이런 증거가 당연히 있을 것으로 기대되기 때문입니다. 그럼에도 증거가 없다는 사실은 역설적이게도 우리 주변 우주의 상황과 인간이나 지구 생명의 미래에 대한 중요한 증거(단서)가 됩니다. 지구 기술 문명의 가능한 미래를 보여주는 수정 구슬인 셈이지요.

외계 문명의 신호가 어떠한 천문 관측에서도 아직 확인되지 않은 것이 사실이지만, 마찬가지로 우리가 아직 본격적으로 충분히 찾아보지 않은 것도 사실입니다. 이러한 시도를 처음 제안한 논문에서 코코니G. Cocconi와 모리슨P. Morrison은 "성간 통신의 검출이 가져올 실질적이며 철학적인 심원한 중요성을 부정할 사람은 거의 없다. 따라서 우리는 차별적으로 신호를 찾는 상당한 노력을 들일 가치가 있다고 생각한다. 성공 가능성을 예측하기는 어렵지만, 우리가 찾지 않는다면 성공할 가능성은 없다."라고 말합니다.

거대한 어리석음

이 딜레마를 우주생물학에서는 '거대한 침묵의 문제Great Silence Problem' 혹은 페르미 패러독스라고 합니다.

물리학자 페르미Enrico Fermi가 2차 세계대전이 끝난 다음 군사 연구 시설에서 수소폭탄을 연구하던 중, 점심 식사 후 잡담을 하며 이런 지적을 처음 했다고 알려져 있습니다. 상황이 의미심장합니다. 이 연구로 수소폭탄이 지구상에 성공리에 출현했습니다. 핵폭탄의 출현과 로켓기술의 출현은 시기로도 일치하지만 사실상 동일한 기술임은 무언가를 암시하는 듯합니다. 인류가 우주 문명으로 도약하는 기술을 갖추는 단계가 마침 스스로 자멸할 수 있는 능력을 갖추는 단계와 같다는 지적입니다. 상황이 좀 묘한데, 그렇다면 이 일치가 거대한 침묵의 원인이 아닐까요? 이 추측이 맞는다면 답은 '거대한 어리석음Great Stupidity'이라고 할 만합니다. 감당하지도 못할 수소폭탄을 만지작거리면서 어째서 다른 문명이 모두 사라졌지 하며 의아해하는 거지요.

이렇게 해서, 지구 생명의 기원이 우주생물학의 중요한 관심 사항이듯이 지구 생명의 미래와 여기에 포함된 인간의 미래도 우주생물학에서 다룰 중요한 주제가 됩니다. 외계 문명의 가능성을 논의하기 위해서는 하나뿐인 증거인 지구 생명, 특히 인류 문명의 미래 발전 가능성에 대한 추측이 중요해질 수밖에 없습니다.

미래는 누구도 알 수 없습니다. 미래에 관한 한 이 점을 미리 분명히 해 두겠습니다. 지금의 추세를 기반으로 여러 가능성을 이리저리 추측해 볼 따름입니다.

거대한 침묵의 문제는 우리의 우주관이나 우주에서 인간의 위치에 대한 우리의 이해에 무언가 중대한 잘못이 있음을 말해줍니다. 이 문제를 해결하려는 온갖 황당한 상상력이 동원되었습니다. 이 중 하나로 우리가 은하를 장악한 제Ⅲ형 초문명의 시뮬레이션 안에서 가상적인 우주를 관찰한다는 플라네타륨Planetarium 가설을 학술논문으로 제안한 박스터Stephen Baxter는 "이 수수께끼는 우주와 우주에서 우리의 위치에 대한 우리의 전망에 무언가 근본적인 잘못이 있다는 것을 말해 준다."라고 말합니다.

한편 다른 기대도 있습니다. 천문학자 드레이크Frank Drake는 "이제껏 들어온 이 침묵은 어떤 면에서도 중요하지 않다. 우리는 아직 충분히 길게 그리고 충분히 열심히 찾아보지 않았다."라며 자신의 희망을 말합니다.

지구 생명의 관점에서 보자면 우주의 팽창이 시작된 이후 물리진화 과정을 통해 태양계와 지구가 만들어졌고, 지구 표면에서 일어난 화학진화 과정을 통해 생명이 출현하였습니다. 생물 출현 이후부터 유전자가 접수genetic takeover하는 생물진화 단계에 접어들었습니다. 인류는 지금 문화진화 단계에 있으며, 일부 예상에 의하면 의도된 진화 단계 혹은 로봇(인공지능) 접수robotic(AI, digital) takeover 단계로 이행할 수도 있습니다.

우주에서 생물진화와 문화진화의 끝은 어디일까요? 지구 생명의 관점에서 이런 질문은 미래만이 결과를 알려줄 수 있겠지요. 이 점에서 우리보다 앞선 문명이 존재할 충분한 시간을 가진 우주나 우리 은하의 다른 천체들이 알려주는 유일한 사실인 거대한 침묵은 우리의 미래에 대해 무엇을 의미하는 걸까요?

기계의 가능성

지구를 방문할 가능성이 있는 외계인의 형태는 인간 같은 생명체라기보다는 기계일 가능성이 높습니다. 기계가 내구성이 더 좋고 오랜 여행 기간 휴면상태로 유지하기도 쉽겠지요. 이미 우주탐사에 적용되는 인류 기술의 추세가 그쪽을 지향한다는 사실에서도 짐작할 수 있습니다.

기계 상태라면 별 사이를 여행하는 데 걸리는 오랜 시간과 먼 거리는 큰 문제가 되지 않습니다. 시간은 얼마든지 있습니다. 빛으로 4년쯤 걸리는 별 사이 거리를 이동해 문명을 이식하는 데 1만 년씩 걸린다고 해도 지름이 10만 광년 정도 되는 우리 은하를 가로지르는 데는 3억 년이면 됩니다. 인간의 관점에서 보면 오랜 시간이지만 우주에 이 정도의 시간은 충분히 있었습니다. 그런데도 지구를 방문한 외계 문명의 탐사 기계나 길을 잃은 정찰선 혹은 그들 사이의 통신에 대한 증거가 없기에 거대한 침묵의 문제가 성립합니다.

빛, 특히 전파 영역에서 외계 문명이 내는 신호를 검출하려는 노력이 있었습니다. 전파가 선호되는 이유는 전파망원경은 매우 민감하며 빛의 다른 파장에 비해 적은 파워로도 검출 가능한 신호를 쉽게 보낼 수 있기 때문입니다. 처음부터 이런 목적으로 쓰이고 개발되어 왔지요. 전파 기술의 역사가 100년 정도에 불과하다는 점을 고려하면 검출 가능한 외계 기술은 인류의 것보다 오래되었을 겁니다.

인류가 현재 쓰는 관련된 기술이 오래 지속되지 않는다면 이런 시도는 확률적으로 성공하기 어렵겠지요. 전파를 통신수단으로 쓴 지 이제 100년이 되었다면, 앞으로 100년 후에도 전파가 통신수단으로 남게 될지는 불확실합니다.

아직 외계 고등 문명의 전령이 지구를 방문했다는 믿을 만한 기록이 없다는 사실과 짧으나마 검출을 시도했지만 아직 발견되지 않은 이유는 무엇일까요?

이 거대한 침묵의 문제에 대한 다양한 설명이 제기되었습니다. 고등한 문명은 우리가 유일할 가능성도 있겠지요. 고등 문명은 있지만 드물어서 이를 찾으려면 앞으로 더 발달한 기술이 필요할 가능성, 외계 문명은 많지만 I형 문명을 벗어나지 못하고 기술 문명에 수명이 있어서 통신 가능 기간이 짧을 가능성, 고등 문명은 있지만 통신 의도가 없고 지구를 지켜보는 일종의 '동물원 가설', 고등 문명이 있고 신호를 보내지만 약하고 흡수당해 안 잡힐 가능성, 고등 문명은 더 발달한 통신수단을 쓰고 전파는 원시적일 가능성, 생화학이 다른 고등 문명은 예상하기 어려운 기술을 발전시킬 가능성, 이밖에도 수많은 설명이 있고 독자께서도 기대와 상상력, 취향에 맞는 추측과 제안을 하실 수 있습니다.

인류를 보건대 진화에 성공한 지능을 갖춘 생물이 호기심이 없을 법하지는 않습니다. 우리보다 기술적으로 더 발전할 충분한 시간을 가졌을 텐데도 외계 문명이 지구를 방문한 명백한 증거나 인류가 그들을 발견한 적이 없다는 점은 흥미로운 사실입니다. 이런 점에서 거대한 침묵의 문제는 인류나 지구 생명의 미래 기술 문명 발달에 한계가 있음을 말해 주는 것일지도 모릅니다.

하지만 어빙 구드의 말대로 인간이 발명할 마지막 발명품인 초지
능 기계가 호기심이 있을지 없을지, 우주 진출을 시도할지 안 할지,
그들의 초기 버전을 창조한 인간과의 관계가 어떻게 될지 지금 우리
가 상상이나 할 수 있겠습니까. 이해 가능성의 일단이 테드 창Ted
Chiang의 단편『이해Understand』에서 한 작가의 상상으로 전개되어 있습
니다.

문명 제거 장치

페르미가 제기한 거대한 침묵의 문제 즉 "다들 어디에 있나?"라는
질문에 대한 한 가지 가능성은 문명이 때 이른 붕괴를 맞을 운명이
라는 지적입니다. 포스트휴먼 미래를 기대하는 경제학자 로빈 한슨
Robin Hanson은 이 상황을 '거대한 (문명) 제거 장치The Great Filter'라고 표
현합니다. 문명은 발전 단계에서 더 이상 넘지 못하는 벽을 만나게
된다는 추측입니다. 그는 이 경우 제거 장치가 과거에 있었을까 아
니면 미래에 기다리고 있을까 하는 한가한 고민을 합니다. 우주에서
생명이 마주치게 되는 중요한 제거 장치가 과거에 있었다면 인류는
이미 장애물을 넘어서 살아남은 셈이니 앞으로 우주 문명으로 도약
할 가능성이 열려있습니다. 하지만, 만약 중요한 제거 장치가 인간
의 미래 그것도 곧 앞에 닥칠 미래에 기다린다면 어떨까요?

제가 보기에 과거에 있었을 가능성은 혹시 모른다는 위안은 될지
모르지만 선택지에 들지 못합니다. 선행하던 모든 외계 문명이 극복
하지 못했던 장애물을 우리 인간만이 극복했다고는 믿기 어렵습니
다. 불가능하지는 않더라도 모르는 확률을 이렇게 우리에게 유리하
도록 쓰는 건 현명치 못합니다.

앞에서 우주로 진출하는 기술과 행성의 문명이 자멸하는 기술의 동일성을 지적했습니다. 이것이 거대한 침묵의 원인이라면 '거대한 어리석음'이라 할 만하다고 말씀드렸지요. 가까운 미래에 기다리고 있는, 이미 지금 우리의 시야 안에 감지된 미래 기술의 가능성은 로켓이나 핵무기를 왜소하게 만듭니다. 미지와의 조우 가능성은 이 장 우주생물학의 주요 주제입니다. 그 미지가 외계인이라기보다는 인간의 미래 기술일 수 있습니다.

증거의 부재라는 엄중한 증거

우리의 기대를 거스르는 우주의 거대한 침묵은 우주에서 생명이란 무엇인지에 대해 다시 생각하게 합니다. 우주에서 생명이 나타나기가 기대보다 어려운 걸까요? 문명 발전에 한계가 있는 걸까요? 문명은 각자의 행성에 고립될 수밖에 없는 이유가 있는 걸까요? 지구 기술 문명의 미래에 대한 반영일 수도 있는, 인류보다 훨씬 발전한 외계 문명은 어떤 운명을 맞은 걸까요? 넘을 수 없는 벽을 만나서 지구를 방문할 수는 없더라도 그들이 자신들의 행성에서 잘 살고 있다면 좋겠습니다. 왜냐하면 그들의 현재가 우주가 허용하는 우리의 미래일 수 있기 때문입니다.

지금 우리가 외계 문명이 존재하지 않는다는 어떤 증거를 가지고 있지는 않습니다. 우리가 가진 증거는 지구를 방문한 외계 방문자나 성간 통신에 대한 명백한 증거가 없다는 사실입니다. 증거 없음은 우주 고등 생명에 대해 지금 우리가 마주한 엄중한 증거입니다. 인간의 기술은 지금도 빠르게 변화 중이기에 앞으로 상황이 바뀔 여지는 충분히 있습니다.

우리는 아직 온 하늘을 여러 파장에서 세세하게, 시간적으로 세분하여 충분히 관찰한 바 없습니다. 인공 신호라면 시간에 따른 변화가 중요할 단서가 될 수 있겠지요. 어떤 면에서는 거의 찾아보지 않은 거나 다름없습니다. 하지만 지금 천문학의 추세는 외계 문명을 찾겠다는 명목으로 연구 자금이나 망원경 시간을 구하기 어렵습니다. 이상한 사람 취급을 받을 수도 있고 실제로 아무 결과를 못 얻을 가능성이 큽니다. 그 이유는 일부러 찾아보지는 않았지만 우연이라도 아직은 어떠한 조짐도 발견하지 못했기 때문입니다. 하지만 앞으로 작은 조짐 하나만으로도 상황은 한순간에 바뀔 수 있습니다. 지구에서 탄생한 기술 문명의 운명이 비극으로 끝나지 않는다면, 이 가능성은 열려있습니다. 발견된 다음에는 전에 이미 여러 조짐이 있었음에도 사람들이 당시 시대상에 맞추어 무시하고 넘어갔다는 평가가 나올 수도 있습니다. 우주배경복사 발견의 역사가 보여주듯이 말이지요.

20세기의 천문학은 하늘에 대한 물리학적 관점이 압도했지만, 21세기의 천문학이 어떤 방향으로 나갈지는 미래에 맡겨진 내용입니다.

8

인간의 우주 진출

요람에서 벗어남

러시아 로켓 연구의 선구자인 치올코프스키Konstantin Tsiolkovsky는 1911년 "우리 행성은 정신이 출현한 요람이지만, 우리는 언제고 요람에만 머물 수는 없다."라고 말합니다. 칼 세이건은 1994년 "태양계를 탐험하고 다른 세계에 정주하는 것은 역사의 끝이라기보다는 시작에 해당한다."라고 말하며, 마틴 리스는 2003년 "[지금까지 지구에서] 정신과 복잡성이 펼쳐진 것은 우주적 전망에서 보면 이제 겨우 시작에 불과할 수 있다."라고 말합니다. 그는 한 가지 의미심장한 단서를 붙입니다. "태양계를 벗어나 성간 공간을 지나는 우주여행은, 언젠가 가능하게 되더라도, 인간 이후posthuman에 맡겨진 도전이다."

프리만 다이슨은 1966년 "성간 여행은 … 본질적으로는 물리학이나 공학의 문제가 아니라 생물학의 문제다."라고 말하고, SF 소설가

인 클라크Arthur C. Clarke는 1968년 "단순한 거리는 아무것도 아니다. 오직 그동안 걸리는 시간만이 어떠한 의미를 갖는다."라고 말합니다.

우주 진출에 관해서 지금은 시대가 달라졌습니다. 인간이 직접 우주로 나가는 시절은 지난 거지요. 별 사이를 이동하는 문명이 인간의 생물학적 수준을 넘어설 가능성은 지금 기술의 향방으로 추정한 내용입니다. 지구에서 생명진화의 산물인 인간의 몸은 지금 상태로는 빨라도 수백 년이나 수천 년도 걸릴 수 있는 성간 여행에 적합하지 않습니다. 현재의 기술 발전 추세를 보면 성간 이동은 로봇과 같은 기계가 대체하리라는 거지요. 태양계 안에서조차 인간은 이미 그 방향으로 가는 중입니다.

성간 여행의 도전을 떠맡은 생명이 내구성을 지닌 기계 몸을 가진다면 시간마저도 문제시되지 않을 수 있습니다. 진출해야 할 동기와 재정이 여전히 문제일 텐데, 도리어 후자가 동기를 부여할 수도 있겠지요. 즉 재정적 이익을 위해 외계로 진출할 수도 있고, 혹은 모행성에서의 삶이 어려워져 생존을 위해 진출하는 것도 생각해 볼 수 있습니다.

진출의 동기와 퇴보

로켓이 등장한 초창기에는 우주 시대가 금방이라도 열릴 것 같은 기세였지만, 지금 와서 보면 인간이 우주로 나가기는 하려나 하는 의구심이 듭니다. 태양계 진출만을 보더라도 동기가 사실은 정치, 경제, 군사적 문제였던 점은 의심할 여지가 없어 보입니다. 지금은 당시의 국가적인 동기들이 많이 희석된 셈이지요. 50년도 넘은 1969년 미국이 사람을 달에 보낸 이유를 과학에서 찾는다면, 이집트에

세워진 피라미드만큼이나 그 의도를 이해하기 어렵습니다. 특히 3년 만에 계획이 중단된 사실을 보면 과학 탐구가 주목적은 아니었던 것 같지요. 과학의 순수하고 미화된 이미지로 국가의 야심과 의도를 감추려 했는지 모르지만, 달 탐사가 미국과 소련 두 체제 간의 사활을 건 경쟁의 산물임은 명백해 보입니다.

인간의 우주 진출은 시작부터 군사적 목적과 대결에서 출발하였습니다. 1976년 두 대의 바이킹 착륙선을 통한 화성 생명 탐사 역시 미국 독립 200주년 기념과 관련이 있습니다. 그 후 화성에 여러 차례 더 방문했지만, 그렇게 (착륙선을 바로 세운 상태로 역추진하는) 당당한 착륙을 시도한 경우는 드뭅니다. 당시 정황에서는 어떠한 비용을 치르더라도 당당해야 했을 겁니다. 지금은 적절한 동기가 부족한지 아니면 지원이 각박한지 내동댕이치는 식의 착륙을 하거나 곤두박질하거나 혹은 아예 사라져 버리는 경우까지 나올 정도로 인간의 우주 진출은 도리어 퇴보했습니다.

국제우주정거장ISS, International Space Station을 두고 프리만 다이슨은 "국제우주정거장은 하이 프론티어를 향한 길에서 앞으로의 전진이 아니다. 그것은 회복에 수십 년이 걸릴 좌절이며 거대한 퇴보다."라며 실망합니다. 마틴 리스는 "국제우주정거장은 이제까지 건설된 가장 비싼 구조물이 될 것이지만, 그것은 하늘에 있는 '칠면조'일 뿐이다."라고 혹평합니다.

하이 프론티어

하이 프론티어The High Frontier는 1976년 물리학자 오닐Gerard K. O'Neill이 제안한 인간의 우주 진출 구상입니다. "인간을 우주로 보내고 건

강한 상태로 유지시키는 우리의 능력은 아폴로 계획으로 한계에 도달했다. 그 모험을 위해 개발된 생명유지시스템은, 달에 빨리 가서 며칠간 탐색한 후 돌아오기에 충분한 정도인, 두 주간 인간의 생명을 유지시킬 수 있었다. 1970년대의 스카이랩 계획은 우주인을 위한 그 기간을 석 달 정도로 늘렸지만, 지구에 아주 가까운 저궤도 위치에서였다. 소행성까지 여행하는 데 필요한 몇 달간 생명을 유지시키는 것은 원리상으로는 새로운 문제를 제기하지 않지만 그러한 시스템의 자세한 공학은 아직 이루어지지 않았다." 인간의 우주 진출에 관한 한 40년 넘게 지난 지금도 상황은 답보 상태인 거지요.

인간의 우주식민지Space Colony(영어로는 이렇게 표현합니다) 개척의 문화사회인류학을 탐구한 인류학자 핀니Ben Finney는 "단순히 팽창을 위한 기술을 가졌다는 점은 충분치 않다. 팽창하려는 동기가 함께 있어야만 한다."라고 지적합니다.

별 사이 우주여행이라면 필요한 기술도 간단치는 않을 겁니다. 미국 나사NASA의 한 보고서에는 "성간 탐사선은 누군가 다른 사람이 보낸다는 한도 내에서는 흥미롭지만, 우리 자신이 그 과제를 마주해야 한다면 그렇지 않다."라고 적혀 있습니다. 따라서 이 어려움을 극복할 만한 충분한 동기와 부강한 국가가 매달릴 수준의 강력한 지원이 있어야만 하고, 그 정도의 동기라면 과학적 호기심을 훨씬 넘어서 국가적인 아젠다이거나 큰 경제적인 이득이 걸린 경우에나 가능하다는 거지요. 흔히 겉으로는 과학을 내세웁니다.

미국 학술원의 한 보고서는 다음과 같이 제안합니다. "과학만으로는 인간 우주탐사의 비용을 정당화할 수 없지만, 위원회는 과학적 기회에 세심한 주의를 기울이는 것이 안정적이고 지속 가능한 달 프로그램을 유지하는 데 중요하다는 점을 강조한다."

바이킹 생명 탐사

바이킹 착륙선 실험에 따른 화성 생명 탐색의 결과에도 이런 정치적 고려가 반영됩니다. 지구 생명의 물질대사에 기반을 둔 세 가지 실험의 결과는 화성 토양에 사는 생명의 존재에 긍정적이었지만, 네 번째 실험인 유기분자를 찾는 실험에서는 긍정적 결과를 얻지 못했습니다. 긍정과 부정이 혼재하는 이해할 수 없는 결과를 두고 내부 과학자들의 견해는 엇갈렸지만, 공식 발표에서는 화성 토양에 생명이 살 수 없다고 결론을 내립니다. 여기에서 바이킹 착륙선이 미국 독립 200주년을 대내외에 과시하는 행사였던 점을 무시할 수 없습니다. 이런 국가적 행사의 일환으로 지원받은 프로젝트의 결과가 잘 모르겠다는 식이어서는 체면이 손상되는지 모르지요. 과학적 결과의 모호성이 사실이더라도 모호함은 이런 국가적 프로젝트의 책임자가 내릴 수 있는 선택지는 아닐 겁니다. 하여튼 실제 과학적 상황을 무시한 이러한 명확한 결론의 여파로 화성 탐사는 그 후 20여 년간 불모지로 남게 됩니다. 상황을 바꾼 것은 앞에서 말씀드린 1996년 화성 운석 에피소드입니다.

저는 지금 화성에 현생 생명이 살고 있을 것으로 기대합니다. 화성에 탐사선을 보내는 연구진은 거의 모두 이와 비슷한 희망을 품을 겁니다. 최초로 외계 생명을 발견한다는, 과학의 역사 혹은 인간 탐구의 역사에서 가장 충격적인 발견 기회가 화성에서 기다리고 있는 셈이지요. 이것이 아니라면 국가 주도로 화성에 가야 할 과학적인 이유는 상당히 줄어듭니다. 민간 기업이라면 이윤이라는 다른 동기가 있을 수 있습니다.

한편 2008년 도착한 화성 탐사선은 화성 토양에서 뜻밖에 다량의 과염소산염Perchlorates이 포함되어 있음을 알아냈습니다. 화성 연구자들에게는 잘 알려지지도 않았던 이 물질은 350℃에서 산소를 발생하면서 폭발하여 로켓에서 연료통 분리용으로 사용한다고 합니다. 인간에게는 독성을 지녀 군 기지 주변 오염의 주원인이라는데, 이를 소비하는 미생물도 있다고 합니다. 화성 토양의 양은 인간 허용치의 100만 배 수준입니다. 이로써 바이킹 실험에서 유기물을 발견하지 못한 이유가 설명됩니다. 화성 토양에 유기물이 있더라도 당시 실험은 화성 토양을 500℃로 가열하도록 설계되었는데, 이 과정에서 과염소산염의 폭발이 일어나 유기물을 모두 태워버렸다는 겁니다. 당시의 혼란스러운 결과는 기술적 실패 때문인 거지요.

화성 토양에 사는 생명의 실제 상황이 어떤지는 아직 알려지지 않았지만, 우리가 생명을 기대하는 지역은 토양 아래입니다.

성간 진출에 필요한 기술 수준

막대한 비용 때문에 국가가 주관하는 우주 진출 계획은 정치적 의도에서 자유로울 수 없습니다. 특히 인간을 보내면 정치적 효과는 있을지 몰라도 과학계는 오래전부터 무인 우주탐사를 주장해 왔습니다. 인간의 달 착륙을 선언한 케네디John F. Kennedy 시절에조차, 정치적 위치에 있는 과학자는 달랐지만, 관련 과학자들은 인간 달 착륙을 필요치 않은 것으로 반대합니다. 과학 연구의 목적으로는 유인 탐사와 무인 탐사의 차이가 크지 않고, 특히 우주선에 사람이 타면 안전 문제로 인해 막대한 비용이 발생하기 때문입니다. 군사적이거나 경제적 목적이라면 상황이 다를 수 있겠지요. 아폴로 계획은 체제의 자존심을 건 스포츠적 행사였던 것으로 보입니다. 게임에서 이기자마자 흥미가 떨어진 거지요. 생명 탐사가 목적이라면 로봇보다 인간이 지닌 장점이 분명하지만, 비용의 문제뿐 아니라 오염의 문제가 발생할 수 있습니다.

스티븐 딕은 "우리가 외계에서 온 지능과 만난다면, 그들은 우리와 같이 피와 살로 이루어진 존재가 아니라 기계일 가능성이 크다."라고 말합니다. 인간의 우주탐사는 이미 이 방향으로 나가는 중입니다. 여기가 우주생물학과 인간의 미래가 만나는 접점이며 이 장에서 탐색할 주제입니다.

지금과 같은 세계 상황에서 민간 자본이 주도하는 우주탐사 시대가 열린다면, 제국주의와 식민주의 시기 이후 지금까지 지구 규모에서 벌어졌던 이윤과 효율만을 고려한 무자비한 자연 파괴와 수탈, 인권 착취와 생명 유린이 태양계 규모로 확장될 가능성이 있습니다. 인간이 도달한 우주는 무법천지의 참극이 난무하는 퇴행적 시부활극의 장으로 전락할 수 있습니다. 근대에 지구에서 목격한 사실이 이런 예상을 가능케 합니다.

서구의 해양 진출 시대 이후 근대에서 국가와 기업이 꼭 분리된 개념은 아니었습니다. 국가의 업무를 민간에 맡김으로써 국가는 윤리적 문제로부터 편리하게 자유로워질 수 있습니다. 영국 해군이 민간에 위탁된 해적질에서 시작된 것과 같습니다. 동인도회사도 같은 맥락입니다. 공권력까지 슬쩍 위탁된 거지요. 지금도 의례 그래왔다는 듯이 국가가 세금에 바탕을 둔 강력한 자본으로 막대한 기반 투자를 한 후 파생 기술을 기업에 이전하거나 소위 민영화하는 겁니다. 국방산업도 마찬가지로 묻지마 투자가 가능한 막대한 기업 퍼주기의 편리한 형식입니다. 기업은 이윤만 남는다면 국가와 결탁하여 전쟁도 불사합니다. 다수의 희생으로 모인 이익은 소수에 집중됩니다. 이런 제도적 장치는 적어도 서구의 팽창기인 근대부터 지금까지 면면히 이어져 온 세계 체제의 실상입니다.

앞으로 인간의 우주 진출이 어떤 양상으로 전개될지는 예측하기 힘들지만, 인류 공동의 이익을 위해 국가들이 협력해 투명하게 진행하면 좋을 텐데, 불행히도 현실에서 우주는 국가 간 무력 갈등과 기업 경쟁의 전장으로 변하고 있습니다. 거대한 침묵의 원인이 무엇인지에 대한 우려가 하필 공교롭게도 현실로 변하고 있는 거지요.

프리만 다이슨은 1950년대에 핵추진 우주로켓 개발을 시도합니다. 태양계 탐사를 위한 로켓의 절반이 실패했으며 다수가 대기권 안에서 폭발한 사례를 돌아보면 이 시도가 본격적인 궤도에 오르지 못하고 중단된 것은 그나마 다행입니다. 다이슨은 이를 못내 아쉬워합니다. 그러나 아직 인간이 확보한 성간 공간을 가로지를 수 있는 추진력은 핵분열밖에 없습니다. 성간 진출은 그것이 가능한 기술을 갖춘 문명과 행성을 파괴할 수준인 거지요.

미생물권의 우주 진출

처음부터 그랬고 지금도 그러하듯이 미생물이 지구 생명권의 지배자라고 말하는 미생물학자 린 마굴리스Lynn Margulis는 의미심장한 지적을 합니다. "우리의 호기심, 앎을 향한 갈증, 우주로 진출하여 자신과 탐사선을 다른 행성과 그 너머로 전파하려는 우리의 열정은 미생물의 소우주microcosmos에서 약 35억 년 전에 시작된 확장을 위해 생명이 발휘하는 최첨단 전략의 일부에 해당한다. 우리는 단지 오래된 경향을 반영할 뿐이다. … 첨단기술은 동물계 내에서 우리가 독점하고 있기 때문에 인간이 태양계와 혹은 그 너머로 생명을 확장시킬 가능성이 가장 높다. 그러나 인간은 미생물권이 우주로 확장하는 궁극적인 도구가 되리라는 결론은 너무 나간 지적만은 아니다."

9
성간 탐색

외계 고등 문명이 방출한 인공 신호를 포착하려는 시도는 근대 천문학의 역사 내내 계속되었다고도 볼 수 있지만, 탐색은 전파망원경이 등장한 후 본격적으로 이루어졌습니다. 아마 전파를 발견하며 곧 장거리 통신과 레이더 감청에 인공적으로 활용하다 보니 이런 연결이 자연스러웠겠지요. 전파의 선구자들은 외계에서 보낸 인공 전파 신호가 있을 가능성을 당연하게 생각했다는군요.

지적이란?

전파를 이용한 외계 인공 신호의 탐색 시도는 세티(외계 지적생명체 탐사)라고 알려져 있지만 인류가 전파를 알게 된 지 100여 년에 지나지 않고, 전파를 쓴다고 꼭 지적이지도 않은 만큼 이름이 적절하지만은 않아 보입니다.

지적 혹은 지성Intelligence이란 무엇인지조차 불확실합니다. 화이트헤드는 "본능, 지성 그리고 지혜는 분리될 수 없다. 그들은 통합되어 있으며 상호 작용하고 혼성 요인으로 뒤섞여있다."라고 지적합니다. 의미와 마찬가지로 지혜란 맥락 전체와 관련을 맺고 있습니다.

바이첸바움은 이렇게 말합니다. "지성은 객관적 크기를 갖는, 정의된 틀에 무관하게 선형적으로 잴 수 있는 무엇이 아닙니다. 어떤 맥락 없이, 참고할 틀 없이는 지성은 무의미합니다."

우주에 생명은 흔하더라도 지성intelligence은 흔하지 않을 가능성을 이야기하며 지구의 상황을 예로 듭니다. 굴드는 "지성이 그렇게 좋고, 명백하게 생존에 유리하고, 쉽게 출현한다면, 다른 종들도 지성을 가져야 하는데 그렇지 않다. 그런데도 그들은 잘 지낸다."라고 말합니다. 하지만 인간종이 지성을 가진 유일한 종이 확실한지, 더 나아가 현생인류가 지성을 가진 점은 확실한지요.

인류가 지구 생명 중 지적이거나 지성을 가진 유일한 종인지도 불확실하고, 더욱이 현생인류가 스스로 자신의 학명에 부여했듯이 현명하다거나 지성을 가진지도 분명치 않습니다. 근대 이후 과학과 결합한 인류의 가공할 기술력은 자연과 인간에 대해 미증유의 개입, 통제, 착취와 파괴를 이끌어 왔습니다. 지성의 결과가 자기파괴라는 건 이해하기 힘듭니다.

천문학자 지오바넬리F. Giovannelli는 "우리와 비슷한 생명을 찾겠다면서 왜 하필 지적 생명을 찾는가?"라며 꼬집습니다.

지적이나 지능, 지성으로 번역한 '인텔리전스'는 영어에서 기밀, 방첩, 정보의 뜻으로도 쓰입니다. 예를 들면 미국 중앙정보부CIA에서 I가 그렇습니다. 손자는 『손자병법』에서 말합니다. "지혜로운 자

Intelligent는 항상 이익과 피해를 고려한다. 이익을 고려할 때 일이 확장될 수 있고, 피해를 고려할 때 문제가 해결될 수 있다." 외계 지성 찾기와 관련하여 우리가 지능이 아니라 정보의 측면을 찾는다면, 정보를 획득한 측이 손해를 볼 일은 없습니다. 손자는 이렇게도 말합니다. "전쟁은 속임수다. … 그대가 적을 알고 자신을 안다면, 백 번의 전투에서 곤경에 빠지지 않는다. 그대는 적을 모르지만 자신을 알고 있다면, 그대는 한 번 이기고 한 번 진다. 적과 자신을 모두 모른다면 전투마다 어려움을 겪게 된다." 주의해야 할 점은 감청 기술은 송출 기술과 동일하다는 점입니다.

거대한 지성

만화가 웨터슨Bill Watterson의 「켈빈과 홉스」에서 켈빈은 홉스에게 고백합니다. "인간이 숲을 파괴해서 얼마나 셀 수 없이 많은 종이 멸종으로 몰렸는지 읽었어. 우리에게 접촉하려는 시도를 전혀 하지 않았다는 사실이 우주 어디엔가 지적 생명이 존재한다는 명백한 증거 같다는 생각이 종종 들어." 이것이 거대한 침묵의 문제에 대한 답이라면 얼마나 좋겠습니까. 켈빈이 고백한 이 풀이는 우주의 '거대한 지성Great Intelligence'이라고 할 만합니다. 하지만 지금 지구에서 인간이 처한 상황이 이 정도로 한가해 보이지 않습니다.

지금 일부 인간이 누리는 자유와 풍요가 타인과 자연에 대한 '문명이라는 이름의 야만'의 대가로 취한 건 아닌지 돌아보면, 단기적 이익을 위해 자신의 둥지를 파괴하고 스스로 멸종을 재촉하는 무모한 종을 지성이 있다거나 (학명 사피엔스Sapiens가 나타내듯이) '현명'하다고 할 수 있을까요? (인간의 학명은 '현명' 하나로는 부족했는지

아종으로 '현명' 하나를 더 붙여서 호모 사피엔스 사피엔스Homo Sapiens Sapiens라고 합니다. 아시다시피 이건 지구의 다른 생명들이 인간을 존경해서 붙여준 이름이 아닙니다.) 눈앞의 이익에는 영악한지 몰라도 결국 자기 꾀에 넘어가 몰락할지도 모르는데 말입니다. 이 점도 우주생물학의 관심 영역입니다.

다음은 시인 월트 휘트만Walt Whitman의 시 「트인 길의 노래」 한 구절입니다.

> 지구, 그걸로 충분하다,
> 나는 성좌가 더 가까이 있기를 원하지 않는다,
> 나는 그들이 그곳에 잘 있다는 걸 안다,
> 나는 그곳이 거기 속한 이들에게 충분함을 안다.

통신

외계 지성을 찾겠다는 시도가 성공할 가능성은 극히 적은 운에 달려있습니다. 물론 찾으려는 시도조차 하지 않는다면 가능성이 훨씬 더 낮아지겠지요. 세티는 상대편도 인류와 비슷한 (전파) 기술력을 가지고 마침 지금 지구에 신호가 도달하도록 인내심을 가지고 신호를 보내야 한다는 거의 믿기 어려운 가정 위에 서있지만, 청취 과정에서 의도적 신호보다는 외계 문명에서 의도치 않게 새어 나온 신호나 우연히 외계 문명의 통신을 감청하게 될 가능성이 더 커 보입니다. 물론 고등한 문명이 전파를 계속 쓸지도 알려진 바 없습니다.

한편 외계로 신호를 보내는 일은 전혀 다른 차원의 발상입니다. 우리는 아는 바가 아무것도 없기에 당연하게도 낙관론과 비관론이 공존합니다. 이런 시도를 한 바 있는 드레이크는 쉽게 낙관합니다.

"지구에서 원시 문명이 더 발전한 기술 문명과 마주친 사례와는 달리, 우리가 복종을 강요받지는 않을 것이기에 성간 조우를 겁낼 필요는 없다. 우리는 단지 정보만 받을 것이다. 나는 지구에서 원시 문명이 더 발전된 기술 사회에 의해 압도된 사실과는 달리 우리가 착취되거나 노예화되지는 않을 것이기에 성간 조우를 겁낼 이유가 없다는 점을 보여주고 싶다. 그들은 위협을 취하기에는 너무 멀리 떨어져 있다." 역사를 무시한 이런 자신감이 어디에서 생겼는지 모르지만, 이것은 무책임한 기대일 수 있습니다. 지금 지구에 있는 전파망원경의 성능은 우리 은하 안 어디에서고 동일한 급의 망원경과 쌍방 통신이 가능한 수준입니다. 물론 빛이 왕복하는 시간이 걸리지요.

칼 세이건도 비슷하게 낙관합니다. "지구에서 기술 사회가 출현했음을 알리는 전파와 텔레비전 공지는 근처 문명들이 직접 우리 계로 오도록 새로이 동기를 부여하며 빠른 반응을 유발할 수 있다. 수줍어하거나 우물쭈물하기에는 너무 늦었다. 우리는 우리의 존재를 코스모스에 알렸다. 성간 전파통신은 [쌍방] 대화는 아니다. 그것은 독백이다. 어리석은 자들이 영리한 자들로부터 듣는다. 외계 지적 존재와 접촉하는 수단은 잠재적으로 우리 손안에 있다."

상황이 반대라면 어떨까요. 외계의 뒤처진 문명의 징후를 포착하면 인간이 그곳으로 갈 동기부여가 되지 않을까요? 가려는 의도가 무엇이든, 지구상에서 벌어진 역사를 돌아보면, 결과가 순수한 선의와 도움으로 이어지리라 상상하기는 힘듭니다. 마찬가지로 고등한 문명으로부터의 답신은 내용이 우호적인 경우조차 전 인류를 공포와 경악에 빠뜨릴 겁니다. 인간 사이의 조우에서 역사적으로 흔치 않았던 자비를 기원하는 길밖에 선택지가 없을 수도 있습니다.

우려

우려는 다음과 같습니다. 세티 계획의 초기 단계인 사이클롭스 계획Project Cyclops의 1971년 보고서는 시석합니다. "우리의 존재를 노출하며 우리는 지구가 살 수 있는 행성임을 광고한다. … 우리는 성간을 넘어선 접촉에 위험이 전혀 없다고 단정할 수 없다. 우리는 단지 모든 가능성을 고려할 때 혜택이 위험보다 훨씬 크다는 견해를 제공한다. … 그들 측의 기만과 우리 측의 속기 쉬운 상황을 생각하면 우리가 상상할 수 있는 위협의 종류에는 제한이 없다. 적절한 보안 조치와 건전한 의심만이 유일한 무기다."

조지 왈드는 "나는 외계의 소위 고등한 (또는 원한다면 발전된) 기술과 통신을 수립하는 것보다 더 끔찍한 악몽은 상상할 수 없다."라고 지적합니다. 천문학자 카플란S. A. Kaplan은 "인류와 외계 문명 간 조우의 실제적 ― 도움이 될지 혹은 재앙이 될지 ― 결과에 대한 중요한 질문은 합의된 답이 없는 상태다."라고 말합니다.

성간 통신에 따른 잠재적 위협에 대해서 사이클롭스 보고서는 결론짓습니다. "다른 생명이 노출한 신호를 검출함에 따라 우리의 안전이 위험에 처한다고 볼 어떠한 근거도 없다. 우리가 그러한 신호에 반응하고자 할 때에서야 거기 있을 수 있는 모종의 위험을 감수하게 된다. 그러한 반응을 하려 하거나 장거리 신호를 보내려 결정하기 전에, 잠재적 위험에 대한 질문이 국내적 혹은 국제적 수준에서 먼저 토론되고 해결되어야 한다고 본다."

충격적인 주장

우주생물학이 외계 생명과의 조우를 주요 과제로 고려한다면, 외계 고등 문명이 지구에 남긴 흔적, 방문한 외계인과의 조우에 대한 많은 주장이나 보고 따위도 무시할 수만은 없습니다. 앞서 칼 세이건이 "충격적 주장에는 충격적 증거가 필요하다."라고 조언한 관점에서 주장을 비판적으로 검토해야 합니다. 이런 좀 보수적인 관점은 과학에서는 피하기 어려워 보입니다. 특히 과학이 근대 세계에서 충실히 구실을 해온 (옳은 지식과 사이비 지식을 나누는) 지식 통제 기능을 고려하면 더욱 그렇습니다.

UFO를 포함한 과학으로 설명하기 어려운 신비한 현상에 대해 과학이 보이는 적대감과 방어력은 근대 사회의 세계관 유지에서 막중한 역할을 하고 있지요. 과학의 이런 적대감은 종종 무리하게도 과학보다 훨씬 오랜 역사를 지닌 인류의 문화유산인 종교나 다른 학문을 향하기도 합니다. 그러나 UFO 목격담에 대해 과학이 제공할 수 있는 최선의 방어는 단지 근거가 충분하지 않다는 주장뿐입니다. UFO 주장이 과학적이라고 주장한다면 물론 이것으로 충분합니다.

10

외계와의 조우

조우

19세기가 저무는 마지막 해에 지구상 누구도 이 세상이 인간보다 더 지능이 높지만 그와 마찬가지로 죽음을 초월하지 못하는 자들에 의해 면밀하고 빈틈없이 관찰되었다고는 상상조차 하지 못했다. 사람들이 다양한 일로 바쁘게 돌아다니는 동안 그들은 세밀하게 조사하고 연구하였다. 이는 마치 인간이 현미경을 통해 한 방울의 물속에서 헤엄치고 수를 불리는 덧없는 피조물들을 자세하게 조사하는 것과 거의 같았다. 인간은 자신들의 작은 일거리에 무한한 자기만족을 느끼며 이 지구의 이곳저곳을 분주히 돌아다녔다. 상황에 대한 그들의 지배권에 평온한 확신을 느끼며. 아마 현미경 아래의 원생동물들도 마찬가지일 것이다. 누구도 우주의 오래된 세계가 인간에게 위협이 되리라 생각하지 못했다. 생각해 보았더라도 그곳은 생명이 살기 불가능하거나 있을법하지 않다고 단지 무시하기 위해서였다. 이 지나간 날의 정신적 습관을 돌이켜보면 묘하다. 지구인들은 화성에 잘해

봐야 개종 사업을 환영할 준비가 되어있는 그들보다 열등한 인간이 있으리라 공상했다. 하지만 공간의 심연을 넘어, 그들의 정신을 우리의 정신과 비교하는 것은 가련한 짐승들을 우리와 비교하는 것과 같은, 엄청난 지성과 차가움을 가진 무자비한 정신은 이 지구를 부러운 눈으로 바라보며 천천히 그러나 확고하게 우리에 대한 그들의 계획을 세우고 있었다. 20세기 초 드디어 거대한 미몽에서 깨어날 순간이 다가왔다.

웰스Herbert George Wells의 1898년 작품 『우주전쟁』의 시작 문단입니다. 웰스는 "거대한 미몽에서 깨어남The Great Disillusionment"이라는 말을 씁니다. 그는 "지배와 통제가 가능하리라는 착각"을 '미몽Illusion'이라고 표현합니다. 이것은 외계 생명과 미래에 관련된 내용만이 아니라 자연의 전망의 주제와 중요한 관련이 있습니다. 저는 근대 사회를 지탱하는 '과학 세계관/이데올로기'의 '거대한 미몽'이야말로 '거대한 침묵의 문제'와 관련된 것이 아닐까 논의하려 합니다. 근대 인간이 자연을 대하는 '오해'를 '이해'라고 착각하는 데서 나온 '미몽' 말이지요. 공감이 배제되고 맥락이 단절된 모형으로는 자연을 인위적으로 단절하고 단순화시킬 뿐 이해할 수는 없습니다. 통제할 수 없으면서도 단기적 이득을 위해 자연을 함부로 규정하고 마구 헤집고 다니며 스스로는 이해한다고 위안하는 작금의 상황 말입니다.

외계 생명과의 조우close encounter가 미칠 여파도 우주생물학의 중요한 관심사입니다. 미리 준비해 두면 좋습니다.

소통 가능성

SF는 조우에 관한 많은 상상을 전개합니다. 제가 좋아하고 가능성이 높다고 기대하는 설정은 우리가 그들을 이해하지 못하는 겁니다. 그들도 마찬가지로 우리를 이해할 수 없을 겁니다. 작가 램Stanisław Lem의 1961년 소설 『솔라리스Solaris』와 영화감독 타르코프스키Andrei Tarkovsky의 같은 작품에 대한 1972년 영화가 이런 상황을 잘 보여줍니다. 우리는 그들을 이해할 수 없다는 거지요. '이해'하지 못하면 '통제'하지 못합니다.

소설 『솔라리스』에서는 알 수 없는 이유로 인간의 잠재의식과 욕망을 현실로 형상화하는 것처럼 보이는, 이해할 수 없는 외계 행성의 바다를 두고 한 인물이 지적합니다. "그대들은 서로조차 이해하지 못하면서 이 바다와 소통할 수 있다고 기대하는가?" 램은 한 인터뷰에서 말합니다. "나는 단지 분명히, 추정컨대 강력한 방식으로, 인간의 개념, 이미지, 아이디어로 축소할 수 없는 미지의 존재와의 조우에 대한 비전을 만들고 싶었습니다."

비트겐슈타인은 "한 마리 사자가 말을 하게 된다면 우리는 그를 이해할 수 없을 것이다."라고 말합니다. 저는 비트겐슈타인이 무슨 뜻으로 이 말을 했는지 이해하지 못합니다. 인간 사이에서조차 '이해'와 소통을 위해서는 중요한 전제조건이 필요합니다. 의사소통 수단과 일방적 표현만으로는 부족하지요.

상대방의 관점에서 보려고 노력한다면 애완동물과도 소통이 가능하다고 주장하는 여러 개인의 경험을 접할 수 있습니다. 인간 사이의 소통에서조차 어쩌면 여기에 핵심이 있는데, '상대방의 관점에서 보려고 노력해야만' 진정한 소통이 가능하다는 지적입니다. 이것을

'공감적 소통'이라 하겠습니다. '공감'과 맥락이 바로 이해와 소통의 전제조건입니다. 한편 상대 동물의 관점은 들을 수 없으니 다소 일방적인 주장이기는 합니다.

이 점에서 서구인(좀 더 자세하게는 서구-백인-남성)의 관점에서 본 토착민과의 조우에서 인류학자들조차 자신들의 관점(예를 들면, 황금은 어디에 감춰두었는지라거나 토착민의 성 풍속에 관한 도를 지나친 비상한 관심)에서 보려 하니 이해에 많은 왜곡이 있었다는 지적이 있습니다.

조우에 관한 비슷한 관점은 스탠리 큐브릭의 1968년 영화 『2001 스페이스 오디세이』에서 나타납니다. 이 영화는 그 특수효과가 인간이 달에 갔었던 옛 시절에 만들어졌다는 사실이 믿기지 않을 정도지만, 결국 외계 지성과의 조우가 묘사되는 결말이 무엇을 이야기하는지 이해할 수 없을 가능성이 큽니다. 만약 영화를 본 후 마지막 조우 부분이 무슨 이야기인지 도무지 이해가 되지 않는다면, 영화를 제대로 본 셈이라고 합니다. 감독이 외계인과의 조우에서 "우리는 그들을 이해할 수 없다."라는 사태를 관람자가 몸소 체험할 수 있도록 의도적으로 기획했다고 보면 된다는군요.

역사 속의 조우

외계인과의 조우에 앞서 서로 다른 인류 문명이 조우했던 사례를 들어볼 수 있습니다. 특히 근대에 서구인과 아메리카, 오세아니아, 아프리카 현지인과의 조우는 일방적이며 비극적으로 전개되었습니다.

코르테스Hernán Cortés와 피사로Francisco Pizarro가 아즈텍과 잉카 문명과 조우하며 자행된 일방적인 토착민 학살은 역사에 잘 기록되어 있습니다. 그에 앞서 아메리카 대륙의 '발견'자로 알려진 콜럼버스Christopher Columbus가 1492년 스페인령에 도착한 후 단 몇 년 만에 수십만의 토착민이 학살당한 사건은 널리 홍보되지 않습니다. 가까스로 서인도 제도에 처음 도착한 후 토착민의 환대로 살아남았으면서도 말이지요. 그 후 아메리카와 오세아니아, 아프리카에서 정복이라는 미명 아래 약탈과 파괴, 대량 학살, 노예 매매로 점철된 가공할 '신세계'의 역사를 돌아보면 이것은 시작에 불과했습니다. 북아메리카에서는 땅을 차지하기 위해 끊임없이 몰려온 외계인들의 기만과 무력으로 인해 수 세기에 걸쳐 수천만의 토착민이 희생당합니다. 서구의 근대는 문명 간 조우에 뒤따른 잔혹과 야만 위에 구축된 셈입니다. '이해관계'와 폭력만이 난무했지 서로 간의 '공감'이나 '이해'란 없었습니다.

작가 웰스의 『우주전쟁』은 고등한 문명을 이룩했지만 지금은 쇠퇴해가는 행성에 사는 화성인이 지구를 침공하는 내용이지만, 사실은 빅토리아 시대 대영제국의 제국주의 침략이 극성을 부릴 때 일어난, 산업혁명이 파생시킨 가공할 군사 기술로 무장한 서구인과 아프리카 원시 부족의 비극적 조우를 풍자하는 문명 비판을 담고 있습니다.

지구인이 화성인의 가공할 열광선 무기 앞에 무기력하게 희생되듯이, 1898년 옴드르만Omdurman 전투에서 창과 소총을 든 수단의 무슬림 전사들은 맥심 기관총과 대포 앞에 일방적으로 학살되는 운명을 맞았던 겁니다. 지금도 벌레나 괴물로 묘사된 외계인을 상대로 한 영화에서 자주 등장하는 장면처럼 말이지요. 이후 그려진 그림에는 종종 영화에서 보듯이 두 열의 소총 보병부대의 장렬한 승리로 로맨틱하게 그려집니다.

이 전쟁에 참가했던 젊은 처칠Winston Churchill은 말합니다. "과학으로 무장하여 야만인을 상대로 상징적인 승리를 거둔 옴두르만의 전투는 이로써 끝났다. 다섯 시간도 안 걸려 현대 유럽의 무력 앞에 대항한 가장 강력하고 잘 무장한 야만인 군대는 파괴되고 흩어졌다. 승리자에게는 거의 어려움 없이 상대적으로 작은 위험과 무의미한 손실만을 요구한 채."

"이런 종류의 전쟁은 매혹적인 스릴로 가득했다. 그것은 큰 전쟁과는 달랐다. 아무도 죽을 것으로 예상하지 않았다. … 편한 마음으로 작은 전쟁들에 참여했던 이 시절의 많은 영국인에게, 이것은 멋들어진 게임에 담긴 스포츠적 요소일 뿐이다."

소설에서는 압도적으로 무장한 화성인이 인간이 아닌 지구 박테리아에 대한 면역력이 없어서 전멸하는데, 이 점도 식민지에서 벌어지던 상황을 그대로 풍자한 내용입니다. 현실에서는 당사자에게는 불행히도 현지인이 침입자와 함께 들어온 바이러스에 의해 치명타를 입습니다. 16세기 초 아메리카에서 일어난 사태입니다.

작가인 드팔머Anthony De Palma는 "유럽인과 아즈텍인의 격렬한 충돌은 인류가 외계와 조우하는 상황에 상당히 근접한 경우다. 각각이 그들의 우주를 장악하고 다른 존재에 무지했던 두 발전된 사회는 그들이 충돌하는 순간 완전히 변화되었다. 이 순간부터 두 진영 모두 그들 중 하나의 세계만이 살아남으리라는 사실을 알았다."라고 상기시킵니다. 극적인 묘사일 뿐, 당시 당사자들은 사태가 어떻게 전개될지 아무도 상상조차 못 했을 겁니다.

인류학자인 재러드 다이아몬드Jared Diamond는 말합니다. "아레치보Arecibo에서 우주로 무선 신호를 발사하여 지구의 위치와 주민을 설명하는 천문학자를 다시 생각해 보자. 그런 행동의 자살에 가까운 어리석음은, 그를 붙잡은 황금에 미쳐버린 스페인인들에게 그가 가진 엄청난 부를 설명하고 이를 찾는 여행을 제공한 잉카의 마지막 황제 아타왈파Atahualpa의 어리석음에 버금간다. 청취 거리 내에 어떠한 전파 문명이라도 실제로 있다면 탐지를 피하기 위해 제발 우리의 자체 송신기를 끄자, 아니면 우리는 끝장이다. 우리에게는 운 좋게도, 외계로부터 온 침묵은 귀가 먹먹할 정도이다."

1960년대 한 미군 보고서는 이런 조우를 잘 기억하며 건의합니다. "UFO에 관한 연구는 우리가 콜럼버스인지 인디언인지에 관계없이 우주 시대 최악의 상황을 대비해야 할 경우 세계 안보를 위해 필수적이다."

화성인과 유럽인 모두 선박을 타고 출현한 점도 동일합니다. 화성인은 우주선을 타고 오고, 유럽인은 그냥 배를 타고 오긴 했지만, 15세기 유럽인에게 대양을 건너는 사건은 오늘날 우주여행을 하는 것만큼 위험하고 힘든 모험이었을 겁니다. 별 사이 먼 공간을 여행해서 지구에 올 정도의 방문자라면, 유럽인과 현지인의 비유보다는 인간과 동물 사이의 접촉에서 벌어졌던 상황이 더 현실적인 비유가 될 가능성이 있습니다.

평화적 조우

문명 간 조우가 꼭 비극으로 이어지지만은 않았습니다. 인류의 역사에서 큰 문화 격차가 있었지만 평화적 조우로 끝난 예도 많이 찾아볼 수 있습니다. 서구의 해양 탐험이 시작되기 훨씬 이전에 명나라가 개국 후 국위를 과시하기 위해 (다른 정치적 이유도 물론 있었지만) 역사상 전무후무한 규모의 해양 평화 사절단을 보냅니다. 중국의 탐험가 정화鄭和, Zheng He는 첫 항해에 2만 8,000명이 동원된 317 척의 대 선단을 이끌고 1405년에서 1433년까지 여러 차례 인도양과 아프리카 탐사에 나섭니다. 정화가 희망봉까지 돌아 서진했는지는 확실하지 않지만, 이 탐사는 1497년 포르투갈의 탐험가 바스코 다가마Vasco da Gama가 서쪽에서 출발해 희망봉을 돌아 동진하기 거의 70~80년 전 상황입니다. 정화는 경제적 비용을 문제 삼은 황제의 명으로 돌아오게 되는데, 서구는 경제 활로를 찾기 위해 탐험을 지속했음은 역설적입니다.

이 사건은 그 이후 동양과 서양에서 벌어진 근대의 역사 전개에서 운명을 가르는 결정적 고비로 보입니다. 충분히 자급자족하던 명나라는 그 후 다시 해금海禁 정책으로 돌아서고 이 틈에 1453년 이슬람의 콘스탄티노플 함락으로 동방으로 가는 육로가 막힌 와중 생존의 탈출구를 찾던 유럽인은 (더 중요한 요인은 동로마의 몰락으로 서유럽으로 대거 탈출한 비잔틴 학자들과 발전된 이슬람문명과의 접촉에 의해 유럽의 르네상스가 시작됩니다.) 해양 탐험 시대를 열며 아메리카 진출과 동방의 텅 빈 해양을 장악하고 곧이어 전 지구를 석권합니다. 서구인에게는 당시의 위기가 지금까지 지속되는 넘치는 행운으로 이어진 셈이지요. 관례에 따라 1500년 이후를 근대라고 한다면, 근대는 서구의 시대이고 시작은 이 작고 위험한 탐험이었는지 모릅니다. 서구에서 과학의 출현은 한참 뒤에 일어난 일입니다.

근대에 일어난 문명 간 조우의 기억이 아직도 생생한 지금, 국가 기관은 외계 생명과의 어떠한 조우에도 예민한 반응을 보이고 상당히 보수적인 접근을 취하게 될 가능성이 있습니다. 이는 과거 역사에 비추어 신중한 정치적 판단이기도 합니다. 아메리카 토착민이 자신늘을 방문한 난파선의 후손들이 어떤 의도를 가졌는지에 대해 조그마한 의심이라도 하였다면, 혹은 명의 황제가 조금만 다른 비전을 가졌더라면, 역사가 그렇게 일방적으로 흐르지는 않았을 겁니다. 하지만 진정한 비극은 인간과 인간 사이의 조우가 아니라 인간을 만나 아예 종이 단절되고만 수많은 타 생명 종이 겪은 운 없는 조우에서 일어났을 가능성이 큽니다.

호킹은 인간에 대한 특유의 냉소를 담아 "어떻게 지적인 생명이 우리가 만나고 싶지 않은 형태로 발전할 수 있는지 보기 위해서라면 단지 우리 스스로를 보면 된다."라고 말합니다.

다시 침묵으로

외계와의 조우라면서 SF나 과거 역사만을 논의했습니다. 다행인지 아직 우리가 외계의 존재와 조우하지 못한 채 거대한 침묵이 지속되고 있기 때문입니다.

이런 침묵은 문명의 미래에 대한 암울한 예언으로 해석될 수 있습니다. 바로우와 티플러는 "지적인 종이 성간 통신에 대한 흥미와 그것을 가능케 하는 기술을 발전시키고 몇 세기 동안 유지하면서도 성간 여행을 시도하지 않았다는 그럴듯한 가설을 세우기는 쉽지 않다."라고 말합니다.

인류가 혹은 인류를 이은 미래의 지구 생명이 성간 공간을 지나 우주로 진출할지는 알 수 없습니다. 하지만 '거대한 침묵'의 문제는 어쩌면 지구가 인간에게 주어진 유일한 공간일 가능성을 말해 주고 있습니다. 마음껏 쓰다가 더러워지면 다른 곳으로 떠나버릴 수 있는 그런 곳이 아니라는 거지요. 우주의 거대한 침묵은 과학의 발전으로 우주로 뻗어 나가는 인류의 미래라는 전망이 실현될 수 없는 백일몽일 가능성을 말해 주는지 모릅니다.

과학과 기술의 발전이 한편으로는 자연의 제어와 통제를 통한 우주로 도약하는 무한한 발전이라는 희망을 주었지만, 이 희망은 우리가 마주한 '거대한 침묵' 때문에 그 실현 가능성이 결코 크지 않다는 장애물, 즉 '오래된 미래의 예언'을 만난 셈입니다. 선발주자들이 모두 실패했는데 인제 와서 마침 우리만이 성공하리라고 기대하기는 어렵지요. 다른 한편에서 근대 기술은 자연에 대한 체계적이며 광범위한 미증유의 착취와 파괴를 가능하게 만들었고, 스스로 자멸할 가능성을 열었습니다. 선발주자들이 거대한 침묵을 깨는 데 실패한 이유가 바로 이것 때문인지도 모르지요. 문명의 자기파괴 말입니다.

최근 자신의 유일한 둥지가 이미 더러워진 사태를 발견하고 경악하면서도 지속 가능한 대안을 실행하지 못하는 것을 보면 우리 사회는 아직도 상황을 제대로 감지하지 못한 듯합니다.

외계에서 우리는 무엇을 찾는가?

지금 진행 중인 인간의 외계 생명 탐사에는 돌아볼 측면이 있습니다. 렘의 『솔라리스』에 나오는 말입니다. "내 마음속에는 나 자신은 아무것도 알지 못하는 생각, 의도, 잔인한 희망이 숨어있을 수 있습니다. … 인간은 자신 내면에 있는 어두운 통로의 미로와 비밀의 방, 그리고 스스로 굳게 봉인한 출입구 뒤에 무엇이 있는지 찾아내지 않고 다른 세계와 다른 문명을 탐험하려고 나갔지요."

"우리는 우주를 정복하고 싶은 것이 아닙니다. 단지 지구의 경계를 우주까지 확장하고 싶은 거지요. 우리에게는 그런저런 행성은 사하라처럼 건조하고, 다른 행성은 북극만큼 얼어붙었고 또 다른 행성은 아마존 유역처럼 우거졌다는 식입니다. … 우리는 오직 인간을 찾고 있어요. 우리에게 다른 세계는 필요 없습니다. [우리를 비추어 볼] 거울이 필요하지요."

칼 융은 "우주여행은 자신으로부터 도망가는 탈출일 뿐이다. 자기 자신을 관통하는 일보다 화성이나 달로 가기가 더 쉽다."라고 지적합니다. 인간 자신에 대한 성찰 없이 단지 기술 발전만으로 우주로 진출하려는 인간의 현실에 대한 지적입니다. 그 와중에 동일한 기술로 지구는 파괴되어 가고, 인간의 삶은 한편에서는 가난과 비참에 허덕이고 다른 한편에서는 편리함과 풍요 속에 정신적으로 피폐해져 가고 있습니다. 기계가 전진하는 와중에 말이지요.

칼 세이건은 "지구는 아직까진 생명의 보금자리로 알려진 유일한 세계다. 적어도 가까운 미래까지는 우리 종이 이주할 수 있는 곳은 어디에도 없다." "나는 우리의 미래는, 우리가 아침 하늘에 하나의 먼지 티끌같이 떠도는, 이 우주를 우리가 얼마나 잘 이해하는가에 강력하게 달려있다고 믿는다."라고 말합니다.

융은 "그대의 비전은 자신의 마음 안을 들여다볼 때 명확하다. 바깥에서 찾는 사람은 꿈을 꾸는 것이며, 안에서 찾는 사람은 깨어난 것이다."라고 지적합니다. 우주 공간이 외우주라면 인간의 정신 내면은 내우주라고 할 만합니다. 지금 과학의 관점에서라면 인간 내면의 우주에 비하면 바깥의 우주는 과연 단순한 것처럼 보입니다. 그러나 이 점은 분과 학문의 방법론적 제약에서 나온 지금 과학의 시각일 뿐입니다.

할데인은 다음과 같이 고백합니다. "과학 지식의 진보가 우리 우주나 우리의 내적 삶을 전혀 덜 신비롭게 만드는 것 같지 않다. …
자연과학에 헌신한 삶의 여정이 내게 강요한 결론은, 실제 우주는
영적인 가치가 모든 것인 영적인 우주임에 반해, 물리과학에서 가정
된 우주는 단지 이상화된 세계일 뿐이라는 것이다." 저는 할데인이
말하는 영적인 우주가 무엇을 의미하는지 모릅니다. 어떤 우주가 더
복잡한지는 단지 우주를 대하는 우리의 가정과 관련이 있음은 짐작
하지요.

우리는 지금 외계 행성은 발견하였지만, 외계 생명의 증거는 발견
하지 못한 그 중간 시점에 있을 가능성이 있습니다. 최근 빠르게 변
화하는 기술을 고려한다면 지구 이외의 지역에서 지구 생명과 독립
된 생명을 지구 생명의 기술력으로 발견하는 시점은 그리 먼 미래가
아닐 가능성이 있습니다. 여기에서 인류의 기술력이 아닌 지구 생명
의 기술력이라고 표현한 것은 바로 가속되고 있는 기술 발전에 따라
인류의 미래가 바뀌는 시점이 외계 생명을 발견하는 시점보다 빨리
찾아올 가능성이 충분히 있다고 보기 때문입니다. 이러한 예상은 이
러한 두 가지 변화가 동일한 기술을 바탕으로 하기 때문입니다.

11

미래 기술의 향방

미래 기술의 창조물

저는 지금 일어나는 기술의 변화가 지구 생명의 진화 역사에 거대한 이정표를 제시할 만한 단계에 접어들었다는 가능성을 깨닫고 놀랐습니다. 우주로부터 무엇을 기대할 수 있을지도 마찬가지지만, 인간의 지적 창조물이 될 미래 기술이 인간 앞에 어떤 방식으로 나타날지는 누군가의 말대로 다음 경고가 적절합니다. "최선을 기대하고, 최악에 대비하지만, 놀랄 준비가 되어있어라."

저는 이 미래 기술이 초래할 변화가 지구 생명의 기원에 버금갈 규모일지는 모르지만, 적어도 지구상 산소의 축적에 맘먹는 사태가 될 수 있다고 생각합니다. 산소의 축적이 한편으로는 당시 거의 모든 생명이 삶을 지속할 수 없는 가혹한 환경을 조성하였지만, 다른 한편에서는 이를 제어하고 이용할 수 있는 생명들이 출현했습니다.

그들은 진핵세포와 다세포 생명으로 도약하였고 결국 인간에까지 이르렀습니다. 다만 산소의 발생은 방어 기작이 없는 초기 생명들에게 치명적이기는 했지만 수억 년에 걸쳐 점진적으로 일어난 현상이라는 점은 다릅니다.

저는 특히 생명공학, 정보기술, 로봇공학, 나노기술 따위가 산소 출현에 버금갈 위기와 기회를 동시에 제공할 가능성이 있다고 주목합니다. 위기는 지금 기득권을 가진 현생인류가 치러야 할 대가이며, 기회는 이를 극복하고 출현한 새로운 생명 종의 몫이 될 가능성이 큽니다. 이 와중에 현생인류는 기술 발전에 휩쓸려 사라지거나 기득권의 위치를 놓칠 가능성이 열린 상황입니다. 그럼 지구의 새로운 강자로 떠오른 그들이 우주 생명으로 도약할 수 있을까요? 우주의 거대한 침묵은 다름 아닌 바로 이 가능성에 대해서 어두운 전망을 제시합니다.

통제 가능성

앞에서 첨단기술들이 인간의 통제를 벗어날 가능성에 대한 빌 조이의 우려를 소개해 드렸습니다.

인간의 통제는커녕 인간은 이미 기계에게 상당한 통제권을 넘겨준 바나 다름없습니다. 기술 문명의 위험을 알리기 위한 폭탄테러를 가해 유나바머Unabomber로 알려진 수학자 칵진스키Theodore Kaczynski는 「산업사회와 미래」라는 선언문에서 경고합니다. "인류는 자신이 기계에 그토록 의존하는 상태로 흘러가도록 쉽게 허용할 수 있다. 그 결과 기계가 한 모든 결정을 실질적으로는 단지 받아들일 수밖에 없게 된다. 이 단계에서 기계가 효과적으로 지배하게 된다. 기계에 의존하는 성도가 그것을 끄는 일은 자살에 해당할 정도이기에 인간은 그냥 기계를 꺼버릴 수 없다."

소로는 이미 160년 전에 이 경향을 감지했습니다. 『월든』에서 그는 "인간은 그들의 도구의 도구가 되었다."라고 경고한 바 있습니다.

기술의 가속하는 특성은 '무어의 법칙'으로 알려져 있습니다. 인텔 창업자 무어Gordon Moore는 1965년에 "[동일한 비용으로 얻을 수 있는 트랜지스터의 밀도는] 대략 일 년에 두 배의 비율로 증가한다. 단기적으로 이런 경향은, 더 빨라지지는 않더라도, 지속되리라 기대된다. 장기적으로 증가의 경향이 어떨지는 다소 불확실하다."라고 예측한 바 있습니다. 2005년에는 이에 덧붙여 "이 경향이 한없이 지속될 수는 없다. 지수법칙의 성질은 우리가 밀어붙이는 경우 결국 파국을 맞게 된다."라고 말합니다.

기술의 기하급수적 발달은 결국 기계의 정보가 생물의 정보를 능가하는 시점을 초래할 수 있습니다. 발명가이며 미래학자인 커즈와일Ray Kurzweil은 기술의 기하급수적 발달을 보여주는 많은 사례를 모아왔습니다. 그는 "기술은 지수 함수적으로 발전하기에, 궁극적으로 비 생물학적 부분이 압도하게 된다."라고 말합니다. 이 시점이 파국을 맞이하기 이전에 나타날지, 그 전에 기술이 발전의 정점에 도달해 포화되거나 축소될지는 알 수 없습니다. 인간을 충분히 능가하는 기계의 출현은 인간의 관점에서는 이미 파국으로 간주될 수 있습니다. 자기 개선을 할 수 있는 기계의 출현은 충분히 위협적일 수 있습니다.

문제는 우리의 생각하는 방식이 이렇게 가속해 발전하는 기술이 만드는 현실을 따라잡지 못한다는 점입니다. 인간의 통제를 벗어난 기술의 예는 이미 존재합니다. 전기, 전화, 자동차, 컴퓨터, 인터넷, 디지털 기술은 이미 압도적인 관성을 가지고 세상을 주도하며 대체 수단이 나오지 않는 한 방향을 바꾸거나 제거할 수 없습니다. 이런 기술을 제거한다는 것은 현대의 국가나 기업에게는 자살 행위에 가깝습니다. 기술은 자유를 주기도 하지만 동시에 우리를 구속합니다. 가까운 예로 이메일이나 휴대폰을 생각해 보면 알 수 있습니다. 우리는 이미 이런 기술을 사용하지 않을 자유를 갖지 못합니다. 이 기술은 이미 인간의 통제를 벗어났다고 볼 수 있습니다.

영문학자 로저 샤툭Roger Shattuck은 문학과 역사, 과학에서 나타나는 인간의 지식과 호기심을 탐구한 저서『금지된 지식』에서 "우리의 과학과 기술은 많은 시민이 그것의 유혹에 적응할 수 있는 역량을 훨씬 넘어선다."라고 지적합니다.

인간의 추락 가능성

최근 기술은 문화나 가치관의 변화보다 훨씬 빠르게 변하고 있습니다. 오늘날 기술이 출현시킨 결과물과 사람들의 믿음 사이에는 큰 차이가 있습니다. 종종 반대로 너무 큰 기대를 하기도 합니다. 이런 격차가 기술에 따른 인간의 정체성 변형이라는 측면에 이르면 문제가 심각하게 됩니다. 기계와 인간이 조우하는 경우 기계보다 인간이 더 유연하게 변형될 가능성이 크다고 합니다.

재론 레니어는 "컴퓨터-인간의 관계에서 더 유연한 쪽은 인간이다. 따라서 우리가 컴퓨터 기술의 일부를 변경시킬 때는 언제나, 기술 자체의 변화보다 실제로는 인간 사용자가 더 많이 변화될 가능성이 크다." "기술에서 가장 중요한 점은 기술이 인간을 어떻게 변화시키는가이다. 성보기술에 관해 일하며 사회공학에 관여하지 않기는 불가능하다."라고 말합니다. 기술은 인간 정체성의 일부이기에 기술이 인간 의식의 내면에 영향을 미치는 점은 비단 컴퓨터만의 특성은 아닙니다. 정도의 차이와 장단점에 대한 양면성의 인지와 조정은 중요합니다.

『인간은 도구가 아니다』에서 그의 우려는 기계가 인간의 삶과 공동체에 장기적으로 대단히 심각한 영향을 미칠 여러 측면을 드러냅니다. "나는 우리가 인간 자신을 디지털 모형에 맞게 디자인하기 시작했다는 점이 두렵다. 그 과정에서 공감과 인간성이 걸러지는 데 대해 걱정한다." 삶을 가능케 하는 생명성과 인간성의 중요한 일부인 '공감'이 제거된다는 지적은 심각합니다.

이 점은 기술이 초래한 다른 어떠한 직접적인 위협보다도 더 우려할 만합니다. 왜냐하면 저는 '공감'을 인간 문명을 지속 가능하도록 만들 수 있는 최상의 대안으로 기대하기 때문입니다. 이점은 『과학』에서 더 탐구합니다.

신의 가치를 평가 절하하며 서구에서 출현한 근대가 과학을 앞세워 우주에서 인간의 위치를 꾸준히 격하하고 비하하던 과정이 결국 인간의 본성에 대한 퇴행적 믿음으로 고착화되기에 이르렀지요. 급기야 이제 기계와의 관계에서 인간 스스로 패배적 믿음을 당연시하고 내재화하기 시작했습니다.

이것이 인간 추락의 발걸음이 될 가능성을 레니어는 경고합니다. "인간의 운명이 결정되기 전에 우리가 디지털 시대의 이상을 재구성할 수 없다면 우리는 더 나은 세상을 가져오지 못한다. 대신 우리는 인간의 모든 면이 평가 절하된 암흑의 시대로 인도될 것이다."

컴퓨터가 인간과 비슷하거나 인간을 능가하게 된 사태가 우려스러운 것이 아니라 인간이 자진해서 컴퓨터처럼 사고하고 인간의 능력을 기계적인 부분으로 편협하게 스스로 축소하고 있는 현실이 더 두려운 겁니다. 인간의 그리고 생명의 공감 능력이 무시되고 억압받는 세상 말이지요. 내용이 분명치 않은 '과학적 사고'에 대한 지나친 강조도 바로 이러한 역할을 합니다. 많은 문명은 외부의 침입 때문이 아니라 내부에서 스스로 무너질 운명을 맞습니다. 인간이 먼저 스스로 무너지면, 기계로 가는 길은 더 수월해지겠지요.

우리가 검토하려는 미래 시나리오들은 현생인류가 지배 종으로서 행세한 시대가 이번 세기를 마지막으로 끝날 수 있다고 지적합니다. 인류의 역사도 마찬가지지만, 지구에서 생명의 역사는 개연성은 낮지만 거대한 충격을 가져오는 우연한 사건으로 점철되어 있습니다. 지구 생명의 역사를 살펴보는 『생명』에서는 이 점이 두드러지게 나타납니다.

딥블루

그런데, 컴퓨터가 과연 인간의 능력을 넘어설 수 있을까요? IBM의 슈퍼컴퓨터 딥블루Deep Blue가 체스 세계 챔피언이자 그랜드 마스터인 게리 카스파로프Garry Kasparov를 이긴 시점은 1997년입니다. 게임에 진 후 카스파로프는 기계의 수준에서 종종 깊은 지성과 창조성을 보았다고 말하며, 게임에 기계 대신 인간이 개입했다고 비난합니다. 무어의 법칙이 예측한 것처럼 IBM은 2005년 딥블루보다 천 배 빠른 연산을 수행하는 블루진Blue Gene을 내놓습니다.

딥블루와 카스파로프의 대국에는 짚고 넘어갈 점이 있습니다.

1997년 5월의 역사적 대국은 둘 사이의 두 번째 대결입니다. 1차 대국은 1996년 2월에 있었고 1패 3승 2무로 카스파로프가 승리합니다. 하지만 딥블루도 1승을 거두며 키스파로프에게 충격을 주었고 기계가 인간 챔피언을 상대로 거둔 첫 승리로 기록됩니다. 딥블루는 초당 200만 개의 상황을 계산하고 6~20수 앞을 예측할 수 있었다고 합니다. 2차 대국은 2승 1패 3무로 카스파로프가 패배합니다. 심리적으로 충격을 받은 카스파로프는 대국 중 우월한 창의성을 느껴 인간의 개입 의혹을 제기하고 재경기를 요구하지만, 충분한 광고효과를 본 IBM은 딥블루를 분해합니다. 이 대국은 기계의 위력에 대한 사람들의 생각에 심대한 충격을 준 계기가 됩니다. 무어의 법칙이 작동하는 한 기계의 부상은 지속될 겁니다.

대국을 지켜본 카스파로프의 한 수행원은 두려워합니다. "딥블루가 점점 더 깊이 들어감에 따라 그것이 전략적인 이해를 하고 있다는 측면을 보여주었다. 저 너머 어디엔가, 단순한 전술들이 전략으로 변화되고 있었다. 이것은 내가 본 바로는 컴퓨터가 보여준 가장 높은 수준의 지능이다. 이것은 기이한 형태의 지능으로 아마도 지능의 시작 단계일 것이다. 하지만 우리는 느낄 수 있다. 분명 기미가 있었다."

흥미로운 점은 여깁니다. 첫 게임에서 딥블루는 44번째 수에서 의미 없어 보이는 수를 두고 패하지만, 카스파로프가 두려움을 느낍니다. 두 번째 대국에서 판이 불리한데도 딥블루가 앞을 내다보는 전략적인 수를 두고 저항하자, 카스파로프는 무승부로 갈 수 있음에도 위축되어 대국을 포기합니다. 2012년에 첫 대국에 있었던 딥블루의 44번째 수가 프로그램 오류였음이 공개됩니다. 기계 앞에서 인간이 심리적으로 흔들린 것으로 보입니다.

이 점은 기계와 대면한 인간이 앞으로 보이게 될 태도의 단면으로 보입니다. 심리적 위축과 미리 패배 의식에 잠기는 건데 대결에 앞서 좋지 않은 조짐입니다. 인간은 결국은 그들이 이길 것이라는 내면의 불안을 먼저 극복해야 합니다. 인공지능은 아직 프로그램일 뿐이고 지금 이들을 진화시키는 주체는 인간입니다.

왓슨

2011년 IBM의 인공지능 슈퍼컴퓨터 왓슨Watson이 제퍼디Jeopardy!라는 텔레비전 퀴즈 게임에서 역대 가장 뛰어난 두 사람을 가볍게 따돌렸습니다. 왓슨은 질문에 답을 하는 프로그램입니다. 게임은 왓슨의 인터넷 접속을 끊은 상태에서 듣고 답하기 모두 일상 대화로 진행되었습니다. 당시 문제 듣기는 글로 입력했다고 합니다. 판단 후 벨을 누르는 데 걸리는 인간의 반응 속도의 차이를 왓슨에게도 부과했습니다. 하지만 인간은 아직 답을 얻지 못한 상태에서도 미리 벨을 누르고 더 생각할 수 있지만, 왓슨에게는 그러한 교묘한 능력을 허용하지 않았습니다.

왓슨은 많은 자료를 섭렵한 후 인간의 질문에 적절한 답을 제공합니다. 어떠한 지식 분야에서건 전문가가 수행할 수 있는 일을 왓슨은 더 정확하고 빠르게 수행할 잠재력이 있습니다. 지금은 의료 진단 분야에서 현역으로 활약하며 벌써 인간 의사보다 진단이 더 정확하다는 평판을 얻었습니다. 모든 종류의 질문에 답하는 일이니 적용 대상은 전략적 판단을 포함하여 상상할 수 있는 거의 모든 지적인 분야입니다.

알파고

대한민국에서는 2016년을 기점으로 기계의 가능성에 관해 모든 사람의 인식을 180도 바꿀 민한 사태가 안방에서 발생했지요. 2016년 3월 구글 딥마인드Google DeepMind사가 제작한 바둑 프로그램 알파고AlphaGo가 바둑에서 인간 최고수 중 한 명인 이세돌 9단을 압도적으로 제압했습니다. 이 사건은 AI 전문가 집단에게도 큰 충격을 주었다고 합니다. 알파고에 사용된 기계학습machine learning 프로그램은 기존의 딥블루나 왓슨의 경우보다 더 범용일 가능성이 있어 앞으로 인간 수준 인공지능Artificial General Intelligence, AGI을 향한 발전의 시금석이 되리라는 전망입니다.

기계학습의 경우 프로그램의 개발자조차 기계가 어떤 식으로 판단을 내리는지 알 수 없습니다. 이해가 되지 않으니 통제도 되지 않습니다. 문제의 심각성은 이런 상황이 결과가 아니라 이제 겨우 시작일 뿐이라는 점입니다.

알파고는 계속 발전하여 2017년 5월 당시 바둑 최고수는 물론이고 여러 고수와의 집단 대국에서조차 압도적 기세로 승부를 결정지었습니다. 특히 이기기만 하면 되기에 몇 집 차이인지에는 관심조차 없는 모습을 보여 착잡했습니다. 구글은 이 게임을 마지막으로 알파고를 더 이상 인간 적수가 없는 바둑에서 퇴역시키고 그 범용 AI를 사회 전 분야로 확장 적용하겠다고 선언하였습니다. 저에게는 마치 인간을 상대로 한 선전포고로 들립니다.

생각하는 기계

최근 빠른 컴퓨터와 빅데이터, 인간의 뇌를 모사했다고 주장하는 딥러닝 알고리즘을 활용한 범용 AI 분야의 발전은 이 분야의 전문가들조차 놀랄 정도라고 합니다. 이와 함께 강력한 능력을 지닌 AI가 인간의 통제 아래 놓일 수 있겠느냐는 우려 또한 제기되고 있습니다. 앞에서 말씀드린 AI 접수takeover 말입니다.

기계학습과 같은 AI 알고리즘은 블랙박스와 같습니다. 입력과 출력을 확인할 수는 있지만 어떤 과정을 거쳐 그러한 출력 결과에 이르렀는지는 알 수 없습니다. 결과가 인간의 능력을 상회하니 이해할 도리가 없지요. 알파고가 어떻게 인간을 이겼는지 왜 그런 수를 두었는지 인간인 우리는 알 수 없다는 겁니다. 모르는 시스템은 통제할 수 없습니다.

이해하지 못하면 통제하지 못한다고 말씀드렸지요. 이해하지 못하는 그래서 통제할 수 없는 상대의 출현이 임박한 셈입니다. 지구에서 일어난 일련의 물질과 생명의 진화 과정에서 인간종을 상대로 승리를 거둘 수 있는 '잠재적 괴물'이 출현할 조짐일까요? (고생물 화석에 남은 생명 종의 불연속적이고 급격한 진화 양상을 설명하기 위해 제안된 잠재적 괴물은 곧 소개합니다.) 지구에서 전개된 물질과 생명의 역사에서 바야흐로 유전자 접수Genetic Takeover에 버금가는 디지털 접수Digital Takeover가 일어날까요? '이해'했다는 자부조차 결국 '미몽'으로 그칠 가능성이 있다고 했습니다. 앞에서 외계인과의 조우에서 말씀드린 '거대한 미몽'이 결국 인간이 스스로 창조할 '미래의 창조물'에 대한 이야기였던 셈이지요.

컴퓨터의 개척자 알란 튜링Alan Turing은 인간과 컴퓨터를 서면으로

면접해 둘 중 누가 인간인지 구별할 수 있는지 검증하는 튜링 테스트를 제안합니다. 그는 2000년 즈음 기계가 테스트를 통과하리라 예측했습니다. 철학자 루카스John Randolph Lukas는 말합니다. "튜링의 제안은 결국 핵심은 복잡성의 정도일 뿐이라는 점이다. 일정 수준의 복잡성을 넘어서게 되면 정성적으로 전혀 다른 특성이 나타나게 될 텐데, 그러한 '수준을-넘어선' 기계는 우리가 이제까지 알던 단순한 기계들과 전혀 다르다."

왓슨은 2011년 게임 당시 2억 쪽 분량의 정보를 보유했고, 그 양은 무어의 법칙에 따라 증가할 수 있습니다. 당시 이 정보는 용량이 4테라바이트 정도에 달했지만, 이 정도 용량의 저장장치라면 2018년에는 10만 원 정도에 구매할 수 있게 된 지금 상황도 놀랍습니다. 2014년에 튜링 테스트를 통과한 컴퓨터가 나왔다는 뉴스로 전 세계가 떠들썩했지만, 아직 논란이 많습니다. 인간은 앞으로 이런 식으로 상황에 차츰 적응해 갈 겁니다. 일종의 정신적 면역 예방주사를 맞는 셈인데 상황에 무감각해질 뿐 그렇다고 위험성이 줄어드는 건 아닙니다. 기계 앞에서 인간이 체념하고 심리적으로 스스로 무너지는 상황이 더 우려스럽다고 했지요. 무어의 법칙은 아직 냉정하게 작동하는 중입니다.

이해와 통제

컴퓨터가 아직 인간을 능가하지 못하는 영역이 남아있다면, 그것은 인간이 어떻게 그런 능력을 지니는지 인간 스스로 알지 못하기 때문입니다. 인간은 자신이 가진 이런 능력의 정체를 알아내기 무섭게 곧 알고리즘으로 만들 수 있고 곧이어 컴퓨터가 인간의 능력을 능가하게 됩니다.

수학자이며 컴퓨터의 선구자인 폰 노이만은 기계가 의식을 갖게 되리라는 발표 중 이에 집요하게 반대하는 한 여성 청중에게 이렇게 발언합니다. "기계가 할 수 없는 무엇인가 있다고 계속 주장하시는 군요. 기계가 무엇을 할 수 없는지를 분명히 말씀해 주시면, 정확히 그것을 할 수 있는 기계를 언제나 만들 수 있다는 걸 보여드리지요." 이것은 핵심을 짚은 답변입니다. 기계가 가진 본질적 한계는 없습니다. 생명도 마찬가지입니다. 있더라도 우리가 알 길은 없습니다. 기계가 의식을 가지는 데 유일한 장애 요소는 인간 스스로 의식이 무엇인지 알지 못한다는 사실뿐입니다.

한편, 인간이 뇌의 기능을 '이해'하는 날이 온다면 그것은 곧 인간 '통제'로 이어질 수 있습니다. 인간이 스스로 뇌를 이해하는 그런 날은 결코 오지 않겠지만, 불충분하고 잘못된 '이해'로도 '통제'는 꼭 해야겠다는 관료적 욕망은 앞으로 더욱 기승을 부릴지 모릅니다. 베버는 "관료 행정은 근본적으로 지식을 통한 지배를 의미한다."라고 말합니다.

이것은 쉽게 넘어갈 문제가 아닙니다. 왜냐하면, 미증유의 가공할 기술 변화가 지금 세계 체제에서 작동 중인 관료 행정과 맞물리며 아무도 책임지지 않는 상황에서 의도치 않게 인간이 지배권을 상실한 '신세계'를 열 가능성이 있기 때문입니다.

12

미래와의 조우

임박한 파국

21세기가 현생인류가 지구에서 지배 종으로 행세한 마지막 세기가 될 가능성이 회자됩니다. 외부 요인 때문이 아니라 잘못된 착각으로 자진해서 그러한 길을 만든다는 데 역설이 있습니다. 이해했으니 통제할 수 있다는 '미몽'에 사로잡혀 제대로 대응하지 못한다고 했지요. 지금 진행 중인 기술의 가속적인 발전 때문에 출현 이후 별다른 변화가 없는 현생인류가 지금의 생물학적 상태로는 감당하기 어려운 상황을 맞는다는 겁니다.

그러한 변화를 초래할 한 가지 가능성으로 커즈와일은 2005년 『임박한 파국The singularity is near: 인간이 생물의 한계를 넘는 시점』에서 다음과 같이 예측합니다. "이런 이유로, 2020년쯤에는 순수한 하드웨어 계산 용량만으로 볼 때 1,000달러[백만 원] 정도면 인간 두뇌 용량에 달하는 [컴퓨터가 등장하리라 예상된다]." 2020년은 이미 되었고 무어의 법칙은 지금까지 계속 작동되었습니다. 인간의 두뇌 용량이 얼마인지의 문제가 남지만, 왓슨의 사례를 본다면 커즈와일의 예측이 틀렸다고 말하기도 어렵습니다.

그는 더 나아가 "나는 파국의 ― 인류의 능력에 심대하고 파국적인 변화가 일어나는 ― 해를 2045년으로 잡는다. 그해에 창조된 무생물적 지능의 총량은 현재 모든 인류의 두뇌 용량을 합한 양의 백억 배에 달한다."라고 추산합니다. 무어의 법칙이 그때까지 지속된다면 그렇습니다. 독자께서 곧 확인해 보실 수 있겠군요.

한편 인간의 두뇌 용량을 기계적인 수치로 나타내는 것은 검증될 수 없는 여러 가정에 의존할 수밖에 없습니다. 그 가정 중 하나는 생명을 그리고 인간을 기계로 간주하는 건데 이런 식의 생명 경시와 인간의 자기 비하적인 태도에 대한 문제 제기는 『물질』과 『생명』에서 깊이 탐구합니다.

칼 세이건은 "우리는 45억 년간의 우연적이며, 느린 생물학적 진화의 결과물이다. 진화적 과정이 멈추었다고 생각할 이유는 없다. 인간은 전이기에 놓인 동물이다. 그는 창조의 정점이 아니다."라고 말하며, 마틴 리스는 "인간을 초월하는 로봇의 출현은 금세기 중엽에 가능하리라고 널리 예측된다."라고 전합니다.

독자께서 조지 오웰George Orwell의 1984년이 그랬듯이 2045년도 아무 일 없이 무심하게 지나가는 걸 확인하실 수 있기 바랍니다. 아마 별일 없을 겁니다. 하지만 각종 첨단기술의 가속적 발전이 우려스러운 점은 변함없는 사실로, 지금 인류가 어디로 가는지 신중히 되돌아보아야 합니다.

사태의 규모가 위에서 언급한 수준 정도라면 그 이전에 인간의 몸과 마음은 물론 지금의 세계 체제가 버텨내지 못할 겁니다. 이런 인간의 명운을 가를 수도 있는 중차대한 일이 주로 국가의 군사적 야심과 기업의 상업적 이윤을 위해 추구되는 현실을 고려하면 결과가 그리 낙관적으로 보이지만은 않습니다. 하지만 미래는 그저 주어지지 않고 우리가 어떤 선택과 행동을 하느냐에 따라 달라집니다.

이해 가능성

한편, 기계가 의식을 갖게 되면 어떻게 될까요? 이 점에서 앞에 소개해 드린 스탠리 큐브릭의 영화 『2001 스페이스 오디세이』에 나오는 또 다른 상황이 저의 관심을 끕니다. 영화에는 할HAL9000이라는 미래의 슈퍼컴퓨터가 나옵니다. 스스로를 인식한다고 보이는 이 컴퓨터가 일으키는 정체성 혼란이 중요한 플롯인데, 인간의 창조물임에도 외계인과의 조우에서 중요할 수 있다고 앞에서 지적한 것과 동일한 상황이 재현됩니다. 즉, "우리는 그들을 이해할 수 없다."라는 겁니다.

영화에는 할9000이 의식을 가졌다고 보아야 하는지에 대한 인터뷰 대화가 나옵니다.

> 인터뷰: 할이 진짜 감정을 가졌다고 생각하십니까?
> 데이브: 아, 물론입니다. 사실, 할은 그가 진짜 감정을 가진 듯이 행동합니다. 음, 물론, 그는 우리와 대화하기 쉽도록 그런 식으로 프로그램되었습니다. 하지만, 그가 진짜 느낌을 지녔는지 어떤지는 누구도 자신 있게 말할 수 없다고 생각합니다.

그가 의식을 가졌는지조차 알 수 없습니다. 이 점이 중요합니다. 우리는 영화나 글에서 미래의 컴퓨터나 로봇이 인간과 비슷하게 사고하고 행동하리라는 설정에 익숙합니다. 그러나 현실에서는 우리는 그들을, 마찬가지로 그들은 우리를 이해할 수 없으리라는 점을 깨달아야 합니다. 인간의 관점에서 그들은 초 윤리적 혹은 탈 윤리적일 겁니다. '이해'할 수 없다는 말은 요컨대 우리의 희망이나 기대와는 달리 인간이 그들을 '통제'할 수 없다는 겁니다. 인간이기 위해서는 인간의 신체를 가져야 하며 또 인간으로 길러져야만 합니다. 본성과 양육 모두를 말합니다. 이 둘은 사실상 구별이 되는 개념도 아니지만, 하여튼 둘 다 중요합니다.

외계인과의 조우에 앞서 인류는 스스로 창조한 기술의 산물과 먼저 조우할 예정입니다. 이것이 먼 미래가 아닌 금세기 중반일 가능성에 대한 여러 보고가 있습니다. 미래에 무엇이 우리를 기다릴지는 아무도 모릅니다. 우주적 관점에서 우리를 되돌아보는 것도 우주생물학의 주요 역할이며 관심사입니다. 지금대로 간다면 우리는 아무것도 모른 채 (아니면 애써 모르는 척하면서) 위험 시대의 심연을 향한 발걸음을 가속화하고 있습니다. 전문가가 알아서 잘하겠지 하는 안이한 생각에 젖어서 말입니다.

존재론적 위험

설마 그런 일이 발생할까요? 여기에서 "우리는 단기적으로는 기술 발전의 영향력을 과대평가하곤 하지만, 장기적으로는 그 여파를 과소평가하는 경향이 있다."라고 말한 미래학자 아마라Roy Amara의 관찰에 유의해야 합니다. 지구에서 생명의 역사와 인간의 역사는 개연성은 낮았지만 거대한 충격을 낳은 사건으로 점철되어 있다고 했지요. 더하여 장기적으로는 위협이 될 것임에도 당장의 이익을 앞에 두고 쉽게 멈출 수 없는 딜레마가 우리를 마주합니다. 인간 강화와 인간 이후posthuman 미래를 빨리 앞당겨야 한다고 주장하는 철학자 보스트롬Nick Bostrom은 "초지능을 만드는 데 필요한 모든 과정은 엄청난 경제적 이윤과 관련이 있다."라고 자신합니다.

하지만 그도 이런 모험이 초래할 '존재론적 위험Existential Risk'을 알기에 "만약 화성에 생명이 전혀 살지 않는다고 밝혀지면 좋은 소식이 될 것이다. 죽은 돌과 생명이 없는 모래는 나의 생기를 북돋아 줄 것"이라고 말합니다. 화성에서 생명이 발견되면, 태양계 안에서도 두 번이나 독립적으로 생명이 출현한 셈이니 우주에 생명이 존재할 가능성이 커집니다. 그런데도 지구를 방문한 외계 고등 문명이 없다는 사실은 기술 문명 발전이 우주적 규모에 이르기 전에 때 이른 종말을 맞을 개연성을 높여주니 '문명 제거 장치'가 미래에 인간을 기다릴 가능성을 우려한 겁니다.

'존재론적 위험'은 보스트롬이, '거대한 제거 장치'는 인간 이후의 미래를 고대하는 로빈 한슨이 제안한 개념인데 이 기술숭배자들에게도 내심 상황이 그다지 낙관적으로 보이지만은 않는 듯합니다.

파국

하지만 저는 파국이 다른 방식으로 다가올 가능성이 더 크다고 봅니다. 미래의 생명공학과 로봇공학의 산물이 저렴하다면 모든 이에게 혜택이 돌아갈 수도 있겠지만, 비싸다면 오직 부자만이 혜택을 누리며 빈부 계층 간 분리를 가속화시킬 겁니다. 후자일 가능성이 크겠지요. 첨단기술이 값싸게 출현할 것을 기대하기는 어렵고 혜택이 부자들에게 먼저 돌아가는 것은 이미 작금 세상의 현실입니다. 지금 우리가 목격하는 세계의 불균형과 빈부의 불평등도 장기적으로는 불공평하게 적용된 기술 변화가 초래한 측면이 있습니다.

결국은 현생인류의 종 분화와 새로운 종의 출현 가능성이 가시권에 들어오는데 기존 인간이 자신의 생존을 위협하는 상황을 순순히 그냥 넘길 수는 없습니다. 그럴 리도 없고 그래서도 안 되겠지요.

안나스George Annas, 앤드류스Lori Andrews, 이사시Rosario Isasi는 2002년 「멸종위기에 처한 인간종 보호: 복제와 유전 가능한 변형 금지를 위한 국제조약의 필요성」이라는 글에서 경고합니다. "이 새로운 종, 혹은 '포스트휴먼'은 기존의 '정상' 인간을 열등하거나 야만인으로 간주하고 노예로 삼거나 살처분할 가능성이 있다. 한편, 정상 인간은 포스트휴먼을 위협으로 보고, 그들 자신이 노예가 되거나 죽임을 당하기 전에, 할 수 있다면, 포스트휴먼을 선제공격해 죽일 가능성이 있다. 궁극적으로는 이런 예상 가능한 인종청소의 가능성 때문에 종을 변화시킬 수 있는 실험을 잠재적 대량살상무기로 보는 것이고, 또 무책임한 유전공학 연구자를 잠재적 생물 테러리스트로 만드는 것이다." 이것이 미래 기술이 초래할 가능성이 있는 예상 가능한 한 가지 붕괴(종말) 시나리오입니다.

생존을 건 투쟁과 혼란은 초지능의 출현이나 종 분화가 일어나기 훨씬 이전에 나타날 수 있습니다. 왜냐하면 전문가들의 장담과 달리 공감적 시선을 외면한 채 맥락을 단절해 단순화시킨 모형을 진실이라고 간주하는 과학은 자연의 실상을 이해가 아니라 오해하고 있으며, 따라서 통제할 수 없기 때문입니다. 그런데도 이런 치명적 잠재력을 가진 생명공학, 로봇공학, 인공지능, 뇌과학 따위의 첨단기술이 현실에서는 도리어 기업 이윤의 원천으로, 군사력을 위한 국가적 의제로 강력하게 추진되는 실상에 주목해야 합니다. 과학으로 포장한 홍보도 이런 가공할 상황 앞에서 일반인의 정서적 안정에 한 몫 거듭니다. 정신 줄 놓게 만드는 겁니다.

악의 없는 위협

지금의 세계 체제는 국가와 기업을 축으로 구성되어 있지요. 국가와 기업은 어떠한 악의 없이도 체제의 운영 자체가 큰 위험을 초래할 수 있습니다.

마틴 리스는 2003년 저서 『우리의 마지막 세기』에서 "경제적 결정은 일반적으로 지금으로부터 20년 이후 일어날 일은 중요하게 고려하지 않는다. 상업적 벤처기업은 특히 [제품의] 구식화가 빠르게 일어날 때 그보다 훨씬 빨리 이윤을 내지 못하면 가치가 없다. 정부의 결정은 종종 다음 선거 때 정도까지로 짧다."라고 말합니다. 지금의 세계 체제는 미래를 대비하기에는 구조적으로 문제가 있는 겁니다.

과학철학자 라베츠Jerome Ravetz는 "이런 기업과 제도에 속한 사람들은 경제 발전이나 국가 방위를 위한 좋은 의도를 가졌을 것이다. 하지만 그들의 기관은 무자비하거나 파괴적이고, 사실상 악의적일 수 있다."라고 경고합니다.

지금 인간이 확보한 기술은 어떠한 악의 없이도 가공하게 악의적인 결과를 초래할 수 있습니다. 인간을 말 그대로 끝장낼 수 있지요. 생명공학의 상황은 이미 우리 앞에 벌어지고 있으며 징후는 더 가공한데 이는 『생명』에서 논의합니다.

마틴 리스는 "개인이 대참사를 일으킬 수 있는 심상치 않게 많은 수단이 있다. 기술적 진보는 그 자체가 사회를 붕괴에 더 취약하게 만든다."라고 말합니다. 화이트헤드는 "문명에서 중대한 발전은 그것이 일어난 문명을 거의 몰락시킨다."라고 경고합니다.

기술의 발전 방향을 기업 이윤이나 국가의 야심이 아닌 인간의 미래를 고려하여 신중하게 설정하는 일은 지금 인류가 감당할 엄중한 과제인데 『과학』에서 더 깊이 논의합니다.

13

거대한 미몽

초지능 기계

앞서 초지능 기계의 가능성에 대한 어빙 구드의 글을 소개해 드렸습니다. 그는 1965년 「최초의 초지능 기계에 관한 추측」이라는 논문에서 말합니다 "인간의 생존은 초지능 기계의 빠른 완성에 달려있다. … 초지능 기계는 어떤 인간이 얼마나 영리하든 그의 모든 지적 행위를 능가할 수 있는 기계라고 정의할 수 있다. 기계를 제작하는 일이 이런 지적 행위 중 하나이기 때문에 초지능 기계는 그보다 더 나은 기계를 제작할 테고 결국 '지능의 폭발'이 일어날 것은 의심의 여지가 없다. 이 와중에 인간의 지능은 한참 뒤처지게 된다. 따라서 최초의 초지능을 가진 기계가 인간이 만들 마지막 발명품이다."

그는 다른 글에서 "그러한 기계는 '동기'만 잘 부여되면 심지어 정치나 경제에 대해서도 유용한 자문을 할 수 있다. 그들은 그들 자신의 존재 때문에 발생한 문제들을 보완하기 위해서라도 그래야 한다. 질병이 제거되며 생긴 인구과잉 문제나 기계들이 제작한 값싼 로봇들의 효율성으로 인한 고용 감소 등의 문제도 생길 것이다."라고 말합니다. 큐브릭의 『2001 스페이스 오디세이』에 나오는 슈퍼컴퓨터 할9000은 구드의 자문에 따랐다고 합니다.

컴퓨터와 로켓은 2차 세계대전의 여파로 지구에 출현합니다. 큐브릭의 영화는 아폴로 우주선이 인간을 달에 착륙시키기 1년 전인 1968년 개봉됩니다. 인간의 첨단기술인 로켓과 컴퓨터가 이제 막 걸음마를 시작할 때 구드와 큐브릭의 과학과 예술이 보여주는 기계와 인간의 미래상은 전율할 만합니다.

과학 저술가 아니시모프Michael Anissimov는 "최초로 인간의 지능을 넘어서는 존재가 창조되고 자체적 자기복제와 개선이 시작되면, 근본적 불연속이 일어날 가능성이 있다. 그것이 어떤 차원의 일이 될지 나는 차마 예측하려는 시도조차 하기 어렵다."라고 말합니다.

수학자 빈지Vernor Vinge는 1993년 「기술이 초래한 파국의 도래: 인간 이후 시대에 살아남기」라는 글에서 우려합니다. "앞으로 삼십 년 이내로, 우리는 인간을 뛰어넘는 지능을 창조할 기술적 수단을 가지게 된다. 곧이어, 인간의 시대는 끝난다. 이런 진행을 피할 수 있는가? 피할 수 없다면, 우리가 살아남을 수 있도록 사태를 유도할 수는 있는가?" 예상 시점이 앞으로 몇 년 남지 않았으니 하나씩 검증해볼 수 있겠군요. 이 글에서 빈지는 가속된 기술의 결과로 맞게 되는 파국을 특이점이라는 용어로 처음으로 표현합니다. 그 너머는 인간의 이해를 넘어섭니다.

그는 한 인터뷰에서 "가장 순수하게 끔찍한 가능성은 우리가 특이점을 향한 군비 경쟁을 하는 경우다."라고 우려하는데, 지금 우리가 처한 현실이 다름 아닌 AI를 향한 국가와 기업의 사활을 건 군비 경쟁입니다. 전쟁 중이 아닌데도 별다른 악의 없이 무한 경쟁이 가능하도록 지금의 세계 체제가 꾸며져 있는 겁니다.

제어 불가능성

만일 초지능 AI가 출현한다면 월스트리트 따위의 증권가나 국가의 묻지마 지원을 받은 국방 관련 연구소에서 실현될 가능성이 높다고 합니다. 왜냐하면 이곳에 가장 큰돈이 몰리기 때문입니다. 지금 세계 체제에서 AI에 대한 투자를 멈추면 국가 간, 기업 간 경쟁에서 뒤처질 것입니다. 도끼로 자기 발등을 찍을 가능성을 뻔히 보면서도 국가와 기업이 스스로 멈추기는 어려운 실상입니다.

작가 조엘 가로Joel Garreau는 "빈지 특이점 시나리오의 결정적 요소는 그것이 근본적으로 제어 불가능하다는 점"이라고 지적합니다. 위 인터뷰에서 빈지는 "그것이 일어나는 데 오랜 시간이 걸린다면 더 안전하다."라고 제안합니다.

이런 사태가 기술적으로 가능하더라도 설마 사람들이 그런 무모한 선택을 할까요? 이런 미래를 더욱 앞당겨야 한다고 주장하는 보스트롬은 "[이런] 초지능이 언젠가 기술적으로 만들어질 수 있더라도, 사람들이 만드는 선택을 하겠는가? 이 질문에는 상당히 자신 있게 그렇다고 답할 수 있다. 초지능을 만드는 데 필요한 모든 과정은 막대한 경제적 이윤과 관련이 있다."라고 자신합니다.

기술 발전을 통해 사실상의 영생을 추구하는 커즈와일은 이런 파국을 낙관적으로 바라보며 더 빨리 도달하기를 희망합니다. 그는 지금 초기업 구글의 수석 엔지니어로 막대한 지원을 받으며 인공적인 마음mind을 창조하기 위해 분주히 노력하고 있습니다.

바이첸바움은 『이성의 섬: 프로그램화된 사회에서 인간 이성이 가야 할 길은 무엇인가』에서 "우리는 오늘날 컴퓨터의 시종이 될 가능성이 다분히 있습니다. 그런데도 그 사실을 전혀 눈치채지 못한 채 우리는 서서히 기계의 일부가 되는 중입니다."라고 우려합니다. 생명의 진화와 역사의 산물인 인간은 무언가 중요한 걸 잃지 않고는 기계로 대체될 수 없고 대체를 허용하여서도 안 된다고 말합니다. 그는 인간의 본질적인 부분은 다른 인간과 맺는 관계에 있음을 지적하는데 곧 소개합니다.

특이점

국내에서는 『특이점이 온다─기술이 인간을 초월하는 순간』이라는 제목으로 번역된 커즈와일의 책이 유토피아적 미래의 밝은 청사진인 양 비판 없이 소개되는 점이 놀랍습니다. 제가 보기에는 인간이 사라진 미래입니다. 저의 인용에서는 특이점singularity을 파국으로 번역했습니다.

이런 특이점은 폰 노이만의 "끊임없이 가속하는 기술은 [생존] 경쟁의 역사에서, 우리가 아는 한, 인간의 통제를 벗어난 결정적 파국singularity으로 향하는 것으로 보인다."라는 예견에서 처음 등장한다고 합니다. 그는 이런 미래를 만들기 위해 동분서주한 사람입니다. 전문가답게 장기적인 여파에 대해서는 별생각 없이 기술적으로 가능한 것을 실현시키려 했겠지요. 그가 참여한 발명품 중에는 수소폭탄도 있습니다. 핵폭탄을 만들기 위해 컴퓨터를 발명했지요.

이런 특이점에 알맞은 비유가 있을까요? SF에 종종 나오는 인류보다 훨씬 앞선 문명을 이룩한 외계인과의 조우라거나, 아메리카나 오세아니아 토착민과 서구인 사이의 조우, (진실이 어땠는지는 기록에 남아있지 않지만) 네안데르탈인과 크로마뇽인 사이의 조우, 혹은 그보다 근대에 벌어진 인간과 다른 생물들 사이의 조우가 더 적절할 비유일 겁니다. 결과는 일방적일 수 있습니다.

잠재적 괴물의 출현

진화는 이런 예상치 못한 충격적 사건들로 이루어져 왔습니다. 『생명』에서 더 자세하게 살펴보듯이 다윈Charles Darwin의 기대와는 달리 화석 기록에 남겨진 과거 지구 생명의 변화는 점진적이기보다는 급격합니다. 화석 기록에 따르면 하나의 종은 돌연히 출현해 자신의 정체성을 유지한 채 잘 살다가 갑자기 사라집니다. 이를 설명하기 위해 1933년 유전학자 골드슈미트Richard Goldschmidt는 아직 이유는 알 수 없지만 종종 거대한 돌연변이가 출현한다고 제안했고 이를 '잠재적 괴물Hopeful Monster'이라 명명합니다.

거대돌연변이의 출현으로 유전학과 진화를 연결하는 대담한 가설을 제안한 거지요. "나는 가공할 변화를 촉발하는 돌연변이가 거대진화macroevolution에서 상당한 역할을 했다는 점을 표현하기 위해 '잠재적 괴물'이라는 용어를 사용했다. 단 하나의 유전적 변화가 초래한 엄청난 변이가 새로운 생태계의 틈새를 장악하도록 허용하여 단 한 걸음만으로 새로운 형태를 출현시킬 수 있다."

기득권을 가진 종이 미처 장악하지 못한 주변부에서 이런 돌연변이가 일단 성공적으로 성체가 되면 일거에 기존 종을 치환한다는 겁니다. 변화가 화석기록으로 남겨질 틈이 없는 거지요. 주변부가 진원지인 이유는, 중심부에서라면 기득권을 가진 종이 자신의 권좌를 위협할 잠재적 괴물이 유아기를 탈 없이 넘기도록 그냥 두지 않았을 것이기에 그렇습니다. 정신 줄을 놓거나 통제되리라는 미몽에 사로잡히지 않았다면 당연히 그랬겠지요. 인간의 역사도 이러한 사례로 가득합니다.

예측 불가능성

조엘 가로는 『급진적 진화』에서 "역사는 확률은 낮지만 충격이 큰 시나리오가 진정 충격적이었음을 보여준다."라고 지적합니다.

이런 경험하지 못한 사건의 출현은 예측도 불가능합니다. 정성적 변화는 예측이 가능하지 않습니다. 정량적 변화는 어느 순간 정성적 변화로 이어집니다. 무어의 법칙도 이런 식으로 이어졌습니다. 진공관이 어느 순간 트랜지스터로 바뀌고 크기가 점점 작아지다가 또 다음 순간 갑자기 집적회로가 등장하는 식입니다. 무어의 법칙은 예측할 수 있더라도 그것이 성립하는 데 필요했던 정성적 변화는 예측할 수 없습니다. 예측이 가능했다면 아예 만들어 버리겠지요. 신기술은 본질상 전례가 없기에 예측이 가능하지 않습니다.

지금은 컴퓨터와 생명공학에서 마이크로 기술들이 변화를 주도하며, 신기술의 잠재적 출현 지역이 작은 실험실과 신생기업으로 광범위하게 퍼져있습니다. 국가나 기업의 대규모 기관이 신기술을 주도하던 과거에 비해 더 통제가 어려워진 셈이지요.

미국의 국가연구회National Research Council는 「파괴적인 기술에 대한 지속적인 예측」라는 보고서에서 "기술 예측의 가치는 미래를 정확하게 예측하는 능력이 아니라 그 미래가 초래할 놀라움을 최소화하는데 있으며 … 미래에 대해 결정권자를 준비시키려는 것이다."라고 지적합니다. 미래 기술 예측의 복표는 미래를 미리 알고 통제하겠다는 것이 아니라 이제는 한발 물러서서 미래가 우리를 기습적으로 놀라게 할 가능성을 줄이는 방향으로 설정되어야 한다는 겁니다.

잠재적 위험이 지나치다면 멈출 수도 있어야겠지요. 그러나 이 점이 쉽지 않습니다. 이 기술들은 대부분 인간에게 제공할 혜택으로 포장되어 있기 때문입니다. "지옥으로 가는 길은 선의로 포장되어 있다."고 하지요. 악의가 보이면 피하면 되기에 도리어 피해가 크지 않습니다. 살상무기가 아닌 제품과 혜택, 건강과 수명연장으로 포장되어 있다면 이야기가 많이 다릅니다.

마틴 리스는 "획기적 진보는 예측이 가능하지 않다. 혜택과 위험사이의 잠재적 거래 또한 그렇다.", "인간은 자연이 성취할 수 없는 변화들을 꾀할 수 있다. 새로운 기술과 발견은 일반적으로 단기적 유용성을 가지지만, 또한 빌 조이의 장기적 악몽으로 가는 길일 수 있다."라고 경고합니다.

사전경고의 무시

앞서 미국의 국가연구회 보고서는 결론부에서 다음과 같이 지적합니다. 앞으로의 사태 전개에서도 참고할 만한 중요한 지적입니다.

파괴적 사건들에 대한 사후 분석은 자주 파괴적 사건을 예측하는 데 필요한 모든 정보가 사전에 이용 가능했지만 다음과 같은 여러 가지 이유로 무시되었다는 점을 보여준다.

- 질문할 만큼 충분히 알지 못함
- 올바른 질문을 잘못된 시간에 하기
- 미래의 발전이 과거의 발전과 유사하다고 가정
- 자신의 신념을 모든 사람이 공유한다는 가정
- 단편화된 정보
- 정보의 과부하
- (기관이나 공동체, 개인의) 편견
- 비전의 부재

생명의 역사는 생태계를 장악한 종들이 잘 지내다가 변이로는 적응할 수 없는 급격한 재앙을 맞는 상황을 반복해서 보여줍니다. 기술을 이용한 생명의 창조와 기존 생명들의 인위적 조합은 인간이 저지를 수 있는 가장 위험하고 무책임한 불장난이 될 수 있습니다. 이제까지 자연이 보여주는 사례와의 차이점은, 인간은 사려 깊지 못하게도 자신을 대체할 '잠재적 괴물'을 인위적으로 출현시켜 스스로 파국을 초래할 가능성이 있다는 점입니다. 웰스의 말에 빗대자면 "[21세기 중반] 드디어 거대한 미몽에서 깨어날 순간"이 인간의 현실 앞에 '깨어날 수 없는 악몽'으로 펼쳐질지 모릅니다.

포스트휴먼

『생명』에서 살펴볼 생명공학은 이제까지 우연적 과정으로 이해되는 지구 생명의 진화 경로를 의도를 가지고 인위적으로 변경하고 가속시킬 가능성을 엽니다. 문제는 변화의 빠른 속도입니다. 생명의 진행은 통제되지 않으므로 이런 기술적 시도는 현생인류가 저지르는 마지막 불장난으로 막을 내릴 가능성이 있습니다. 통제될 수 없는 이유는 생명을 대하는 인간의 과학은 인간의 욕망에 맞추어 생명을 오해했기 때문입니다(이것은 『생명』에서 살펴볼 주제입니다). 생명의 진화 과정은 과학의 이해와는 달리 수동적이며 우연적인 과정이 아니라는 겁니다. 정보기술과 로봇공학의 발전도 마찬가지로 현생인류의 생물학적 상태로는 감당할 수 없는 사태를 초래할 수 있습니다. 도리어 성공적인 경우에 그렇습니다.

나노공학의 경우 현실화되더라도 아직 시간이 더 걸리겠지만, 결국 생물과 기계의 궁극적 결합으로 이끌 수 있습니다. 만일 나노기계의 자기복제가 실현되면 통제를 벗어난 돌이킬 수 없는 재앙이 될 가능성에 대한 경고가 있습니다. 마틴 리스는 "만약 자기-복제하는 기계에 대한 기술이 개발되기만 하면 재앙이 빠르게 퍼져나갈 가능성을 배제할 수 없다."라고 말합니다. 자기복제 없이도 나노 수준 입자들의 대량 방출이 인체에 치명적일 가능성은 이미 드러났습니다. 로봇공학에서도 앞으로 인공지능이 실현된다면 인간의 생물학적 한계를 넘어설 가능성이 있습니다.

인간과 기계의 복합체나 초지능의 출현은, 일부 이해관계자들은 인간이란 무엇인지에 대한 정의를 바꾸는 정도로 여파를 축소해석하려 하지만, 곧 현생인류의 추락으로 이어질 수 있습니다. 이들이 인공적으로 출현시킨 '잠재적 괴물'이 될까요? 여기에 뇌 기능을 역분석하려는 뇌과학 혹은 신경과학과 기계가 사유(사고)와 지각(감각)을 제어하는 길을 열어줄 정보공학의 합세는 이런 추세를 가속화하겠지요. 기술의 융합하는 특성과 가속하는 성질은 어느 날 돌이킬 수 없이 충격적인 모습으로 이런 가능성을 현실화할 수 있습니다.

지금 사람들이 환호하는 첨단공학인 유전, 나노, 로봇, 뇌, 정보공학은 단기적으로 미래의 부, 복지, 건강, 번영의 원천으로 포장되지만, 장기적으로는 생태계 파괴와 현생인류 추락의 진원지가 될 가능성이 큽니다. 즉, 이 지식들의 융합이 만드는 미래는 가장 낙관적인 경우에조차 현생인류의 추락과 포스트휴먼posthuman 시대의 도래로 이어질 수 있습니다.

마틴 리스는 "21세기는 ― 우리가 어떻게 사는가 하는 정도가 아니라 ― 인간 자체를 바꾸어버릴 가능성이 있다. 인류의 마지막 발명품은 초지능을 가진 기계가 될 가능성이 있다."라고 경고합니다. 이런 관점에서 본다면 스티븐 딕이 말했듯이 외계 지능과 만난다면 그들은 기계일 가능성이 큽니다.

데우스 엑스 마키나

이 장을 시작하며 구드의 생각이 훗날 비관적으로 바뀌었다고 했지요. 작가 제임스 바렛James Barrat의 『우리의 마지막 발명』에는 구드가 1998년 쓴 글이 소개되어 있습니다. 다음은 구드의 글입니다. "「최초의 초지능 기계에 관한 추측」이라는 제목의 1965년 논문은 다음 문장으로 시작한다. "인간의 생존은 초지능 기계의 빠른 완성에 달려있다." 그 말을 쓸 당시는 냉전 시절이었는데, 이제 보면 '생존'을 '멸종'으로 바꾸어야 한다고 생각한다. [초지능을 이루기 위한] 국제적 경쟁 때문에 저자는 결국 기계가 접수take over하는 사태를 막을 수 없다고 생각하게 되었다. 저자가 보기에 우리는 레밍이다. 저자는 더하여 "아마 인간은 자신의 형상을 따라서 데우스 엑스 마키나를 창조할 것이다."라고 말한다."

레밍은 떼 지어 몰려다니며 집단 자살을 한다고 (사실은 잘못) 알려진 설치류입니다. '데우스 엑스 마키나deus ex machina'는 '기계장치로

(무대에) 내려온 신', '기계 신god from the machine'이라고 했지요.

금세기 중반 결국 현생인류가 추락한다면, 다음과 같은 상황이 원인일 수 있습니다. 사려 깊지 못함, 탐욕, 착각. 이런 인간의 약점이 가공할 폭력과 미증유의 위험을 유발할 수 있는 수단인 근대 기술과 만나고, 아무도 책임지지 않는 상황에서 그 실상이 과학에 의해 가려진 채 통제되지 않고 돌이킬 수 없는, 의도하지 않던 결과를 맞는다는 겁니다.

문제는 이런 극단적 위험이 가능하다는 경고가 누적되고 있는 데도 지금의 세계 체제가 이를 경쟁적으로 앞다투어 수행할 수밖에 없도록 꾸며져 있다는 허망한 실상입니다.

과도기로서 인간

이런 파국에서 성공적으로 살아남고 극복한 생명 종이 출현한다면 이것이 '지구 생명'의 우주 진출 가능성과 우주 문명에 새로운 전망을 주는 건 사실입니다. 하지만 외계 생명의 존재 여부에 대해 우리가 가진 유일한 관측 사실인 '거대한 침묵의 문제'가 이런 전망에 대해서마저 어두운 한계를 지웁니다.

설사 우주로 도약할 수 있는 생명이 출현하더라도 그들은 이미 현생인류를 뛰어넘은 존재일 가능성이 있습니다. 이 점에서 이제 막 진화의 방향을 인위적으로 바꿀 수 있는 능력을 획득한 인류와 그들이 의도치 않게 출현시킨 인공적 후손들 사이에 놓인 진화의 경로는 지구에서 산소가 발생했을 당시 기존 생명의 몰락과 새로 출현한 생명의 비상에 비교될 만할지 모릅니다. 우주가 그런 수준의 우주 문명을 허용한다면 말이지요.

니체가 『차라투스트라는 이렇게 말하였다』에서 언급한 강렬한 경구 "인간은 넘어서야 하는 존재다. 인간은 밧줄이다, 동물과 넘어선 존재Übermensch 사이에 걸쳐진— 심연 위에 걸쳐진 밧줄."에서 그는 무엇을 본 걸까요?

14

최후의 인간

한편, 그러한 혼란 속에서 현생인류는 결국 어떻게 될까요? 인류가 추락한다면 그 후 현생인류는 어떻게 평가될까요? 답은 화가 부뤼헬Pieter Brueghel the Elder이 그린 「이카로스Icarus의 추락」이 잘 보여준다고 예상합니다. 이카로스의 한계를 무시한 비행과 그에 따른 추락 후의 진실은 아무도 그의 추락을 알아주지 않았다는 거지요. 혹시 현생인류의 자멸적 어리석음에 대한 우화 정도가 남을지는 모르겠습니다.

인공적 후손

인공지능과 로봇을 연구하는 한스 모라벡Hans Moravec은 1988년 『마음의 아이들Mind children』에서 예언 조로 담담하게 말합니다. "우리 지식이 창조한 [인공적] 자손들은, 생물진화라는 느린 과정에서 벗어나, 더 크고 근본적인 우주의 도전을 헤쳐나가기 위해 자유롭게 성장해 나갈 것이다. 우리 현생인류는 당분간은 그들의 노력에서 혜택을 보겠지만, 머지않아 그들은 우리의 생물학적 자식들과 같이, 자신들의 삶을 찾아가고 그들의 노쇠한 부모인 우리 현생인류는 조용히 뒤안길로 사라져 갈 것이다. … 이런 세계에서 현생인류는 자신들의 인공적 후손들에게 주도권을 빼앗긴 후 문화진화의 여파에 휩쓸려 사라지고 없을 것이다. 결국, 새로운 유형의 진화라는 생존경쟁에서 진 우리의 유전자는 더 이상 필요 없게 된다. [생명의] 정신과 [기계의] 물질 간의 잠복된 긴장 관계는 생명이 사라지며 결국 완전하게 해소된다."

앞에서 물리진화-화학진화-생명진화 이후에 의도된 진화 혹은 로봇과 AI가 접수하는 문화진화 단계를 언급한 이가 모라벡입니다. 마틴 리스도 비슷한 말을 합니다. "가장 가능성이 높고 튼튼한 형태의 '생명'은 오래전에 주도권을 뺏기거나 지금은 멸종되고 없어진 창조자가 만들었던 기계들일 것이다." 그의 2003년 책 제목은 『우리의 마지막 세기』입니다.

금세기가 과연 인간이 지배종으로서 마지막을 고하는 '최후의 인간'을 목격하게 될까요? 산소의 출현 이후 혐기성 생명이 궁지로 몰렸지만 사라지지는 않았듯, 인간을 초월한 존재의 등장이 꼭 인간의 멸종을 의미하지는 않을지 모릅니다. 현재 인류가 하고 있듯이, 새로운 지배 종에 위협이 되지 않는 수준에서 관리될 수 있겠지요. 스스로 창조한 미래 기술과의 조우로부터 인간이 살아남을 수 있을까요?

이해관계가 있는 공학자 중 일부는 모라벡과 마찬가지로 인간은 어차피 다음 세대에게 유산을 물려주는데 자손이 인공적이면 어떠하냐는 말을 합니다. 결국 그들도 인간의 창조물이라는 겁니다. 하지만 이것은 인간의 역사와 사회제도에 비추어 보면 잘못된 주장입니다. 인간은 자신의 자손에게 유산을 물려주기를 원하지, 유산이 타인 혹은 타인의 자손에게 넘어가는 데 격렬히 저항합니다. 이런 속성을 보이는 인간이 타인도 아닌 인공적 후손에게 순순히 자신의 유산을 넘겨주리라고 상상하기는 어렵습니다.

빌 조이는 "로봇이라는 존재는 우리가 이해하는 어떠한 의미로라도 인간과는 다르다. 로봇은, 그 과정에서 우리의 인간성을 잃게 되므로, 어떠한 의미로도 우리의 자식이 아니다."라고 지적합니다.

영생의 추구

이 인공적 후손에게 인간 개인의 정체성이 어떻게든 업로드upload 될 수 있다면 이야기가 달라질 수 있습니다. 인공적 후손을 통해 영생을 얻겠다는 거지요. 인간의 오랜 욕망에 잠재된 영생에 대한 추구가 첨단기술을 이용해 현실화될 가능성이 없는 것은 아닙니다. 터무니없는 공상에 불과하지만, 미래는 아무도 모르니까요.

포스트휴먼이 인간의 개량된 형태가 될지 모르지만 모든 인간이 동승할 수는 없습니다. 결국 이런 논의에 따른 예상은 인간의 유산을 둘러싼 혜택을 누릴 일부 인간과 그렇지 못한 다수의 인간 사이의 사활을 건 투쟁과 대혼란입니다. 상황을 감당할 수 없는 지금의 세계체제는 그 전 단계에서 이미 해체돼버렸을지 모릅니다.

서구 사회는 끊임없이 초월과 불멸을 추구한 전통을 가졌습니다. 지금은 과학이 그 역할을 떠맡았지요. 그에 따르는 필연적 응보에 대한 경고도 꾸준히 있었습니다. 엘리엇의 시 「황무지」 시작 부분에는 경구가 하나 적혀 있습니다.

그래, 정말로 쿠마에Cumae의 무녀가 항아리 안에 매달려있는 걸 내 눈으로 직접 보았지. 소년들이 '무녀야, 너는 뭘 원하니?' 묻자 그의 대답은 '죽고 싶어.'

불멸을 추구한 자가 겪는 늙어가며 죽지 못하는 재앙이나 이룰 수 없는 욕망 추구에 대한 경고는 여러 민담에 다양한 형태로 나타납니다. 그리스 신화에서도 새벽의 여신 에오스Eos가 제우스Zeus에게 부탁해 자신의 정부인 거인족 티토누스Tithonus에게 불멸을 얻어주지만, 쿠마에의 무녀와 마찬가지로 영원한 젊음을 함께 부탁하는 것을 잊어 영원히 죽지 못하며 늙어가는 비극을 이야기합니다. 영원한 젊음을 함께 부탁한들 결말은 마찬가지일 터입니다.

파스칼은 인간의 고결함과 존엄함을 자신이 죽는다는 것을 안다는 점에서 찾습니다.

인간과 기계의 차이

기계가 인간을 대체할지에 대한 논쟁의 이면에는 인간이 과연 기계로 모사될 수 있을지에 대한 논란이 있습니다. 더하여 둘 사이의 소통 가능성과 상호 관계에 대한 논란이 있지요. 바이첸바움은 자신의 견해를 분명히 합니다.

세상은 이진법이 아니라고 생각하는 데 논란의 본질이 있어요. 세상은 단지 영과 일들로 만들어지지 않았다는 겁니다. 나는 모든 것이 0과 1의 기다란 연쇄로 환원될 수 있다고 믿지 않습니다. 나는 세상이 그와 같다고 생각하지 않아요.
인간은 무언가 본질적인 점을 잃지 않고는 유한한 수의 비트로 표현될 수 없습니다. 사람들이 잊는 것은 인간이기 위해서는 다른 사람들에 의해 인간으로 간주되어야 한다는 점입니다. 인간은 살갗 안에 갇혀있지 않아요. 인간은 필연적으로 주위 환경에 속해 있습니다. 인간이기 위해서는 다른 사람들이 인간을 인간으로 인식해야만 합니다. 나는 아무리 사람과 비슷하더라도 우리 인간이 기계를 작은 아이처럼 다루는 건 불가능하다고 말하겠습니다.

우리 인간은 우리가 나누는 대부분의 대화가 오직 우리가 인간이기 때문에 공유하는 특정한 지점이나 경험에 맞닿아있기 때문에 서로를 이해합니다. 고도로 발달한 로봇은 이러한 인간 경험의 배경을 가지지 않습니다. 그들이 인간과 비슷하게 움직이고 행동하더라도 그들은 우리 인간과는 완전히 다른 개별적 역사를 가집니다. 아마 로봇이나 컴퓨터가 우리 문장의 번역문 중 단순화된 부분을 선택할 수는 있지만, 그들은 우리의 사회화나 삶의 경험이 없기에 이것을 올바르게 해석하지는 못합니다.

근본적 공통 경험의 부재 말고도 '이해'라는 주제와 관련해 내가 정말 말하고 싶은 다른 중요한 점은 우리가 수행하는 문장 대부분이 상당히 좁은 맥락 안에서 정의된다는 사실입니다.

그는 공감과 맥락의 중요성을 말하고 있습니다.

인간의 변형

로봇공학자 브룩스Rodney Brooks는 자신은 커즈와일이나 모라벡과 완전히 다른 생각을 가진다고 주장하지만 사실상 같은 결과를 말합니다. "그들이 결국 어리석고 쓸모없게 된 우리로부터 세상을 빼앗아갈까? 나는 최근 이런 사태는 일어나지 않는다고 판단하게 되었다. 왜냐하면 그들(순수 로봇)이 빼앗아갈 대상인 우리(인간)가 더 이상 존재하지 않을 것이기 때문이다. 이런 모든 경향은 결국 육체와 기계의 결합을 낳는다. 그래서 우리(기계-인간)는 그들(순수 기계)보다 항상 한발 앞서간다. 우리의 기계들은 우리와 아주 비슷하게 되고, 우리는 우리의 기계들과 아주 비슷하게 될 것이다." 이 과정에서 인간은 돌이킬 수 없을 만큼 변하게 됩니다.

커즈와일은 1999년 『영혼을 가진 기계의 시대』에서 "다음 세기 [21세기]가 가기 전에 인간은 더 이상 지구상에서 가장 지능적이거나 능력 있는 종으로 남지 않을 것이다. 이 말은 다시 해야 하겠다. 앞에서 한 말의 진위 여부는 우리가 인간을 어떻게 정의하는가에 달려있다."라고 말합니다.

인간의 종 분화와 혼란

한편, 브룩스가 말한 '우리'에 대다수 인간이 포함될 수 있을까요? 불평등이 격화되는 요즘의 세계 체제를 돌아보면, 상황이 그런 식으로 순조롭게 진행될 것 같지 않습니다. 헤게모니를 둘러싼 투쟁과 혼란이 더 쉽게 예상됩니다. 지금 인류는 이런 급격한 변화에 통제는커녕 대응하고 적응할 준비조차 되어있지 않습니다. 한편, 이미 인간의 몸 안에는 기계와 전자장치, 인공 합성물로 이루어진 각종 인공장치가 들어왔습니다. 인간 강화는 이미 현실화되는 중입니다. 일부 인간은 이미 사이보그cyborg의 길로 접어들었습니다.

최근 발전 중인 생명, 나노, 로봇, 컴퓨터 공학기술은 인류의 종 분화 가능성과 함께 현생인류를 대체할 새로운 종을 만들 가능성이 큽니다. 적어도 인간의 본성(그것이 무엇이든)을 변화시킬 가능성이 있습니다. 이 기술들은 인류의 부, 복지, 건강, 번영에 대한 희망과 꿈으로 포장되어 있지만, 같은 기술에는 현생인류의 종말을 고할 수도 있는 악몽의 시나리오도 함께 세트로 들어있습니다. 왜냐하면 이 두 상반된 결과가 동일한 기술의 사실상 거의 구별하기 어려운 다른 적용의 결과이기 때문입니다.

생명, 정보, 나노, 로봇공학과 인공지능 연구가 어디로 향하는지 명백하지 않습니까! 이에 따르면, 지구를 방문할 가능성이 있는 외계인은 기계이거나 그러한 혼합체일 가능성이 제기됩니다. 왜냐하면 (기술 문명이 성공적으로 살아남는다면) 이것이 지구 생명을 지배하는 종의 미래 모습일 가능성이 있기 때문이지요.

우려할 만한 점은 인간 강화나 유전공학, 인간과 컴퓨터를 결합하려는 연구가 기업과 국가의 관점에서 추진된다는 사실입니다. 현생 인류의 명운을 좌우할 첨단기술이 인간을 목적으로 하지 않고 상업적, 특히 군사적 필요에서 추진된다는 사실은 이미 이 기술들의 중요한 특징으로 각인되었습니다. 이 점은 쉽게 지나칠 수 없습니다.

미래의 기술이 어떤 방식과 규모로 인간을 위협할지 지금 우리는 알지 못합니다. 위협이 현실화되지 않을 수도 있지만 아무리 가능성이 낮더라도 그 결과가 인류의 존재 자체를 위협할 정도 규모라면 대비를 해야겠지요. 우리가 모르는 일에 대해서는 그것이 발생할 확률이 높은지 낮은지 판단할 근거가 없습니다. 이때 주의해야 할 점은 우리가 모르는 상황에 대해서 함부로 일어날 개연성이 낮다고 간주해서는 안 된다는 겁니다. 경제학자 셸링Thomas Schelling은 우리가 바로 그런 경향을 가지고 있다고 지적합니다. "계획을 수립하면서 우리는 익숙하지 않은 것을 가능성이 낮다고 혼동하는 경향이 있다." 사전경고를 무시하는 또 하나의 중요한 추가 요인입니다.

문화진화의 끝은?

다시 우리의 질문으로 돌아옵니다. 우주에서 생명과 문명의 진화는 어디까지 가능한가? 인류 문명은 지금 어느 단계에 와 있는가? 다음 문명 단계로 가기 위해 현생인류의 추락은 불가피한가? 과학과 기술이 인간을 이끌고 가는 곳은 어디인가? 사려 깊지 못함, 욕심, 착각의 결과가 현생인류에게 통제할 수 없고 돌이킬 수 없는 의도하지 않던 상황을 초래한다면? 21세기는 현생인류 종의 마지막 세기가 될 것인가? 우리는 어떻게 대응해야 할까?

라베츠는 "기술을 제어하는 민주주의를 향한 첫걸음은 두 미망으로부터 자유롭게 되는 것이다. 첫 번째 미망은 기술의 진보에는 필연성이 있다는 생각이다. 두 번째 미망은 일반인이 기술 발전의 방향에 영향을 줄 수 없다는 생각이다."라고 제안합니다.

2011년 후쿠시마 사태 후 반핵운동가 크리거David Krieger는 "우리는 우리 인간이 지진을 제어할 수 없음을 안다. 쓰나미나 다른 자연재해도 마찬가지로 제어되지 않는다. 우리가 제어할 수 있는 것은 우리 자신의 기술이며, 우리는 치명적으로 유해한 기술에 대해 '아니오'라고 말해야 한다."라고 시민의 각성을 촉구합니다.

이런 실험적이며 무모한 기술의 진행에서 문제는, 그것이 초래하는 위기는 일단 접어두더라도, 성공에서 기대되는 기회의 면에서도 이미 심각한 한계가 있다는 점입니다. 우리가 당황스럽게 마주한 우주의 거대한 침묵이 이 점을 암시합니다.

미국 대통령이던 케네디는 "저는 죄송스럽게도 그들의 과학자가 우리보다 더 뛰어났기 때문에 다른 행성에서 생명이 멸종했다는 재치 있는 말에는 약간 과장된 면이 있다고 말씀드려야겠습니다."라는 재담을 합니다. 하지만 정말 그러했을 가능성이 지금 더 현실감 있게 드러나는 것은 근대 과학과 기술을 신봉하는 시대를 살아가는 인간이 안고 갈 수밖에 없는 딜레마입니다.

인류세

기자인 존 티어니John Tierney는 "문명이 다른 행성을 식민화하지 않은 이유는 그들이 도구, 인구, 그럴 의지를 갖게 되는 좁은 시기만이 있으며 그 시기마저 보통 그들에게 닫힌다는 것이다. 만약 문명이 보통 그들의 행성에 갇혀있기 때문에 멸종되는 것이 사실이라면, 가능성은 우리에게 우호적이지 않다."라고 말합니다. 저는 반대로 우주로 나가려는 시도에서 요구되는 것과 동일한 기술력이 스스로의 붕괴를 초래할 수 있다는 사실에 주목합니다.

지질학적 관점에서 본다면 인간의 출현은 신생대 홀로세Holocene 이후 인류세Anthropocene라 불릴 만한 뚜렷한 지질학적 흔적을 남기고 있습니다. 여기에는 인간 문명의 유적뿐 아니라 농경작지 확장과 숲의 대규모 벌채, 콜럼버스 이후 일어난 신대륙과 구대륙 사이의 종 교환, 인구 급증과 확장에 따른 전 지구적 대량 절멸과 일부 종의 인위적 번성, 플라스틱이나 콘크리트와 같은 최근 가속화되는 산업화의 흔적들 따위입니다. 이외에도 우리의 관심을 끄는 현상은, 1945년에 시작된 핵폭탄 실험과 실전에 따른 방사능 낙진은 부분적으로 그쳤지만, 1952년부터 수십 년에 걸친 대기권 수소폭탄 실험에 따른 방사능 낙진은 더 광범위한 규모로 지질에 뚜렷한 기록을 남겼다는 사실입니다. 인간의 번성이 지금 정점을 찍었는지는 미래만이 알려주겠지요.

세상의 종말

철학자 푸코Michel Foucault는 『사물의 순서: 인간과학의 고고학』을 마치며 말합니다. "어쨌든 한 가지는 확실하다. 인간[에 대한 탐구]는 인간의 지식을 위해 제기된 가장 오래되거나 가장 지속적인 문제가 아니다. … 인간 사상의 고고학이 쉽게 보여주듯이, 인간은 최근의 발명품이다. 그리고 아마도 끝이 가까워졌을 것이다. 만일 [인간에 대한 탐구가] 나타났듯이 사라져야 한다면 … 인간은 마치 바닷가 모래사장에 그려진 얼굴처럼 지워져 버리리라고 확신할 수 있다."

같은 맥락에 있는 칼 융의 우려입니다. "우리는 인간의 속성을 더 잘 이해해야 한다. 실재하는 단 한 가지 위험은 인간 자신이기 때문이다. 그는 큰 위험요소이며 우리는 그것에 대해 가련할 정도로 아는 바가 없다. 우리는 인간에 대해 아는 바가 거의 없다. 그의 심리는 깊이 탐구되어야 하는데, 앞으로 닥쳐올 모든 악의 근원은 우리 자신이기 때문이다."

시인 로빈슨 제퍼스Robinson Jeffers의 시 「세상의 종말End Of The World」을 소개해 드립니다.

내가 스위스 학교에 다니던 어린 시절, 아마 보어전쟁 즈음,
우리는 인류가 지구가 끝날 때까지
이 행성이 죽을 때까지 남는 건 당연하다고 여겼다. 나는 어설픈 시를 짓곤 했는데
죽은 해변을 따라 최후의 인간이 절제된 기품을 지닌 채 걷는
그 마지막 바다를 홀로, 고독히, 홀로, 그를 낳은 인종의 모든
과거를 기억하며. 하지만 이제 나는 그렇게 생각하지 않는다.

그들은 익명으로 떼로 죽을 운명이다.

인간이 사라진 후에도 지구는 오래 번성할 테지.

15

영원한 침묵

이 장에서 우주생물학을 여는 첫 문장은 레비-스트로스의 기대였습니다. 그는 『슬픈 열대』의 마지막 장에서 "세상은 인간 없이 시작되었고, 마지막에도 분명 그러할 것이다."라고 말합니다. 저는 이 말에도 동의합니다.

지구 생명의 역사를 본다면 인간이 언젠가 사라진다는 사실이 이상하지도 않고 굳이 아쉽지도 않습니다. 하지만 이것이 먼 미래가 아니라 금세기 안에 닥쳐올 가능성이 있다면 생각이 달라집니다. 금세기는 지금 이 글을 읽으시는 독자의 세기이기도 합니다.

미래

왜 미래에 관심을 가져야 할까요? 「켈빈과 홉스」에서 켈빈의 말대로 "미래가 문제인 것은 그것이 끊임없이 현재가 된다."라는 데 있습니다. 미래에 관심을 가지지 않아도 되지만 곧 다가올 미래는 모두에게 깊은 관심을 가지고 있습니다. 트로츠키Leon Trotsky의 말을 빌린다면, "그대는 미래에 관심이 없을지 모른다. 하지만 미래는 그대에게 관심이 있다."

미래에 관심이 없다면 다른 사람이 만든 미래에 휘말릴 수 있습니다. 주의해야 할 점은, 링컨Abraham Lincoln이 말했다고 알려진 "미래를 예측하는 가장 좋은 방법은 미래를 발명하는 것"이라고 생각하는 사람들이 있다는 현실입니다. 첨단기술 분야로 가면 미래를 발명하기 위해 국가와 기업이 아낌없이 쏟아붓는 지원을 받으며, 미래를 그들의 지원 주체에게 유리하게 만들려고 아무러한 악의 없이 몰두하는 전문가들이 많다는 점을 유의해야 합니다. 특히 그들은 이윤과 군사력, 통제를 추구하는 기업과 국가의 강력한 지원 아래 마음껏 연구를 수행합니다. 그들이 만든 미래가 우리 의지와 무관하게 우리의 미래를 결정해 버릴 수 있습니다. 우리는 미래를 바꾸려 노력할 수 있을지언정 피해갈 길은 없습니다.

하지만 미래는 미리 결정되어 있지 않습니다. 릴케Rainer Maria Rilke는 "미래는 그것이 발생하기 훨씬 전에 우리에 의해 변화되기 위해 우리 앞에 나타난다."라고 말합니다.

미래는 예측 가능하지 않고, 미리 결정되어 있지 않으며, 미래의 결과는 현재 우리의 선택과 행동에 좌우됩니다. 미래에 대한 탐구는 결국 지금 우리가 무엇을 해야 하는지 알고자 하는 노력입니다. 인간은 자신의 운명에 주체적으로 개입해 미래를 건설해야 하지, 아무것도 책임지지 않을 전문가와 관료들(이들도 행정의 전문가입니다)이 아무것도 모른 채 자신들의 욕망을 반영해 기획한 미래의 희생물이 되어서는 안 됩니다.

20세기의 천문학이 우주의 물리적 특성에 관심을 가져온 데에는 시대를 반영한 그만한 이유가 있었습니다. 21세기의 초입에 이번 세기 천문학의 향방을 예측하기는 어렵습니다. 어쩌면 생명의 관점이 점점 더 중요해지지 않을까 기대하지만, 21세기에는 천문학의 향방 정도가 아니라 인간종의 운명이 갈림길에 처해 있고 그것이 곧 현실화될 가능성이 열린 형국입니다.

우주생물학에 대한 탐색은, 기술의 발전이 외계 생명과의 조우를 실현시킬 수도 있지만 동일한 기술이 인간종의 미래를 삼켜버릴 미래 기술과의 조우를 먼저 성사시킬 가능성이 있기에, 기술의 발전 방향을 예의 주시하고 인간의 미래를 위해 그 방향을 제대로 설정해야 한다는 점도 알려줍니다.

아직 대상이 되는 외계 생명이 발견되지 않은 지금, 우주생물학에 대한 우리의 관심은 당연히 우리를 되돌아보게 합니다. 이런 과정에서 우리를 재발견하는 것이 우주생물학의 중요한 과제입니다. 모든 탐구는 자신을 되돌아보고 자신을 다시 발견하는 과정이지요. 우주생물학도 우주의 시간과 공간에 놓여있는 우주 생명의 하나로서 인간을 다시 돌아보게 하는 탐구 과정입니다.

무한한 공간의 영원한 침묵

외계 생명의 존재 여부가 후발 주자로서 지구에 갇힌 우리의 미래를 보여주는 수정 구슬(지표)일 수 있다는 데 생각이 미치면 파스칼이 느꼈던 경악이 현실이 되는 듯합니다. 『팡세』에서 이 문구는 두 가지 문맥으로 나옵니다.

하나는 "내 삶의 짧음을 생각할 때면, 앞으로 올 그리고 이미 지나간 영원 사이에 삼켜진 그 짧음을, 내가 점유하거나 심지어 볼 수 있는 공간의 작음을 생각할 때면, 무한히 큰 공간에 완전히 에워싸인, 내가 알지 못하고 나를 알지도 못하는 그 거대한 공간을 생각할 때면, 나는 경악한다. 내가 왜 저곳이 아닌 이곳에 있어야 하는지, 왜 그때가 아닌 지금이어야 하는지에 대한 아무러한 이유도 없음에 나는 깜짝 놀란다. 누가 나를 이곳에 두었는가? 도대체 누구의 명령과 인도로 이 장소와 이 시간이 나에게 할당되었는가? 이 무한한 공간의 영원한 침묵이 나를 두렵게 한다."

다른 하나는 "인간은 한 줄기 갈대일 뿐, 자연에서 가장 약한 자다. 그러나 그는 생각하는 갈대다. 그를 부수기 위해 온 우주가 무장할 필요는 없다. 한 줄기 증기, 한 방울의 물로도 충분히 그를 죽일 수 있다. 하지만 우주가 그를 부순다고 해도 인간은 그를 죽이는 우주보다 더 고귀하니, 인간은 자기가 죽는다는 사실과 우주가 자기보다 우세하다는 점을 알기 때문이다. 우주는 여기에 대해 아무것도 모른다, 따라서 우리의 존엄성은 생각으로 이루어져 있다. 이것으로 우리 스스로를 높여야 하지, 우리가 채울 수 없는 공간과 시간으로가 아니다. 그러므로 바르게 생각하도록 힘쓰자. 이것이 도덕의 원리다. 이 무한한 공간의 영원한 침묵이 나를 경악케 한다."

둘 모두 인간이 처한 우주적인 맥락입니다.

자연의 전망

스스로 출현시킨 기술 때문에 현생인류가 결국 추락한다면 원인은 사려 깊지 못함과 착각 때문일 겁니다. 이런 인간의 약점이 가공할 폭력과 미증유의 위험을 유발할 수 있는 수단인 근대 기술과 만나면서, 실상이 과학에 의해 가려진 채 아무도 책임지지 않는 상황에서 통제되지 않고 돌이킬 수 없는, 의도하지 않던 결과를 맞는다는 거지요. 도대체 우리가 무엇을 착각했을까요?

저는 과학의 '무지'를 깨닫는 일이, 21세기 인간의 지속적 생존을 위해 중요하다고 주장합니다. 이유는 이렇습니다. 상황을 모른다고 생각하면 우리는 행동을 조심합니다. 인간 이후가 회자될 정도의 가공할 기술 변화 앞에서 지금 우리에게 필요한 태도가 바로 이겁니다. 무지를 인정하고 조심하는 거지요. 군비 경쟁적인 기술 발전이 아니라 조심스러운 행보로 시간을 벌 필요가 있습니다. 이를 위해서는 인간이 자연의 잠재적 실상을 제대로 파악하는지 살펴보아야 합니다. 진정한 지식을 위해 무지와 오해를 가려내자는 거지요.

『생명』과 『물질』에서는 근대 과학이, 자연을 통제하고 이득을 취하겠다는 욕망에 가려, 자연의 실상을 오해하는 건 아닌지 탐구합니다. 자연에 관한 근대 인간의 창으로서 역할을 하는 과학의 주장에는 분명 옳고 참고할 만한 점이 많습니다. 하지만 한계를 함께 말해주지 않는 일반화된 주장은 위험할 수 있지요. 어떠한 지식에도 적용 한계가 있지만, 단순화된 모형으로 자연을 대체하는 과학에서는 그 한계가 더 분명합니다. 하지만 과학은 단순화와 일반화를 지향하면서도 한계를 무시하는 특성이 있습니다. 특히 지식이 관계되는 맥락의 무시도 엄중한 한계입니다. 과학은 모형만을 다루고, 고립화시키고 단순화시킨 모형의 핵심은 바로 맥락의 무시에 있습니다.

우주론에서 진정한 지식은 바로 그 지식의 한계를 아는 지식임을 강조하였습니다. 특히 과학은 유물론과 단순화된 시간을 가정으로 채택히며 분식과 환원주의라는 방법에 의존하고 있기에 종종 자연의 실상에서 동떨어진 모형을 다룰 가능성이 있습니다. 이 점은 생명뿐 아니라 물질에서조차 문제점과 모순으로 느러납니다. 자연을 대하는 근대 인간의 오해와 무지는 자연의 전망을 관통하는 주제입니다. 과학 이론을 적용 한계를 넘어 곧이곧대로 적용하면 쉽게 터무니없거나 부조리한 결론에 이릅니다. 이건 과학적이지 않습니다. 한계를 인지하고 그 너머에 대한 무지를 인정하는 태도가 필요하지요.

과학은 근대 인간의 세계관과 삶에서 필수적인 역할을 하고 있지만, 다른 한편에서는 생태계와 인간성 그리고 인간의 존재 자체에 파멸적인 결과를 초래할 가능성이 함께 열리고 있습니다.

저는 과학의 모든 주장에서 한계를 인지하고 인정하는 태도가 해결의 실마리를 제공하리라 기대합니다. 과학은 모형을 다룰 뿐이며 모형은 인간의 상상력으로 구축했다는 점을 기억해야 합니다. 인간이 구축한 더 오래되고 유서 깊은 분과인 철학과 예술, 역사, 종교에서 얻은 맥락을 중시하는 포괄적인 관점이 도움이 될 수 있습니다. 외골수가 아닌 상반된 관점과 비판에 귀를 기울이는 태도가 필요한 거지요. 자연의 전망에서 이 점을 깊이 탐구하려 합니다.

이 책의 부제는 "우리는 어디로 가는가?"입니다. 에머슨의 물음은 근대인의 과학을 통한 자연전망에 어떤 결함이 있는지 분명하게 드러냅니다. "이러한 생명의 세상에 대해 나는 공감적sympathetically으로 그리고 도덕적morally으로 도대체 무엇을 안다는 말인가?"그의 물음은 과학의 창을 통한 근대인간의 자연과 인간에 대한 탐구가 간과한, 그래서 우리가 보완하여 나가야 할 방향을 또렷이 지시합니다.

침묵하는 우주의 의미

외계의 지성이 발견되기 전까지 우리는 우주의 침묵에 그 의미를 생각하며 경이로움과 두려움을 느끼게 됩니다. 우주에서 생명의 가능성과 지구 생명의 잠재적 미래 앞에 경악하는 거지요. 우주론과 우주생물학에 대한 과학 탐구가 드러내는 미지에 싸인 어두운 밤하늘의 기이한 침묵이 우리를 이끄는 사상적 귀결입니다.

사상가인 풀러Buckminster Fuller는 한 인터뷰에서 "자연은 우리를 성공시키기 위해 정말 열심히 노력하고 있지만, 자연이 우리에게 의존하는 것은 아닙니다. 우리는 [자연이 벌이는] 유일한 실험이 아닙니다."라고 말합니다. 그는 우주의 침묵에서 받은 경외감을 표현합니다.

"나는 종종 우리가 혼자라고 생각하고, 종종 그렇지 않다고 생각한다. 두 가지 생각 모두 충격적이다."

추천 도서

가로Joel Garreau, 『급진적 진화: 과학의 진보가 가져올 인류의 미래Radical
　　Evolution: The Promise and Peril of Enhancing Our Minds, Our Bodies ‒ and What It
　　Means to Be Human』 (지식의 숲, 임지원 옮김, 2007)

라베츠Jerome Ravetz, 『과학, 멋진 신세계로 가는 지름길인가?The No-Nonsense
　　Guide to Science』 (이후, 이혜경 옮김, 2007)

레니어Jaron Lanier, 『디지털 휴머니즘: 디지털 시대의 인간 회복 선언You are
　　not a gadget: A Menifesto』 (에이콘, 김상현 옮김, 2010)

리스Martin Rees, 『인간생존확률 50:50: 인간은 21세기의 지뢰밭을 무사히
　　건너갈 수 있을까?Our Final Century: The 50/50 Threat to Humanity's Survival』
　　(소소, 이충호 옮김, 2004)

바이첸바움Joseph Weizenbaum, 『이성의 섬-프로그램화된 사회에서 인간 이성
　　이 가야 할 길은 무엇인가Islands in the Cyberstream: Seeking Havens of Reason
　　in a Programmed Society』 (양문, 모명숙 옮김, 2008)

바렛James Barrat, 『파이널 인벤션Our Final Invention』 (동아시아, 정지훈 옮김,
　　2016)

베르그손Henri Bergson, 『창조적 진화Creative Evolution』 (아카넷, 황수영 옮김,
　　2005)

브린욜프슨Erik Brynjolfsson, 맥아피Andrew McAfee, 『제2의 기계시대-인간과 기
　　계의 공생이 시작 된다The Second Machine Age: Work, Progress, and Prosperity
　　in a Time of Brilliant Technologies』 (청림출판, 이한음 옮김, 2014)

샤툭Roger Shattuck, 『금지된 지식Forbidden Knowledge: From Prometheus to Pornography』
　　(텍스트, 조한욱 옮김, 2009)

오웰George Orwell, 『1984년1984』 (문예출판사, 김병익 옮김, 1968)

젠슨Derrick Jensen, 드래펀George Draffan, 『웰컴 투 머신Welcome to the Machine:
　　Science, Surveillance, and the Culture of Control』 (한겨레출판, 신현승 옮김,
　　2006)

카르티어Stephen Cartier, 『하늘의 문화사Weltenbilder』 (풀빛, 서유정 옮김, 2009)

카플란Jerry Kaplan, 『인간은 필요 없다: 인공지능 시대의 부와 노동의 미래 Humans Need Not Apply: A Guide to Wealth and Work in the Age of Artificial Intelligence』 (한즈미디어, 신동숙 옮김, 2016)

커즈와일Ray Kurzweil, 『21세기 호모 사피엔스: 인공지능의 가속적 발전과 인류의 미래The Age of Spiritual Machines: When Computers Exceed Human Intelligence』 (나노미디어, 채윤기 옮김, 1999)

파렐John Farrell, 『빅뱅-어제가 없는 오늘The Day Without Yesterday』 (양문, 진선 미 옮김, 2009)

헉슬리Aldous Huxley, 『멋진 신세계Brave New World』 (혜원출판사, 정승섭 옮김, 2003)

화이트헤드Alfred North Whitehead, 『과학과 근대세계Science and the Modern World』 (서광사, 오영환 옮김, 1989)

화이트헤드Alfred North Whitehead, 『사고의 양태Modes of Thought』 (다산글방, 오 영환, 문창옥 옮김, 2003)

화이트헤드Alfred North Whitehead, 『이성의 기능The Function of Reason』 (통나무, 김용옥 옮김, 1998)

후미다까 사또오, 다꾸야 마쯔다, 『상대론적 우주론』 (Blue Backs, 김명수 옮김, 1978)

황재찬

서울대학교에서 천문학 학사를 하고, 미국 텍사스주립대학에서 천문하 이학박사 학위를 받았다. 현재는 경북대학교에서 천문학 교수로 재직 중이다. 연구분야는 우주론이며 우주생물학에 관심이 있다.

자연의 전망, 우주
우리는 어디로 가는가?

초판인쇄 2020년 7월 17일
초판발행 2020년 7월 17일

지은이 황재찬
펴낸이 채종준
펴낸곳 한국학술정보㈜
주소 경기도 파주시 회동길 230(문발동)
전화 031) 908-3181(대표)
팩스 031) 908-3189
홈페이지 http://ebook.kstudy.com
전자우편 출판사업부 publish@kstudy.com
등록 제일산-115호(2000. 6. 19)

ISBN 979-11-6603-006-2 03440